高等职业院校机电类专业“十三五”系列规划教材

金属工艺学

JINSHU GONGYIXUE

主　编　罗　亚　康永泽
副主编　陈　霖　刘　玲
　　　　沈　琛　谢小园
参　编　李　巍　施　诗

前　言

金属工艺学是一门研究有关金属的结构与机理，以及制造金属机件的工艺方法的综合性技术学科。

本书是在吸收国内外著作和教材精华，根据编者多年从事金属工艺方面的教学所积累的经验的基础上编写的。全书以金属的结构、特征、应用之间的关系为基本出发点，系统地介绍了金属材料的结构、类型、特点与应用，以及金属的加工与处理方法，特别介绍了金属材料在制造及交通等行业的运用方面的知识。

本书内容包括：金属材料分类与区别、金属的晶体结构与结晶、有色合金的组成及分类、金属材料性能的检测与表征、金属热处理强化工艺及应用、常规热加工的应用、常用材料表面处理、非金属与新型材料等七个模块。

武汉铁路职业技术学院的陈霖、罗亚编写了第一、八、九章，刘玲编写了第二、三章，李巍编写了第四章，谢小园编写了第五章，施诗编写了第六章，沈琛编写了第七章，康永泽编写了绪论和附录，全书由罗亚和康永泽统稿。

由于编者水平有限，敬请广大读者批评指正。

编者

2018.2

目　　录

绪　论

材料是人类生产和生活的物质基础，是人类进步程度的主要标志。人类利用材料制作了生产与生活中使用的工具、设备及设施，每一种重要材料的发现和应用，都会使社会生产力和人类生活水平发生重大变化，并把人类的物质文明和精神文明向前推进一步。因此，历史学家为了科学地划分人类在各个社会发展阶段的文明程度，也以材料的生产和使用作为人类文明进步的尺度，将人类社会划分为石器时代、陶器时代、青铜器时代、铁器时代，现在人类已经进入人工合成材料和新型合成金属时代。

在石器时代，人类以石头作为工具。石器时代后期，我们的祖先学会了用火烧制陶器的技术，对世界文明生产了很大的促进作用。金属材料的使用及其加工方法的不断改进是人类社会发展的一个里程碑，它象征着人类在征服自然、发展社会生产力方面迈出了重要的一步，促进了整个社会生产力的快速发展。

回顾历史，我国是最早进入青铜器时代的国家，我国使用铜的历史约有5000多年。夏朝以前，我国就开始冶炼青铜了。到商、周时期，已经达到了很高的冶炼水平，青铜器主要用于制造各种工具和兵器。例如河南安阳出土的重达875千克的后母戊鼎，带耳高1.37米，是迄今世界上最古老的大型青铜器，花纹精巧，造型美观。要制造如此精美的青铜器，需要经过雕、铸、冶等多道工序，展现了当时高超的工艺水平。1965年，湖北江陵楚墓中出土的越王勾践青铜剑，虽然在地下深埋了2400多年，但出土时却没有锈斑，仍金光闪闪，锋利无比，完好如初。这说明当时不仅已经掌握了金属冶炼、锻造、热处理工艺技术，而且还掌握了金属材料的防腐蚀技术。春秋战国时期《周礼·考工记》中关于青铜“六齐”论述，总结出了青铜的成分、性能和用途之间的关系，在当时达到了世界的最高水平，创造了灿烂的青铜文化。

进入铁器时代，特别是大规模生产钢铁工艺的出现，金属材料在人类生活中占据了重要地位，人类社会的经济活动和科学技术水平发生了显著变化。春秋战国时期，我们的祖先已经开始大量使用铁器。1953年，河北兴隆战国铁器遗址中发掘出了浇铸农具用的铁模，说明当时铁制农具已经大量地应用于农业生产，且冶铸技术已经由砂型铸造进入了金属型铸造的高级阶段。我国古代还创造了三种炼钢方法：一是从矿石中直接炼出的自然钢，用这种钢制作的刀剑在东方各国享有盛誉，后来在东汉时期传入欧洲；二是西汉期间经过“百次”冶炼锻打的百炼钢；三是南北朝时期的灌钢，即先炼铁、后炼钢的两步炼钢技术，比其他国家早1600多年。可以说，直到明朝之前，我国的钢铁生产技术一直遥遥领先。

随着工业化的发展，对金属材料提出了更高的要求，同时也推动了钢铁冶金技术的发展。1854年和1864年先后发明了转炉和平炉炼钢，使钢产量有了大的飞跃。同时，铝、铜、镁、钛等非铁金属也得到了大量的应用，使金属材料占据了主导地位。

随着社会的发展，也出现了越来越多的非金属材料。非金属材料的使用，不仅满足了机械工程中的特殊需求，而且大大简化了机械制造的工艺过程，降低了生产成本，提高了机械产品的使用性能。以塑料、陶瓷和复合材料等为代表的材料应用范围正在不断扩大，因其所具备的一些特殊性能，在很多领域正逐步替代金属材料，改变了材料应用的格局。

金属材料与非金属材料加工工艺技术水平的高低，影响着一个国家的工业水平，与国民经济的发展有着密切的关系。只有材料生产和制造工艺水平的不断提高，才能有力地促进工业、农业、商业的发展和科学技术的进步。

本课程比较系统地介绍了金属材料与非金属材料的种类、加工过程、性能和应用方面的基础知识，是融汇多种专业基础知识为一体的专业技术基础课程，是培养从事机械制造、设备维修与管理人才的必修课程。本教材通俗易懂、形象直观，注重对学生进行启发和引导，培养学生探索精神和学习能力。

学习本课程时，要多联系自己在金属材料和非金属材料方面的感性知识和生活经验，多讨论、多交流、多分析、多研究，更好地掌握知识点，为将来的学习和工作奠定必要的基础。

学习本课程的基本要求：

(1)熟悉常用材料的牌号、成分、组织结构、加工工艺与性能之间的关系及变化规律；

(2)掌握常用材料的性能与应用，具有选择常用材料和改变材料性能的初步能力；

(3)理解常用热处理工艺的特点及应用，熟悉典型零件的热处理方法。

第一章　金属材料分类与区别

项目一　钢的分类及编号

背景介绍

钢是目前使用最广、用量最大的金属材料，在现代工业生产活动中有着极其重要的地位。钢是指含碳量在2.11%以下，以Fe为主要元素并还有其他元素的一种合金材料。由于生铁的力学及化学稳定性比较差，应用范围受到很大限制，所以，必须对生铁的组成成分进行改变以优化其性能。钢的冶炼过程就是通过一定的手段将生铁中碳元素的含量降低至2%以下，同时将其他杂质元素降低到规定数值的过程。目前冶炼手段主要采取的是氧化方式，所以炼钢的实质也就是生铁中碳和其他杂质元素的氧化过程。冶炼完成后，铁和碳为基本元素，同时含有一些加强元素（Mn、Ni等）以及杂质元素（S、P等）。

现在炼钢的基本方法有两种，分别是转炉炼钢法和电炉炼钢法，转炉炼钢法具有投资少、成本低、速度快等优点。电炉炼钢法的优点是炉料相对纯净，化学成分容易控制，冶炼过程可以调节；缺点则是投资成本高、耗电量大等。电炉炼钢法主要用于生产质量要求高的各种合金钢、特殊质量非合金钢以及低合金钢。

在钢材的冶炼过程中，通常会有意地加入或者保留一些元素来提升其性能，通常有Cr、Mn、V、Ti等；同时，一些元素对钢的性能有消极的影响，比如P、S等，这些元素在冶炼过程中并不是人为有意加入或者保留的，一般情况下会降低它们的含量以提升钢材性能。

问题引入

不同元素由于其本身特性的差别，对钢材性能的影响会有很大异同，这就需要根据性能的要求来进行选择具体冶炼过程中元素的去除或者保留，所以我们需要了解这些元素对性能具体有哪些影响。

生产生活中使用的钢材品种非常多，不同使用场合在性能上的要求也有较大差别，为了方便生产、使用以及配套研究，要对钢材进行统一的分类与编号。为了满足钢材在耐磨、耐热、耐腐蚀和高强度等特殊性能上的要求，人们通常会在铁碳合金中加入各种合金元素，制成各种合金钢，因此，要清楚钢材是如何分类和命名编号的。

问题分析

一、各元素对钢材性能的影响

1. 碳元素对钢性能的影响

碳在钢中的质量分数一般在0.04%～2.3%，研究表明：一般情况下，随着钢中碳元素质量分数的增加，钢的强度和硬度会增加，但是塑性会出现下降的情况。因此，为了保证钢材具有一定的韧性和塑性，碳元素的质量分数基本不会超过1.7%。

2. 锰元素对钢性能的影响

锰在钢中的质量分数一般在0.25%～0.8%。由于锰元素具有很好的脱氧能力，它可以在钢冶炼过程中作为脱氧剂来使用。同时，锰能够溶于铁素体和渗碳体中，使其固溶强化并能增加和细化珠光体，可以进一步提高钢的强度和硬度。另外，锰可以和钢中的有害元素硫发生化学反应生成MnS，这样就可以降低S的含量，消除它的有害作用，所以锰元素在钢中是有益元素。

3. 硅元素对钢性能的影响

硅在钢中的质量分数一般在0.1%～0.7%，和锰元素一样，硅也是作为脱氧剂加入钢中的，而且硅的脱氧能力比锰还强，同时硅能溶于铁素体中使钢固溶体强化，从而提高钢材的强度、硬度及韧性，因此硅在钢中也是有益元素。

4. 硫元素对钢性能的影响

硫元素非常容易与铁形成FeS，FeS的熔点为1190℃，其与Fe会形成熔点为950℃的共晶体，这种共晶体在钢进行加工过程中会先发生熔化，从而使钢在微观层面沿晶界开裂，导致钢材在高温时出现脆裂的现象，也就是热脆。所以硫元素在钢中是有害元素，但由于在冶炼过程中的原材料矿石与焦炭均含有硫元素，其不可避免会被带入钢中。

5. 磷元素对钢性能的影响

磷也是从矿石中带来的。磷元素在常温下能够溶于铁素体之中，从而使钢的强度、硬度得到提高，但同时也会导致塑性、韧性出现非常明显的降低，这种情况在低温时表现尤为明显。在低温下，有些钢的塑性显著下降，一般把这种呈脆性状态的现象称为冷脆，由此可以看出磷元素也是有害元素。

综合来看，钢中的硫、磷含量应该进行严格的控制，所以硫、磷含量的多少是评定钢的质量的主要指标。虽然硫、磷是有害元素，但由于硫使切削易折断，从而提高了切削的效率，延长了刀具的使用寿命并降低工件表面粗糙度，所以在一定程度上提高了钢的切削加工性能；磷元素虽然增加了钢的脆性，但也提高了钢的硬度与耐磨性。所以在某些特殊性能要求的材料上可以适当提高硫、磷的含量，比如易切削钢和高磷闸瓦等材料。

二、钢的分类和命名编号

根据实际需要的不同，碳钢可以采用多种的分类方法，多数情况下需将几种不同方法混合起来使用。

1. 钢的用途分类

(1)结构钢是用于制造建筑、船舶、车辆、压力容器以及机器零件(齿轮、轴、连接件等)结构的钢。结构钢的使用环境要求其有较高的强度和韧性,所以结构钢的含碳量相对较低,一般碳的质量分数在0.05%～0.06%,在成分上主要包括碳素结构钢和合金结构钢。

(2)工具钢是用于制造各种加工工具的钢种,具体可分为量具钢、模具钢、刃具钢。工具钢在使用时一般要求为高强度、高硬度和良好的耐磨性,因此工具钢的含碳量较高,质量分数可达0.7%～2.0%。

(3)具有某种特殊的物理或者化学性能的钢称之为特殊性能钢,包括不锈钢、耐磨钢、耐热耐腐钢以及电工钢等。

2. 钢的成分分类

(1)碳素钢碳的质量分数低于2%,一般含有少量的硅、锰、磷、硫等杂质的铁碳合金。工业上应用的碳素钢质量分数一般不超过1.4%。按具体含碳多少可分为低碳钢(碳的质量分数小于0.25%)、中碳钢(碳的质量分数为0.25%～0.6%)、高碳钢(碳的质量分数大于0.6%)。

(2)合金钢为了增强钢的某些性能,在碳素钢基础上添加一种或多种其他合金元素而构成的铁碳合金。这些合金元素主要包括硅、铬、锰、镍、钼、钛、钒、铝、铜、稀土等,从而使钢获得高强度、高韧性、高耐磨、耐低温或高温、耐腐蚀、无磁性等特殊性能。按具体含合金总量多少可分为:低合金钢,合金质量分数小于5%;中合金钢,合金质量分数为5%～10%;高合金钢,合金质量分数大于10%。

(3)钢的质量等级分类

钢的质量往往与其中有害元素的含量有十分密切的关系,因此根据钢中有害成分的含量多少可以将钢分为:普通钢,硫的质量分数为0.035%～0.05%;磷的质量分数为0.035%～0.045%;优质钢:硫、磷的质量分数不大于0.035%;高级优质钢,硫的质量分数为0.020%～0.030%;磷的质量分数为0.025%～0.030%。

(4)钢的冶炼方法分类

根据冶炼方法的差异可分为:平炉钢、电炉钢、转炉钢;根据炼钢时脱氧方法的不同可分为沸腾钢(用F表示)、镇静钢(Z表示)、半镇静钢(BZ表示)以及特殊镇静钢。

(5)钢中合金元素分类

按钢中主要合金元素的种类可分为:锰钢、铬钢、硼钢、硅锰钢、铬镍钢等。

(6)最终加工方法分类

根据不同的热加工工艺可将钢分为:热轧材、拉拔材、锻材、挤压材和铸件等。

(7)室温下金相组织分类

按合金钢在空气中冷却后所得到的组织可分为:珠光体钢、贝氏体钢、奥氏体钢、马氏体钢和奥氏体钢等。

(8)加工前毛坯形状分类

根据加工出的形状可分为:线材、型材、板材、管材等。

3. 钢的新分类方法

国家标准GB/T 13304—2008是参照国际标准制定的。按照化学成分、质量等级和主要性能及使用特性进行分类,一般分为:非合金钢、低合金钢、合金钢。新国标钢的分类总结归纳见表 1－1 所列。

表 1－1　钢的新国家标准分类

<table>
<tr><td rowspan="8">钢</td><td rowspan="3">非合金钢</td><td>普通质量非合金钢</td><td>普通碳素结构钢、碳素钢筋钢、铁道用一般碳素钢、一般钢板桩型钢等</td></tr>
<tr><td>优质非合金钢</td><td>优质碳素结构钢、工程结构用碳素钢、镀层板带用碳素钢、造船碳素钢、标准件钢、非合金易切削刚、优质铸钢等</td></tr>
<tr><td>特殊质量非合金钢</td><td>碳素工具钢、电磁纯铁、碳素弹簧钢、铁道用特殊非合金钢、核能用非合金钢、特殊焊条用非合金钢等</td></tr>
<tr><td rowspan="3">低合金钢</td><td>普通质量低合金钢</td><td>低合金高强度结构钢、铁道用一般低合金钢、低合金钢筋钢、矿用一般低合金钢等</td></tr>
<tr><td>优质低合金钢</td><td>通用低合金高强度结构钢、船用低合金钢、锅炉和压力容器低低合金钢、铁道用低合金钢、汽车用低合金钢等</td></tr>
<tr><td>特殊质量低合金钢</td><td>核能用低合金钢、铁道用特殊低合金钢、船舶专用低合金钢等</td></tr>
<tr><td rowspan="2">合金钢</td><td>优质合金钢</td><td>一般工程结构用合金钢、耐磨钢、合金钢筋钢、铁道用合金钢、电工用合金钢等</td></tr>
<tr><td>特殊质量合金钢</td><td>渗碳用合金结构钢、调质合金结构钢、高速工具钢、合金工具钢、无磁钢、轴承钢、不锈钢、压力容器合金钢等</td></tr>
</table>

我国目前工业用钢主要还是依据传统分类方法进行编号和命名。采用汉语拼音字母、国际化学符号与阿拉伯数字相结合的原则表示钢的牌号。

4. 非合金钢和低合金钢的编号及应用

(1)普通碳素结构钢

普通碳素结构钢是建筑及工程用非合金结构钢，简称普通碳钢，牌号由 Q(屈服强度)、屈服点数值、质量等级符号、脱氧方法等部分按顺序组成。其中，质量等级用 A、B、C、D、E 表示磷硫含量不同；脱氧方法用 F(沸腾钢)、BZ(半沸腾钢)、Z(镇静钢)、TZ(特殊镇静钢)表示，钢中 Z 和 TZ 可以省略。例如 Q235AF，表示屈服点 $\sigma_s=235$MPa，质量为 A 级的沸腾碳素钢结构钢；Q390A 表示屈服点 $\sigma_s=390$MPa，质量为 A 级的低合金高强度结构钢。

普通碳素结构钢价格成本低，焊接、冷变形等工艺性能较好，用于制造一般工程结构及普通机械零件，见表 1－2 所列。

(2)低合金结构钢

新国标中，低合金钢使用普通碳素结构钢的编号方法：以字母 Q＋屈服强度值编号。一般情况下，低合金结构钢中加入了少量合金元素如铬、钛、钒、锰、铌等，改善了钢的性能，所以其屈服强度相对于普通碳素结构钢更高。这类钢主要用于房屋、桥梁、船舶、铁道、高压容器、车辆和大型军事工程等工程结构件。

表 1-2 低合金高强度结构钢的牌号及应用

牌号	旧标准	应用
Q295	09MnV、12Mn	车辆冲压件、螺旋焊管、冷弯型钢、输油管道、油船等
Q345	12MnV、16Mn	铁路车辆、船舶、锅炉、石油储罐、厂房钢架、桥梁等
Q390	15MnTi、16MnNb	中高压锅炉锅筒、大型船舶、起重机焊接结构件等
Q420	15MnVN、14MnVTiRE	电站设备、机车车辆、起重机械、大型船舶等

(3)碳素结构钢

优质碳素结构钢是用于制造重要机械结构零件的非合金结构钢,牌号用两位数(表示平均碳量的万分数)表示。如果钢中含锰的质量分数较高时,可以在数字后加上锰的化学元素符号 Mn。60Mn 钢就表示碳的平均质量分数为 0.60%、钢中合金 Mn 含量较高的优质碳素结构钢。45 钢表示碳的平均质量分数为 0.45%的优质碳素结构钢。

优质碳素结构钢在机械制造中应用极其广泛,一般是经过热处理以后使用以充分发挥优质碳素钢的性能。优质碳素结构钢的牌号及应用见表 1-3 所列。

表 1-3 优质碳素结构钢的牌号及应用

牌号	应用
05F	主要用于冶炼不锈钢、耐酸钢等特殊性能钢的炉料,也可代替工业纯铁使用,也可用于制造薄板、冷轧钢带等
08(F)	用来制成冷冲钢带、钢板、深冲制品和油桶;可用于制成管子、垫片及心部强度要求不高的渗碳和碳氮共渗零件、电焊条等
10(F)	用于制造锅炉管、油桶顶盖、钢带、钢板、钢丝和型材,也可制造机械零件
15(F)	用于制造机械上的渗碳零件、坚固零件、冲段模件及不需要热处理的低负荷零件,如螺栓、螺钉、拉条、法兰盘及化工机械用储器、蒸汽锅炉等
20(F)	用于不经受很大应力而要求韧性的各种机械零件,如拉杆、螺钉、起重钩等;也用于心部强度不大的渗碳与碳氮共渗零件,如轴套、轴以及不重要的齿轮、链轮等;在模具上常用于制作导柱和导套
25	用于制作热锻和热冲压的机械零件,机床上的渗碳及碳氮共渗零件,以及重型和中型机械制造中的负荷不大的轴、连接器、垫圈、螺栓、螺母等
30、35	用于热锻和热冲压的机械零件,如钢管、冷拉丝;机械制造中的零件,如转轴、曲轴、杠杆、横梁、星轮、螺母等;还可用来铸造汽轮机机身、飞轮、均衡器等
40	用来制造机器的运动零件,如轴、活塞杆、传动轴、连杆、圆盘等,以及火车车轴
45	用于制造各类机械零件,如汽轮机、压缩机、泵的运动部件;在模具上常用于制造固定板、支撑板、垫板等结构零件
50	用于耐磨性要求高、动载荷及冲击作用不大的零件,如铸造齿轮、拉杆、轴摩擦盘、弹簧、重载荷的心轴与轴等
55	用于制造齿轮、连杆、轮圈、轮缘以及扁弹簧等

（续表）

牌号	应用
60、65	用于制造气门弹簧、弹簧圈、轧辊、凸轮、垫圈以及钢丝绳等
70、80	用于制造各种普通弹簧
15Mn、25Mn	用于制造中心部分对力学性能要求较高且需要进行渗碳处理的零件
30Mn	用于制造螺栓、螺钉、制动踏板、螺母、杠杆等；高应力下工作的细小零件如环、链等

(4)碳素工具钢

碳素工具钢的牌号是在字母T(碳拼音首字母)后面加上数字(表示平均含碳量的千分数)表示，T+数字，例如T8表示碳的质量分数为0.80%的碳素工具钢。因为碳素工具钢基本上都是优质钢，若钢号没有加字母A，则表示该钢为高级优质钢。

碳素工具钢的特点是：①属于高碳特殊质量的非合金钢；②因为碳素钢的含碳量高，热处理后可得到较高的强度和硬度，所以需要热处理(淬火与回火)；③有害杂质(S、P)含量较少，质量较高。但是随着含碳量的增加，钢的耐磨性提高，韧性降低。常用碳素工具钢的牌号及应用见表1-4所列。

表1-4 常用碳素工具钢牌号及应用

牌号	应用
T7	用于制造承受振动和冲击、硬度适中、具有良好韧性的工具，如冲头、錾子以及木工工具等
T8	用于制造有较高硬度和耐磨性的工具，如木工工具、冲头、剪切金属的剪刀等
T9	制造有一定硬度和韧性的工具，如冲模、岩石錾子、冲头等
T10、T11	用于制造耐磨性要求较高但不受剧烈振动、具有一定韧性及锋利刃口的各种工具，如车刀、刨刀、丝锥、钻头、拉丝模、手锯锯条以及简单冷冲模等
T12	用于制造不受冲击、高硬度要求的各种工具，如锉刀、铰刀、刮刀、丝锥和板牙等
T13	用于不受振动、要求极高硬度的各种工具，如剃刀、刻字刀具、刮刀等

(5)易切削结构钢

易切削结构钢是在钢中加入一种或几种元素，利用本身或与其他元素形成一种对切削加工有利的夹杂物来改善钢材的切削加工性。易切削钢的牌号表示方法和优质碳素结构钢相同，牌号前冠以字母Y。如果合金中含有钙、铅等元素，需在数字后加Ca、Pb，例如：Y45Ca表示平均含碳量为0.45%，含钙量为0.002%～0.006%的易切削钢。Y12、Y15是硫、磷复合地毯易切削钢。

易切削钢主要用于制作受力较小并且对尺寸和光洁度要求严格的仪表仪器、手表零件、汽车、机床和其他各种机器上，对尺寸精度和表面粗糙度要求严格，而对力学性能要求相对较低的标准件。

(6)工程用铸造碳钢

铸造碳钢牌号前面是ZG，后面第一组数字表示屈服点，第二组数字表示抗拉强度，牌号末尾加字母 H 表示该钢是焊接结构用碳素铸钢。例如，ZG230 - 450 表示屈服点为 230MPa、抗拉强度为 450MPa 的工程用铸钢。

在机械制造行业中，当形状较为复杂、利用锻造方法难以加工生产，而用铸铁件制造性能达不到要求时，可以用碳钢进行铸造，但相对其铸造性能比铸铁差。

铸造碳钢主要用于制造重型机械、矿山机械、冶金机械、机车车辆的某些零件和构件等。

三、合金钢的编号及应用

我国合金钢的编号是按照合金钢中的碳含量及所含合金元素的种类和含量编制的。一般情况下，钢号的首部表示含碳的平均质量分数，表示方法与优质碳素钢的编号是一致的。对于结构钢，表示含碳量的万分数；对于工具钢，表示含碳量的千分数。当钢中某一种合金元素的平均质量分数小于 1.5%时，牌号中只标出元素符号，不需要标明其含量；当质量分数大于 1.5%时，需要在该元素后面用整数相应地标出其近似含量。比如平均合金含量为 1.5%～2.49%、2.5%～3.49%、3.5%～4.49%…时，在合金元素后相应写成 2、3、4…高级优质合金钢，在牌号后面加符号“A”；特殊优质合金结构钢，在牌号后面加符号“E”，例如：30CrMnSiA 表示该合金钢平均含碳为 0.30%、含铬为 0.95%、含锰为 0.85%、含硅量为 1.05%，是高级优质合金结构钢。

1. 合金结构钢

合金结构钢根据用途和热处理特点可分为：合金渗碳钢、合金调质钢、合金弹簧钢、滚动轴承钢等。

合金渗碳钢是用来制造承受强烈冲击载荷和摩擦磨损零件的钢材。这类钢属于低碳钢（W_c=0.10%～0.25%），经过渗碳后淬火（或者渗碳后二次淬火）加低温回火，使零件表层获得高碳回火马氏体加碳化物，其硬度较高（58～64HRC），而零件心部保持高韧性，即具有“表硬心韧”的特点。常用的合金渗碳钢有 20Cr、20CrMnTi、20CrMnMo 等。

合金调质钢是用来制造重载荷、耐冲击和具有良好综合力学性能的重要零件。这类钢属于中碳钢（W_c=0.30%～0.50%），具有良好的淬透性。调制后的零件还可以进行表面淬火和化学热处理，如表面淬火、软氮化等，以提高其疲劳强度和耐磨性。合金调质钢多用来制造大、中截面承受交变载荷的零件，如内燃机的连杆，电力机车的从动传动齿圈，汽车的传动轴齿轮和传动轴，机床的主轴以及蜗杆等零部件。常用合金调质钢有 40Cr、42CrMo 等。

合金弹簧钢是用来制造各种弹簧或者减振原件的特殊质量合金钢。因此弹簧钢必须具有高的弹性极限和屈服极限，足够的韧性、塑型以及疲劳强度，还要具有较高的淬透性。弹簧钢一般含碳质量分数为 0.45%～0.70%，高于调质钢，其热处理一般是淬火加中温回火，可以获得回火马氏体组织。常用的合金弹簧钢有 55Si2Mn、60Si2Mn 等。主要用来制造机车车辆、螺旋弹簧、汽车等。

滚动轴承钢主要用于制造滚动轴承的内、外套圈以及滚动体的特殊质量的合金结构钢。因为滚动轴承钢在工作时需要承受峰值极大的交变接触压应力，同时滚动体与内、外套圈之间还会产生剧烈的摩擦，并受到冲击载荷作用。所以要求这类钢具有高而均匀的硬度和耐磨性，高的抗拉强度和接触疲劳强度，足够的韧性和耐腐蚀性。

滚动轴承钢有自己独特的牌号，在牌号头部加符号“G”，但不表明含碳量。其后是铬元素符号“Cr”,其质量分数以千分数表示,其余与合金结构钢牌号相同。例如:GCr15,表示平均含铬量为1.50%的滚动轴承钢。GCr15SiMn,表示铬的质量分数为1.5%,硅和锰的质量分数均低于1.5%的滚动轴承钢。主要合金结构钢的牌号、特点及应用见表1-5所列。

表1-5 主要合金结构钢的牌号、特点及应用

类别	牌号	性能特点	应用
合金渗碳钢	20Cr 20CrMnTi 12Cr2Ni4 20MnVB 18Cr2Ni4WA	经表面渗碳在淬火及回火后可使表面具有高硬度和强度,心部具有良好的塑性和韧性	主要用于制备承受强烈冲击载荷和摩擦磨损的机械零件,如各种变速器中的变速齿轮、内燃机的凸轮轴、活塞销等
合金调质钢	40MnB 40Cr 35CrMo 38CrMoAl 40CrNiMoA	经调质处理(淬火+高温回火)后具有高强度、高韧性相结合的良好综合力学性能	制备在重载荷下同时又受冲击载荷作用的一些重要零件,如汽车、机床、拖拉机上的齿轮、连杆、轴类件、高强度螺栓等
合金弹簧钢	55Si2Mn 60Si2Mn 60Si2CrA	经淬火、中温回火后具有高弹性极限和屈服比,还具有较好的疲劳强度和韧性	制造汽车、机车、拖拉机上的减振弹簧和螺旋弹簧、活塞弹簧、阀门弹簧等
滚动轴承钢	GCr9 GCr15 GCr15SiMn	热处理后硬度高、耐磨性高,并且具有高接触疲劳强度和韧性,均匀性好	主要用于制备滚动轴承的外套圈、内套圈,滚动体等

2. 合金工具钢

合金工具钢的牌号与合金结构钢相类似,区别在于含碳量数值表示不同。当碳的平均质量分数小于1.0%时,牌号前以含碳量的千分数表示;当碳的平均质量分数大于或者等于1.0%时,牌号前不标数字。

例如:9SiCr,表示碳的质量分数为0.90%、硅和锰的质量分数均少于1.50%合金工具钢;CrWMn,表示碳含量平均质量分数大于或等于1.0%、钨和锰的质量分数均少于1.5%合金工具钢。平均含碳量为1.60%,含铬量为11.75%,含钼量为0.50%,含钒量为0.22%的合金工具,其牌号表示为Cr12MoV;平均含碳量为0.80%,含锰量为0.95%,含硅量为0.45%的合金工具钢,其牌号表示为8MnSi。

3. 高速工具钢

高速钢属于合金工具钢,也称高速钢。高速工具钢可以磨出锋利的刃口,故有锋钢之称。高速钢用于制造车刀、铣刀、刨刀、滚刀、拉刀、钻头等高速切削刃具。高温性能好,600℃时依然可以保持63～65HRC的硬度,具有良好的热硬性。

高速钢的成分特点是碳含量高,质量分数可达0.7%～1.65%。保证钢的高硬度和高耐磨性。同时,高速钢中也可加入钼、钨、钒等合金元素来提高回火稳定性和钢的耐热性,并且能够产生回火过程中的二次硬化效应，而加入铬元素可以提高钢的淬透性。常用的高速钢有 W6Cr4V、W6MoCr4V2。

4. 特殊性能钢

特殊性能钢的牌号表示方法与合金工具钢基本相同，当碳的质量分数小于 0.08%大于 0.03%时，在牌号前面分别标出“0”及“00”，例如 0Cr19Ni9、00Cr30Mn2 等。特殊性能钢是指某些具有特殊的物理、化学性能，在特殊的环境及工作条件下使用的钢。工程上常用的特殊性能钢有不锈钢、耐热钢、耐磨钢等。

特殊性能钢常用钢种分类、牌号及应用见表 1-6 所列。

表 1-6　特殊性能钢常用钢种的分类、牌号及应用

组别	分类	牌号	性能特点	应用
不锈钢	马氏体不锈钢	1Cr13　2Cr13 3Cr13　4Cr13	具有良好的抵抗空气、蒸汽和水、酸、盐腐蚀介质腐蚀的能力；同时具有良好的塑性和韧性以及较高的强度	用于制造各种腐蚀介质中工作的零件和构件，如化工装置的各种管道、阀门和泵，医疗手术刀，防锈刃具和量具，耐腐蚀模具。也用来制作日常生活用具，如餐具水壶等
	铁素体不锈钢	0Cr13　1Cr17 1Cr28　1Cr17Ti		
	奥氏体不锈钢	0Cr19Ni9 0Cr18Ni9 1Cr19Ni9 1Cr18Ni9Ti		
耐热钢	抗氧化钢	1Cr13Si13 3Cr18Ni25Si2	具有较强的高温抗氧化能力及高温强度保持能力	常用于制造长期在燃烧环境下工作、需要保持一定强度的零件，如内燃机气阀、加热炉构件、高压锅炉的过热器等
	热强钢	5CrMo 4Cr10Si2Mo 4Cr9Si2		
耐磨钢	高锰钢	ZGMn13	表面硬度高，耐磨性好，心部韧性好，强度高，经常受挤压摩擦时，易形成加工硬化	主要用于制造在工作工程中承受磨损和强烈冲击的零件，如铁路道岔、挖掘机铲齿、坦克履带等构件

综合拓展

1. 依据磁性辨别不锈钢

购买不锈钢生活用品时，用磁铁测试材质是否具有磁性是辨别不锈钢的普通方法之一。实际上，只有奥氏体不锈钢一般无磁性(加工后或有弱磁性)，而铁素体不锈钢、双相不锈钢、马氏体不锈钢、沉淀硬化不锈钢都带有磁性。无论有无磁性，每种不锈钢都有其特点和适用范围。

2. 国内钢轨的分类

为了适应现代铁路的不断发展，铁道钢轨的材质、性能、轨长、单位、长度、重量等都有了新的发展与变化。我国的钢轨根据化学成分、交货状态以及最低抗拉强度等有不同分类，而不同的钢轨类型在实际的铁路应用中其用途也不同。

(1)按轨型分类。我国的钢轨类型有 43 kg/m、50 kg/m、60 kg/m 和 75 kg/m 四种，标准轨的定尺长度分别为 43 kg/m 钢轨：12.5 m 和 25 m；50 kg/m 和 60 kg/m 钢轨：12.5 m、25 m 和 100 m；75 kg/m 钢轨：25 m 和 75 m 和 100 m。根据以上钢轨轨型，我国钢轨可分为重轨和轻轨，从国内铁道应用而言，50kg/m 及以上钢轨均称之为重轨，其他均为轻轨。

(2)按化学成分分类。根据钢轨的化学成分，可分为碳素钢轨、微合金钢轨和低合金钢轨。其中，碳素钢轨的锰含量小于 1.30%，没有添加其他合金元素，又称普通轨；微合金钢轨中加入了如 V、Nb、Ti 等微量合金元素；而低合金钢轨中加入如含量约为 0.80%至 1.20%的 Cr 合金元素。

(3)按交货状态分类。根据钢轨出厂时的状态，可将其分为热轧态及热处理态钢轨。不管钢轨的抗拉强度为多少，凡是以热轧状态交货的均称之为热轧钢轨。而热处理钢轨按照化学成分的不同，又可分为碳素热处理钢轨、微合金热处理钢轨和低合金热处理钢轨，以及依据其热处理工艺条件(是否进行二次加热)又可分为离线热处理钢轨和在线热处理钢轨。

(4)按抗拉强度分类。按钢轨的抗拉强度下限可分为 780 MPa 级、880 MPa 级、980 MPa 级、1080 MPa 级、1180 MPa 级和 1200～1300 MPa 级钢轨。通常将抗拉强度为 $R_m \geqslant$ 1080 MPa 级的钢轨定义为耐磨轨或高强轨。

目前，我国铁道线路上广泛使用的钢轨主要有 880 MPa 级的 U71Mn，980 MPa 级的 U75V 和用于重载铁路的 1180～1280 MPa 级的 U77MnCr、PG4 等高强耐磨钢轨。

① U71Mn 钢轨

U71Mn 钢轨为碳素钢轨，是我国至今使用时间最长的钢轨，其含碳量较低，通过添加 Mn 元素来提高钢轨的强度、塑韧性以及焊接性。但是，钢中的 Mn 元素易形成偏析，重新加热后在 Mn 偏析部位常出现马氏体等异常组织。为了改进此钢轨的性能及适应不同的运输条件，我国多次对 U71Mn 钢轨中 Mn 的含量进行了调整，形成了 U71MnC 热处理钢轨和用于高速线路的 U71MnG 轨以及用于高原铁路的低碳 U71Mn 钢轨。

② U75V 钢轨

U75V 钢轨是攀钢在 20 世纪 90 年代研发的第三代钢轨，于 2003 年纳入铁道行业标准。与 U71Mn 钢轨相比，U75V 钢轨的碳、硅含量相对较高，且添加了可细化组织晶粒的合金元素钒，降低了 Mn 的含量，该钢轨热轧后强度可达到 980 MPa 级。目前，已逐渐成为我国铁路的主要轨种。为了解决 U75V 钢轨在实际应运中暴露的难焊、易断等问题，于 1998 年攀钢对 U75V 钢轨的化学成分进行了调整，降低了钢中的碳、硅、钒含量。调整后的钢轨塑韧性明显提高，焊接性能得到改善，但耐磨性有所下降。经在繁忙干线及重载铁路上试用，发现其性能良好，但在小半径曲线上发现耐磨性明显不足。此外，在客运专线的使用中因硬度偏高与车轮磨合困难，容易出现滚动接触疲劳伤损。

③ U75VG 钢轨

为优化性能，在 U75V 钢轨的基础上，通过减小碳含量的波动范围及钢中有害元素 P、S 等含量形成了 U75VG，该钢种对断后伸长率等指标提出了更高要求。

④ U77MnCr 钢轨

U77MnCr 钢轨由中国铁道科学研究院和鞍钢于近年合作研发，通过加入 0.25%～0.40%的合金元素铬来提高钢轨的综合性能。热轧钢轨强度 R_m≥980 MPa，断后伸长率 A≥10%。热处理后轨头顶面硬度大于 370 HB，抗拉强度 R_m≥1280 MPa，断后伸长率 A≥12%，焊接性能良好，为高强耐磨钢轨。

⑤ PG4 钢轨 PG4

钢轨是攀钢与铁科研共同开发的一种高强度和高耐磨钢轨。钢中铬含量为 0.30%～0.50%、钒含量为 0.08%～0.12%。该轨种的热轧态抗拉强度 R_m≥1080 MPa，拉升断后伸长率 A≥8%；热处理态的轨顶面硬度大于 370 HB，R_m≥1300 MPa。经过在国内重载铁路(例如大秦铁路)上试用，发现该种钢轨的耐磨性能非常好。但是，由于此钢轨中含有较高的 Cr、V 合金元素，极易在摩擦损伤部位形成脆性较大的马氏体异常组织。

⑥ U76CrRE

钢轨 U76CrRE 钢轨是由包钢集团研制的高强耐磨钢轨，此轨种不仅进行了铬合金化并且加入了含量约为 0.020%的稀土元素。热轧钢轨强度 R_m≥1 080 MPa，断后伸长率 A≥9%。

3. 高强钢在钢轨领域的应用现状

目前，铁路运输向着客货分离的模式发展。由于客运专线列车轴重轻、运速快，采用无缝钢轨保证轨道平顺性且要求高于其他线路。货运重载铁路采用高强度全长淬火钢轨，既延长了钢轨的使用寿命，又提高了运输安全性。带动铁路用钢需求近年来保持持续旺盛，其中重载钢轨钢需求每年 300 万吨以上。

铁路用钢轨从微观组织上判断，主要分为珠光体钢轨、马氏体钢轨和贝氏体钢轨。通过添加 Cr、Mo 等合金元素，热处理可获得细珠光体组织的合金钢轨，有较好的强塑性和耐磨性，在西欧国家得到广泛应用。研究发现，过共析钢轨的耐磨性能会随珠光体片层中渗碳体密度的增加而提高。与传统热处理的共析钢轨相比，其耐磨性提高 20%，在北美重载铁路上试验效果良好。伴随货车轴重的增加，对珠光体钢轨的综合性能也提出了更高的要求，美国、日本、俄罗斯等国家的珠光体钢轨中碳含量已接近共析钢的水平。当珠光体钢轨抗拉强度等级高于 1180MPa 时，断裂韧性差，综合性能不好。目前 1080MPa 级及以下的珠光体合金钢轨仍在许多国家使用。但抗拉强度对于共析钢来说，接近研发极限，较难适应更高要求。因此，为满足需求研究更高强度钢轨成为趋势。其中，英钢联研发了硬度达 445HB 且耐磨性、韧性良好的低碳马氏体钢轨钢。

目前，美国、德国、日本、法国等国家研制新型高强度钢轨的重心主要集中在贝氏体钢轨上，贝氏体钢轨综合了较好的强度、韧性和塑性配合，尤其在保证强度的前提下，韧性是珠光体钢轨的 2～3 倍。中低碳贝氏体钢轨的焊接性能好，易于与珠光体钢轨对接。各国研制的贝氏体钢轨均已上道试铺，性能稳定性及使用寿命上都表现出良好的综合效果。研发更高性能的贝氏体钢轨，进一步改善贝氏体钢轨的内部和表面质量，提高钢轨的经济性、强韧性、焊接性、疲劳性和耐磨性等，是为满足适应重载和高速铁路更高发展要求的主要趋势。

项目二　铸铁的分类及编号

背景介绍

铸铁是一系列主要由铁、碳和硅元素组成的合金的总称。铸铁是碳的质量分数在2%以上的铁碳合金,工业用铸铁一般含碳的质量分数为2%～4%,并且由于冶炼的原因,铸铁相较于钢含有较多的锰、磷、硫、硅等元素。由于铸铁与钢同属于铁碳合金,只是含碳量远大于钢,所以铸铁的基体与钢基本相近,不能与铁元素结合的碳以石墨的状态存在。因为石墨的各种性能如强度、塑性、硬度和韧性非常低,所以铸铁的性能及使用范围与钢有较大的区别。

问题引入

碳在铸铁中与铁结合的形式有很多种,不同的结合形式对铸铁合金的性能会产生全然不同的影响,因此,我们有必要了解不同结合形式下碳元素及其化合物对铸铁的性能和分类有哪些影响。

与钢类似,随着碳元素在铸铁中含量改变,导致的不同含碳量的铸铁在性能上的较大差异,所以我们就需要对不同性能的铸铁进行分类和编号,并且要掌握不同型号铸铁的使用范围。

问题分析

碳在铸铁中除极少数溶于铁素体之外,更多的是以游离态和碳化物状态存在。这两种状态的碳元素对铸铁合金的性能有着十分重要的影响。当碳在铁中过量时,多数的碳元素是以石墨的状态存在,根据显微结构可以分析出石墨在铸铁中可以以片状、球状、团絮状和蠕虫状存在。

不同的石墨形态与碳含量的高低有关,同时也对铸铁的性能产生了比较大的影响。根据石墨存在的形态,一般把石墨呈片状形态存在的合金铸铁称为灰铸铁,石墨呈片球状形态的合金铸铁称为球墨铸铁,石墨呈团絮状形态的合金铸铁称为可锻铸铁,石墨呈蠕虫状态的合金称为蠕墨铸铁。

石墨本身力学性能比较差,其在铸铁中类似于合金组织内部分布着不同形状的孔洞,所以石墨的形态和分布对铸铁的力学性能有着十分重要的影响。相对来说,蠕墨铸铁的力学性能最好,灰铸铁的力学性能最差。另外,还有断口呈亮白色的白口铸铁和断口呈灰白相间的麻点状的麻口铸铁。但因为这两种铸铁既脆又硬,性能非常差,且不能进行切削加工,所以在工业上很少用来制备机械零部件。

按照石墨存在的形式不同，铸铁可分为以下几类：

1. 灰铸铁

灰铸铁也称为灰口铸铁，碳主要以片状石墨形态存在，断口呈灰色。灰铸铁是工业生产中价格最低、应用最为广泛的一种铸铁，其在机车、汽车、机床、起重机等方面有大量地采用。

灰铸铁的牌号命名规则是以字母 HT 和其后的一组数字表示的。HT 是“灰铁”的汉语拼音首字母，字母后面的数字表示的是最小抗拉强度值。例如：HT200，表示灰铸铁，其最低抗拉强度为 200MPa。常用的灰铸铁的碳元素含量大概为 2.8%～4.0%，硅含量大概为 1.0%～3.0%，锰含量大概为 1.6%～1.3%。灰铸铁按其石墨基体组织的不同，可分为：

① 铁素体＋片状石墨；

② (铁素体－珠光体)＋片状石墨；

③ 珠光体＋片状石墨。

可以把灰铸铁看作是一块充满孔洞和裂纹的钢，由于片状石墨的存在，割裂了基体，形成了许多细小的裂缝，破坏了基体的连续性，减小了有效的受力面积，同时裂缝尖角处还会引起应力集中。

灰铸铁的化学成分和组织决定了它的力学性能相对较差，尤其是抗拉强度、韧性、塑型。但它依旧具有以下优良的性能：

① 良好的铸造性。灰铸铁熔点低、流动性好、收缩率相对比较小。

② 良好的切削加工性。石墨是一种固体润滑剂，可以起到减少摩擦和断屑作用，使得刀具磨损小、易切削。

③ 良好的减磨性。摩擦面上的石墨脱落后会形成许多细小的孔洞，这些小孔可以吸收和存储液态的润滑油，从而使摩擦表面保持良好的减磨条件。

④ 良好的减振性。由于石墨的存在，相对割裂了基体组织，在受到冲击时就减弱了能量的传递，起到了减振的作用。一般来讲，灰铸铁的减振能力是钢的十倍左右，所以铸铁常用在制作机床底座等减振零件上。

⑤ 较低的缺口敏感性。由于基体上石墨的存在使得基体本身就存在许多小的缺口，所以铸铁表面的缺陷和缺口几乎不具有敏感性。

2. 球磨铸铁

球磨铸铁是将铁液经过球化处理，而非在凝固后经过热处理，使石墨的形态基本呈球状的铸铁材料。球状铸铁在生产时在铁水浇注前，加入一定的稀土镁合金作为球化剂和硅铁或硅钙合金，这样凝固后就获得了球状石墨的铸件。由于石墨成球状，对基体组织的割裂和应力集中作用大大减小，所以球墨铸铁的力学性能优于灰铸铁。它的强度、塑性和韧性很高，屈服比约为 0.7～0.8，比碳钢略高，球墨铸铁的力学性能接近于非合金钢，而且还具有一般铸铁的特性。

球墨铸铁的牌号命名是以字母 QT＋两组数字来表示。QT 是“球铁”二字的汉语拼音首字母，其后的数字表示最低抗拉强度和最低断面收缩率，其中断面收缩率是重要的塑性指标。例如：QT450－10，表示球墨铸铁，最低的抗拉强度为 450MPa，最低的断面延伸率为 10%。球墨铸铁的牌号及应用见表 1－7 所列。

表 1-7　球墨铸铁的牌号及应用

牌号	应用举例
QT400-18	承受冲击、振动的零件，如汽车、拖拉机轮毂、差速器壳、拨叉、农机具零件、中低压阀门、上下水及输气管道、电动机壳、齿轮箱、压缩机箱、压缩机气缸、飞轮壳等
QT400-15	
QT450-10	
QT500-7	机器座架、电动机架、传动轴飞轮、铁路机车车轴瓦、内燃机润滑油泵齿轮等
QT600-3	受力复杂、载荷大的零件，如拖拉机的曲轴、汽车、连杆、铣床、机床蜗杆、凸轮轴、大齿轮、气缸体、车床主轴等
QT700-2	
QT800-2	
QT900-2	制作高强度齿轮和曲轴的零件，如汽车后桥弧齿锥齿轮、凸轮轴、减速器齿轮等

由于球墨铸铁的优良性能，其在冶金、加床、铁道、化工等部门，用来制造性能要求较高的铸件，有时可以代替非合金钢或者低合金钢来制造某些负荷较大、受力较复杂的重要铸、锻件，比如内燃机车的曲轴、凸轮、连杆、齿轮等。

3. 蠕墨铸铁

蠕墨铸铁是基体金相组织中石墨形态主要为蠕虫状的铸铁。与球墨铸铁类似，蠕墨铸铁在生产过程中用高碳、低硫、低磷的铁水加入镁钛合金或镁钙合金作为蠕化剂，经过蠕化处理后获得蠕虫状石墨的高强度铸铁。由于它的石墨形态呈短小蠕虫状，它的性能介于灰铸铁和球墨铸铁之间。但蠕墨铸铁在铸造性能及导热性能等方面比球墨铸铁更好。

蠕墨铸铁的牌号表示方法为：RuT＋数字。其中 RuT 表示蠕墨铸铁，数字表示最低抗拉强度。例如：RuT340 表示蠕墨铸铁，最低抗拉强度为 340MPa。

4. 可锻铸铁

可锻铸铁是由一定成分的白口铸铁通过长时间的高温可锻化退火而获得的，基体中石墨形状为团絮状的铸铁。可锻铸铁根据基体组织不同，可分为黑心可锻铸铁和珠光体可锻铸铁。

可锻铸铁的牌号分别用字母 KTH、KTZ＋两组数字表示。KT 是“可铁”汉语拼音的首字母，H、Z 分别是“黑”和“珠”汉语拼音首字母。两组数字分别表示最低抗拉强度和最低断后伸长率。例如：KTH300-06，表示最低抗拉强度为 300MPa、最低断后伸长率为 6%的黑心可锻铸铁；KTZ650-02 表示最低抗拉强度为 650 MPa、最低断后伸长率为 2%的珠光体可锻铸铁。

可锻铸铁韧性和耐蚀性好，适宜制造形状复杂、承受冲击的薄壁铸件及在潮湿环境中工作的零件。

综合拓展

球磨铸铁的力学性能优越，在某些性能方面可以和碳钢相媲美，同时还具有碳钢所不具备的良好减振性和耐磨性。因为石墨能起减振、润滑作用，而表面石墨脱落后形成的微笑孔洞能够存储润滑油。铸铁成本比钢低，所以球磨铸铁能起到“以铁代钢、以铸代锻”的作用，在工业工程中被广泛应用。

习 题

1. 工程材料按组成特点和性质分为哪几类？主要性能有何区别？

2. 工程金属材料如何分类？各有何基本用途？

3. 同样是铁碳合金，铸铁与钢的性能有何区别？为什么？

4. 如何从节能环保的角度出发，实现交通工具的轻量化？

5. 说明以下牌号或代号的意义：Q235、40、T10A、HT200、QT600－3、W18Cr4V、GCr15、9SiCr、60Si2Mn、1Cr18Ni9Ti、LY12、ZL301、H62、B30、ZSnSb4Cu4、TB1、YG8、YW2。

6. 按含碳量分类，20钢属于钢，其碳的质量分数为________；45钢属于________钢，其碳的质量分数为________；T12属于________钢，其碳的质量分数为________；

7. 常用的高速钢有和________，其显著特点为具有很好的________。

8. 工业铸铁一般分为________铸铁、________铸铁、________铸铁和铸铁。它们的性能区别主要是由于________不同。

9. 普通灰铸铁按基本不同可分为________，其中以________的强度和耐磨性最好。

第二章　金属的晶体结构与结晶

项目一　金属的晶体结构

背景介绍

一、晶体结构的基本概念

1. 晶体

组成固态物质的最基本的质点(如原子、分子或离子)在三维空间中,作有规则的周期性重复排列,即以长程有序方式排列,这样的物质称为晶体,如:金属、天然金刚石、结晶盐、水晶、冰等。

晶体通常又可分为金属晶体和非金属晶体,纯金属及合金都属于金属晶体,其原子间主要以金属键结合,而非金属晶体主要以离子键和共价键结合,如:食盐 NaCl(离子键)、金刚石(共价键)都是非金属晶体。

按晶体结构模型提出的先后,可将晶体结构模型分为几何(球体)模型、晶格模型和晶胞模型,如图 2-1 所示。

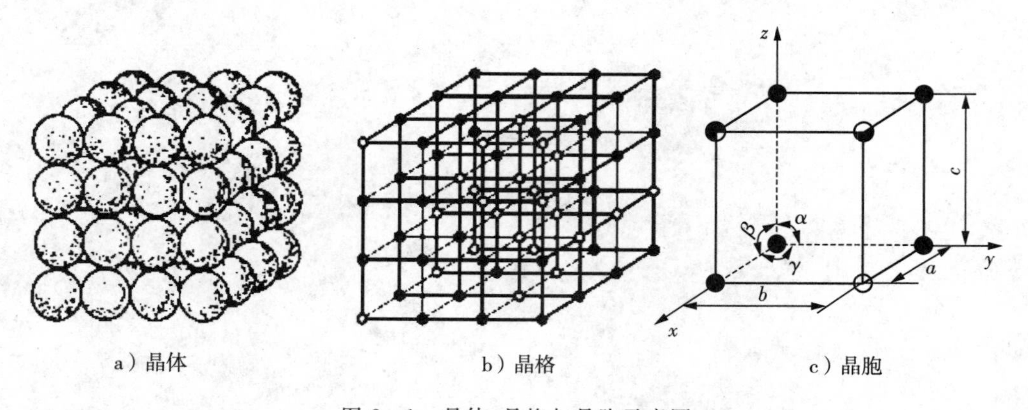

图 2-1　晶体、晶格与晶胞示意图

2. 非晶体

组成固态物质的最基本的质点,在三维空间中无规则堆砌,这样的物质称为非晶体,如:玻璃、松香等。

3. 晶体的球体模型

把组成晶体的物质质点，看作为静止的刚性小球，他们在三维空间周期性规则地堆垛而成。该模型虽然很直观，立体感强，但不利于观察晶体内部质点的排列方式。针对这一缺陷科技工作者进一步提出了晶体的晶格模型。

4. 晶格

为了研究晶体中原子的排列规律，假定理想晶体中的原子都是固定不动的刚性球体，并用假想的线条将晶体中各原子中心连接起来，便形成了一个空间格子，这种抽象的、用于描述原子在晶体中规则排列方式的空间格子称为晶格。晶体中的每个点叫作结点。

5. 晶胞

晶体中原子的排列具有周期性的特点，因此，通常只从晶格中选取一个能够完全反映晶格特征的、最小的几何单元来分析晶体中原子的排列规律，这个最小的几何单元称为晶胞。实际上整个晶格就是由许多大小、形状和位向相同的晶胞在三维空间重复堆积排列而成的。

6. 晶格常数

晶胞的大小和形状常以晶胞的棱边长度 a、b、c 及棱边夹角 α、β、γ 来表示，如图 2-1(c)所示。晶胞的棱边长度称为晶格常数，以埃(Å)为单位来表示($1Å=10^{-8}$ cm)。

当棱边长度 $a=b=c$，棱边夹角 $\alpha=\beta=\gamma=90°$时，这种晶胞称为简单立方晶胞。由简单立方晶胞组成的晶格称为简单立方晶格。

二、金属材料的特性

1. 金属材料

金属材料是指金属元素与金属元素，或金属元素与少量非金属元素所构成的，具有一般金属特性的材料，统称为金属材料。

金属材料按其所含元素数目的不同，可分为纯金属(由一个元素构成)和合金(由两个或两个以上元素构成)。合金按其所含元素数目的不同，又可分为二元合金、三元合金和多元合金。物质按其形态不同，可分为固体、液体和气体。而固体又可分晶体和非晶体。

2. 金属键

金属键是金属原子之间的结合键，它是大量金属原子结合成固体时，彼此失去最外层电子(过渡族元素也失去少数次外层电子)，成为正离子，而失去的外层电子穿梭于正离子之间，成为公有化的自由电子云或电子气，而金属正离子与自由电子云之间的强烈静电吸引力(库仑引力)，这种结合方式称为金属键。

3. 金属特征

金属材料主要以金属键方式结合，从而使金属材料具有以下特征：

(1)良好的导电、导热性

自由电子定向运动(在电场作用下)导电、(在热场作用下)导热。

(2)正的电阻温度系数

即随温度升高，电阻增大，因为金属正离子随温度的升高，振幅增大，阻碍自由电子的定向运动，从而使电阻升高。

(3)不透明,有光泽

自由电子容易吸收可见光,使金属不透明。自由电子吸收可见光后由低能轨道跳到高能轨道,当其从高能轨道跳回低能轨道时,将吸收的可见光能量辐射出来,产生金属光泽。

(4)具有延展性

金属键没有方向性和饱和性,所以当金属的两部分发生相对位移时,其结合键不会被破坏,从而具有延展性。

三、典型的金属晶体结构

1. 体心立方晶格

体心立方晶格的晶胞是一个立方体,其晶格常数 $a=b=c$,在立方体的八个角和立方体的中心各有一个原子。每个晶胞中实际含有的原子数为(1/8)×8+1=2 个。具有体心立方晶格的金属有铬(Cr)、钨(W)、钼(Mo)、钒(V)、α 铁(α-Fe)等,如图 2-2 所示。

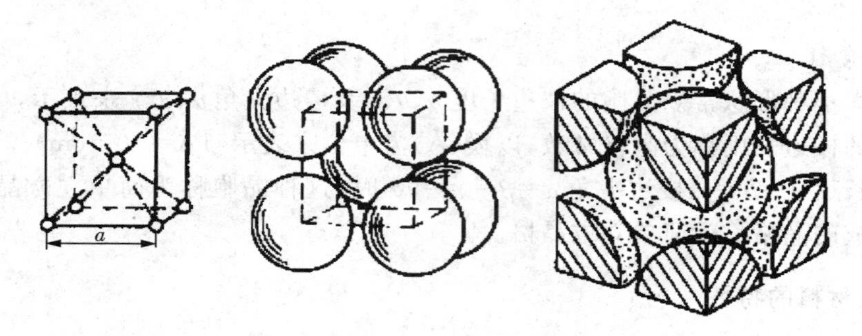

图 2-2 体心立方晶胞示意图

2. 面心立方晶格

面心立方晶格的晶胞也是一个立方体,其晶格常数 $a=b=c$,在立方体的八个角和立方体的六个面的中心各有一个原子。每个晶胞中实际含有的原子数为(1/8)×8+6×(1/2)=4 个。具有面心立方晶格的金属有铝(Al)、铜(Cu)、镍(Ni)、金(Au)、银(Ag)、γ 铁(γ-Fe)等,如图 2-3 所示。

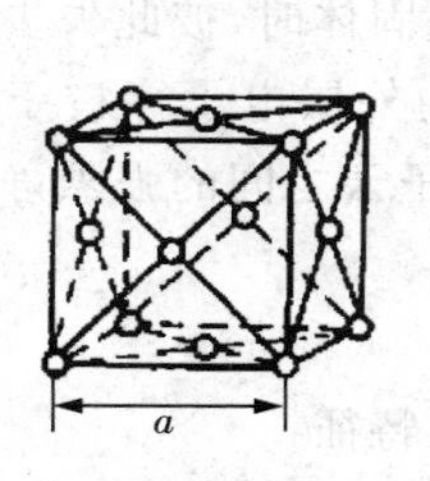

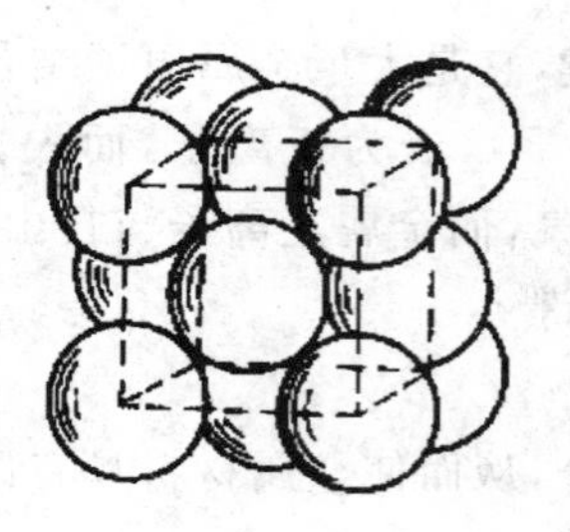
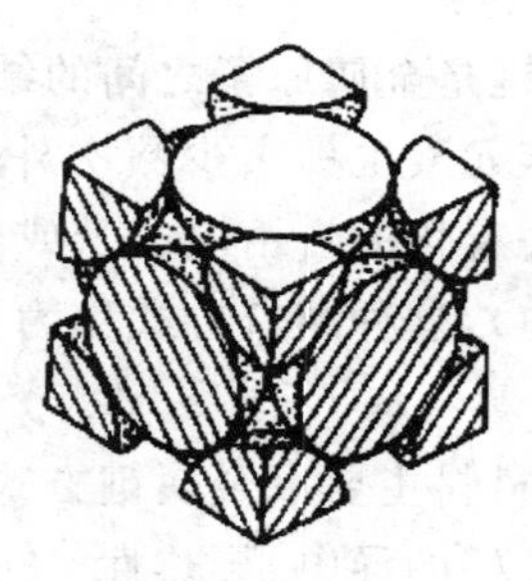

图 2-3 面心立方晶胞示意图

3. 密排六方晶格

密排六方晶格的晶胞是个正六方柱体,它是由六个呈长方形的侧面和两个呈正六边形的底面所组成。该晶胞要用两个晶格常数表示，一个是六边形的边长 a，另一个是柱体高度 c。在密排六方晶胞的十二个角和上、下底面中心各有一个原子，另外在晶胞中间还有三个原子。每个晶胞中实际含有的原子数为(1/6)×12+(1/2)×2+3=6 个。具有密排六方晶格的金属有镁(Mg)、锌(Zn)、铍(Be)等，如图 2-4 所示。

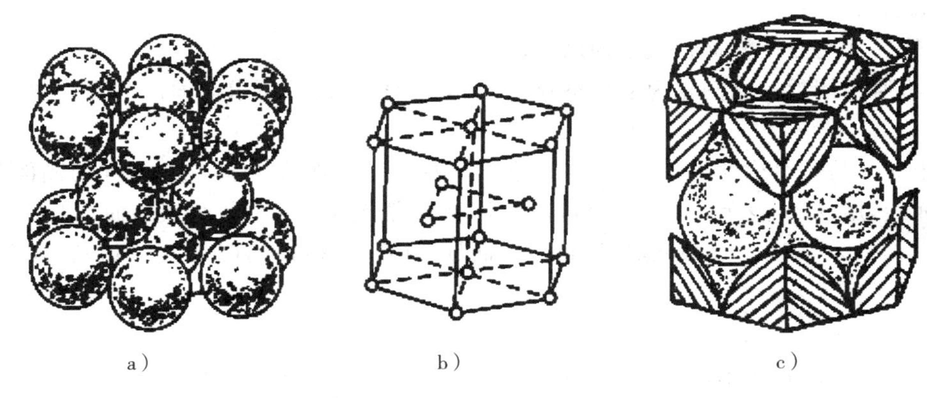

图 2-4 密排六方晶胞示意图

四、典型晶格的致密度和配位数

用刚性球体模型，计算出其晶体结构中的下列重要参数。如表 2-1 所示。

(1)单位晶胞原子数：即一个晶胞所含的原子数目。

(2)原子半径：利用晶格常数，算出晶胞中两相切原子间距离的一半。

(3)配位数：晶体结构中任何一原子周围最近邻且等距离的原子数目，配位数越大，原子排列的越紧密。

(4)致密度：单位晶胞中原子所占体积与晶胞体积之比，其表达式为 $K=nv/V$，K——致密度；n——单位晶胞原子数、v——每个原子的体积、V——晶胞体积，致密度越大，原子排列越紧密。

(5)间隙半径：指晶格空隙中能容纳的最大球体半径。因为相同尺寸的原子，即使按最紧密方式排也会存在空隙。

表 2-1 三种典型晶体结构的重要参数小结

晶格类型	单位晶胞原子数	原子半径 γ	配位数	致密度	间隙半径
体心立方	2	$\sqrt{3}/4a$	8	0.68	0.29γ
面心立方	4	$\sqrt{2}/4a$	12	0.74	0.41γ
密排六方	6	1/2a	12	0.74	0.41γ

五、金属晶体中晶面和晶向的表示

晶面是金属晶体中原子在任何方位所组成的平面。

晶向是金属晶体中原子在任何方向所组成的直线。

晶面指数表示晶面在晶体中方位的符号。

晶向指数表示晶向在晶体中方向的符号。

1. 晶面指数的确定

(1)立坐标,找出所求晶面的截距;所求晶面与坐标轴平行时,截距为∞(坐标原点不可设在所求晶面上);

(2)取晶面与三个坐标轴截距的倒数;

(3)将所得倒数按比例化为最小整数,放入圆括号内,即得所求晶面的晶面指数,一般用(hkl)表示。

由于立方晶系对称性高,所以可将其原子排列情况相同,而空间位向不同的晶面归为同一个晶面族,用{hkl}表示。如(100),(010),(001)就属于{100}晶面族。而(110),(101),(011),($\bar{1}\bar{1}10$),($\bar{1}01$),($0\bar{1}1$)就属于{110}晶面族。(111),($11\bar{1}$),($1\bar{1}1$),($\bar{1}11$)就属于{111}晶面族。

2. 晶向指数的确定

(1)建立坐标,将所求晶向的一端放在坐标原点上(或从坐标原点引一条平行所求晶向的直线);

(2)求出所求晶向上任意结点的三个坐标值;

(3)将所得坐标值按比例化为最小整数,放入方括号内,即得所求晶向的晶向指数一般用[uvw]表示。对于立方晶系由于其对称性高,也可将其原子排列情况相同,而空间位向不同的晶向归为同一个晶向族,用<uvw>表示,如晶向[100],[010],[001]属于<100>晶向族。

在立方晶系中,当晶面指数与晶向指数相同时,即 $h=u$、$k=v$、$l=w$ 时(hkl)⊥[uvw],如(111)⊥[111]。

由晶面指数和晶向指数的介绍,可以发现不同的晶面和晶向上,原子排列的紧密程度不同。晶面上原子排列的紧密程度,可用晶面的原子密度(单位面积上的原子数)表示;晶向上原子排列的紧密程度,可用晶向的原子密度(单位长度上的原子数)表示。通过计算和比较可以发现,在晶体中原子最密排晶面之间的距离最大,原子最密排晶向之间的距离最大。这是晶体在外力作用时,总是沿着原子最密排晶面和原子最密排晶向,首先发生相对位移的主要原因之一。

六、金属晶体的各向异性

1. 单晶体

由一个晶核长成的大晶体,它的原子排列方式和位向完全相同,这样的晶体称为单晶体。

2. 各向异性

各向异性是单晶体沿各不同晶面或晶向具有不同性能的现象。

如体心立方结构 α-Fe 单晶体的弹性模量 E,在<111>方向 $E_{<111>}=2.9\times10^5$ MPa,而在<100>方向 $E_{<100>}=1.35\times10^5$ MPa,两者相差两倍多。而且发现单晶体的屈服强度、导磁性、导电性等性能,也存在着明显的各向异性。

单晶体具有各向异性的主要原因是，其晶体中原子在三维空间是规则排列的，造成各晶面和各晶向上原子排列的紧密程度不同（即晶面的原子密度和晶向的原子密度不同），使各晶面之间以及各晶向之间的距离不同，因此各不同晶面、不同晶向之间的原子结合力不同，从而导致其具有各向异性。

3. 多晶体

实际应用的体心立方结构铁的 $E=2.1\times10^5$ MPa。因为它是多晶体，由许多晶粒组成。多晶体中各晶粒相当于一个小的单晶体，它具有各向异性。由于各晶粒位向不同，因此它们的各向异性相互抵消，表现为各向同性，多晶体的这种现象称为伪等向性（伪无向性）。下一节将详细讲解实际金属的晶体结构。

非晶体由于原子排列无规则，所以沿各不同方向测得的性能相同，表现为各向同性。

问题引入

理想晶体是指晶体中原子严格地成完全规则和完整的排列，在每个晶格结点上都有原子排列而成的晶体。如理想晶胞在三维空间重复堆砌就构成理想的单晶体。

实际晶体＝多晶体＋晶体缺陷

实际使用的金属材料绝大多数都是多晶体，实际金属材料的每个晶粒中，还存在着各种晶体缺陷。

问题分析

一、多晶体结构和亚结构

实际工程上用的金属材料都是由许多颗粒状的小晶体组成，每个小晶体内部的晶格位向是一致的，而各小晶体之间位向却不相同，这种不规则的、颗粒状的小晶体称为晶粒，晶粒与晶粒之间的界面称为晶界，由许多晶粒组成的晶体称为多晶体。一般金属材料都是多晶体结构。（如图 2－5 所示）

在多晶体的每个晶粒内部，也存在着许多尺寸很小、位向差也很小的小晶块。它们相互嵌镶成一颗晶粒，这些在晶格位向中彼此有微小差别的晶内小区域称为亚结构或嵌镶块。

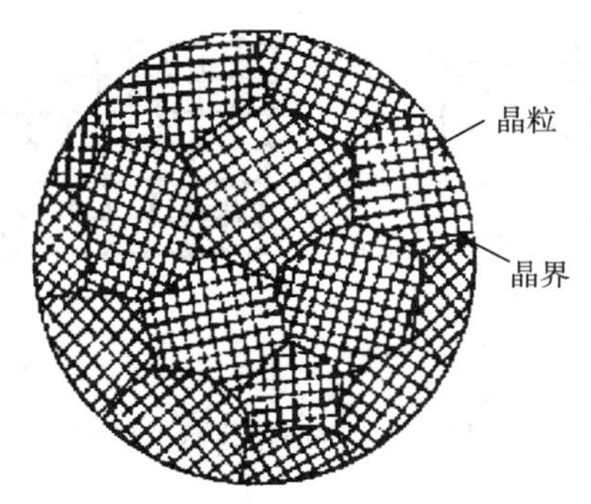

图 2－5　金属的多晶体结构示意图

二、晶体缺陷

实际金属具有多晶体，由于结晶条件等原因，会使晶体内部出现某些原子排列不规则的区域，这种区域被称为晶体缺陷。根据晶体缺陷的几何特点，可将其分为以下三种类型。

1. 点缺陷

点缺陷是指长、宽、高尺寸都很小的缺陷。最常见的点缺陷是晶格空位、置换原子和间隙原子。（如图 2-6 所示）点缺陷的形成可以是液态金属凝固时，少数原子发生偶然的错排而形成；也可以是晶体在高温或外力作用下形成。一般认为组成晶体的原子在晶格结点上并不是静止不动的，而是以晶格结点为中心不停地作热振动，但受到周围原子的约束，它只能处在其平衡位置上（即晶格结点上）。在实际晶体结构中，晶格的某些结点往往未被原子占有，这种空着的结点位置称为晶格空位；晶格的某些结点往往被异类原子占有，这种原子称为置换原子；处在晶格间隙中的原子称为间隙原子。在晶体中由于点缺陷的存在，将引起周围原子间的作用力失去平衡，使其周围原子向缺陷处靠拢或被撑开，从而晶格发生歪扭，这种现象称为晶格畸变。晶格畸变会使金属的强度和硬度提高。

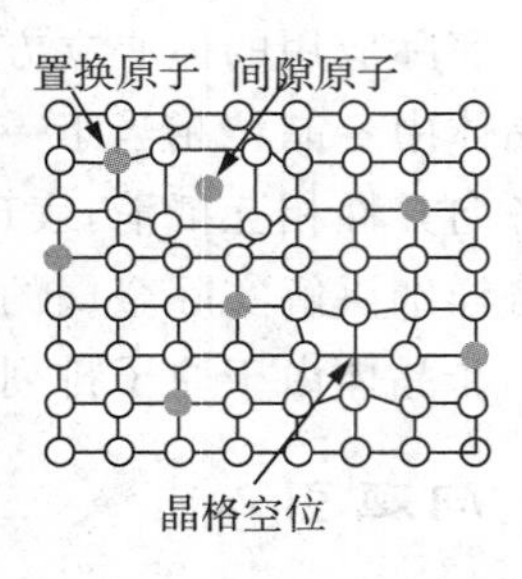

图 2-6　点缺陷示意图

2. 线缺陷

线缺陷是指在一个方向上的尺寸很大，另两个方向上尺寸很小的一种缺陷，主要是各种类型的位错。晶体中的位错可以是在凝固过程中形成，也可以在塑性变形时形成。所谓位错是晶体中某处有一列或若干列原子发生了有规律的错排现象。位错的形式很多，其中简单而常见的为刃型位错。晶体的上半部多出一个原子面（称为半原子面），它像刀刃一样切入晶体中，使上、下两部分晶体间产生了错排现象，因而称为刃型位错。如图 2-7 所示，*EF* 线称为位错线，在位错线附近晶格发生了畸变。位错不是一个原子列，而是一个晶格畸变“管道”，通常以该管道的中心作为位错线。

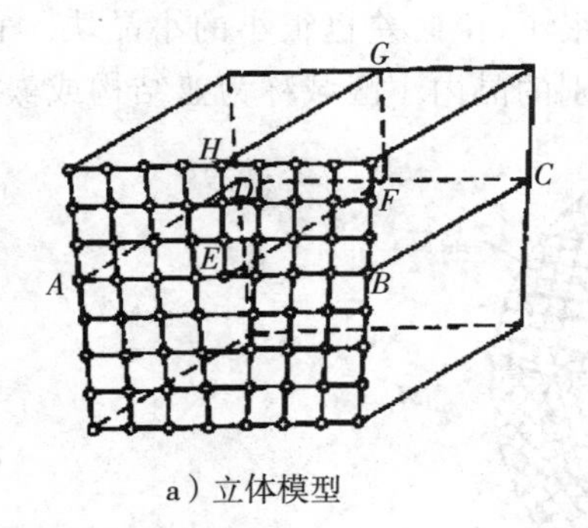

a）立体模型

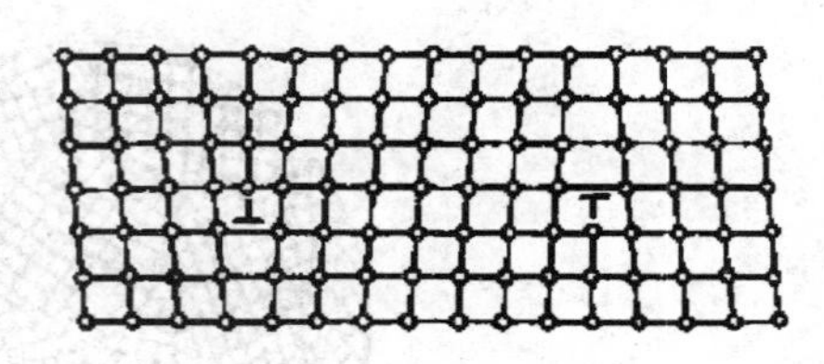

b）平面图

图 2-7　刃型位错示意图

位错的存在对金属的力学性能有很大的影响。例如冷变形加工后的金属，由于位错密度的增加，强度明显提高。

3. 面缺陷

面缺陷是指在两个方向上的尺寸很大，第三个方向上的尺寸很小而呈面状的缺陷。面缺陷的主要形式外表面、堆垛层错、晶界、亚晶界、孪晶界和相界面等。由于各晶粒之间的位向不同，所以晶界实际上是原子排列从一种位向过渡到另一个位向的过渡层，在晶界处原子排列是不规则的。亚晶界是小区域的原子排列无规则的过渡层。过渡层中晶格产生了畸变。

晶界、亚晶界的存在，使晶格处于畸变状态，在常温下对金属塑性变形起阻碍作用。所以，金属的晶粒愈细，则晶界、亚晶界愈多，对塑性变形的阻碍作用愈大，金属的强度、硬度愈高。（如图2-8所示）

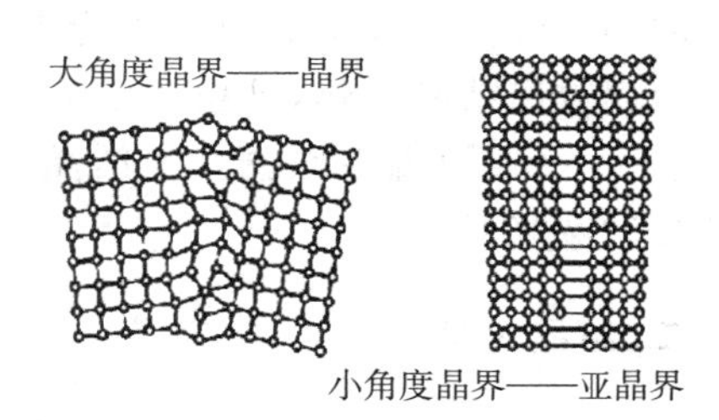

图2-8　晶界、亚晶界的结构示意图

知识链接

物质由液态→固态的过程称为凝固，由于液态金属凝固后一般都为晶体，所以液态金属→固态金属的过程也称为结晶。通过金工实习大家知道绝大多数金属材料都是经过冶炼后浇铸成形，即它的原始组织为铸态组织。了解金属结晶过程，对于了解铸件组织的形成，以及对它锻造性能和零件的最终使用性能的影响，都是非常必要的。而且掌握纯金属的结晶规律，对于理解合金的结晶过程和其固态相变也有很大的帮助。

一、结晶基础

研究液态金属结晶的最常用、最简单的方法是热分析法。它是将金属放入坩埚中，加热熔化后切断电源，然后使其缓慢冷却，在冷却过程中，每隔一定时间用热电偶测量一次液态金属的温度，直至冷却到室温，然后将测量数据画在温度-时间坐标图上，该曲线称为冷却曲线或热分析曲线，如图2-9所示。

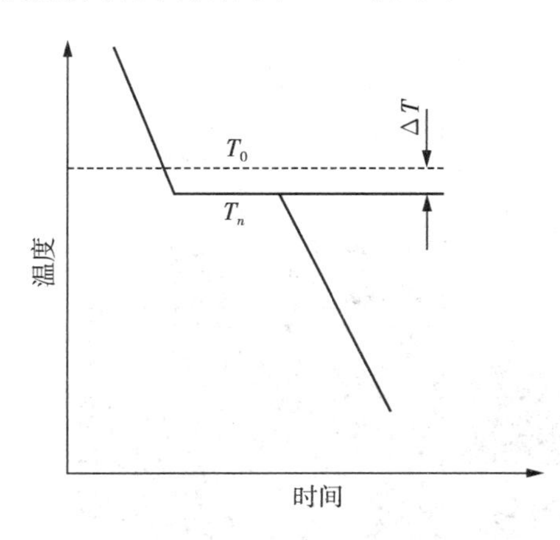

图2-9　纯金属的冷却曲线示意图

由该曲线可以看出，液态金属的结晶存在着两个重要的宏观现象。过冷现象和结晶过程伴随潜热释放。

1. 过冷现象

金属在平衡条件下所测得的结晶温度称为理论结晶温度（T_0）。但在实际生产中，液态金属结晶时，冷却速度都较大，金属总是在理论结晶温度以下某一温度开始进行结晶，这一温度称为实际结晶温度（T_n）。金属实际结晶温度低于理论结晶温度的现象称为过冷现象。理论结晶温度与实际结晶温度之差称为过冷度，用ΔT表示，即$\Delta T=T_0-T_n$。

2. 金属结晶的热力学条件

图2-10给出了在等压条件下液、固态金

属的自由能与温度的关系曲线，当 $T<T_0$ 时，$F_{液}>F_{固}$，而 $\Delta F=F_{液}-F_{固}>0$，为结晶的驱动力，由此可知过冷是结晶的必要条件，ΔT 越大，结晶驱动力越大，结晶速度越快。金属结晶时的过冷度与冷却速度有关，冷却速度愈大，过冷度就愈大，金属的实际结晶温度就愈低。实际上金属总是在过冷的情况下结晶的，所以，过冷度是金属结晶的必要条件。

3. 结晶过程伴随潜热释放

由纯金属的冷却曲线可以看出它是在恒温下结晶，即随时间的延长液态金属的温度不降低，这是因为在结晶时液态金属放出结晶潜热，补偿了液态金属向外界散失的热量，从而维持在恒温下结晶。当结晶结束时其温度随时间的延长继续降低。

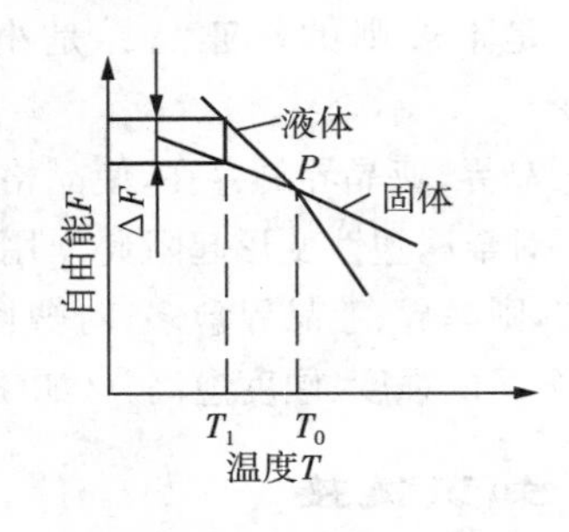

图 2-10　液体和固体的自由能随温度的变化示意图

二、结晶过程

金属的结晶过程从微观的角度看，当液体金属冷到实际结晶温度后，开始从液体中形成一些尺寸极小的、原子呈规则排列的晶体-晶核，然后以这些微小晶体为核心不断吸收周围液体中的原子而不断长大，同时液态金属的其他部位也产生新的晶核。在晶核不断长大的同时，又会在液体中产生新的晶核并开始不断长大，直到液态金属全部消失，形成的晶体彼此接触为止。每个晶核长成一个晶粒，这样，结晶后的金属便是由许多晶粒所组成的多晶体结构。

总之，液态金属的结晶包括形核和晶核长大的两个基本环节。形核有自发形核和非自发形核两种方式，自发形核（均质形核）是在一定条件下，从液态金属中直接产生，原子呈规则排列的结晶核心；非自发形核（异质形核），是液态金属依附在一些未溶颗粒表面所形成的晶核，非自发形核所需能量较少，它比自发形核容易得多，一般条件下，液态金属结晶主要靠非自发形核。

晶体的长大是以枝晶状形式进行的，并不断地分枝发展。（如图 2-11 所示）

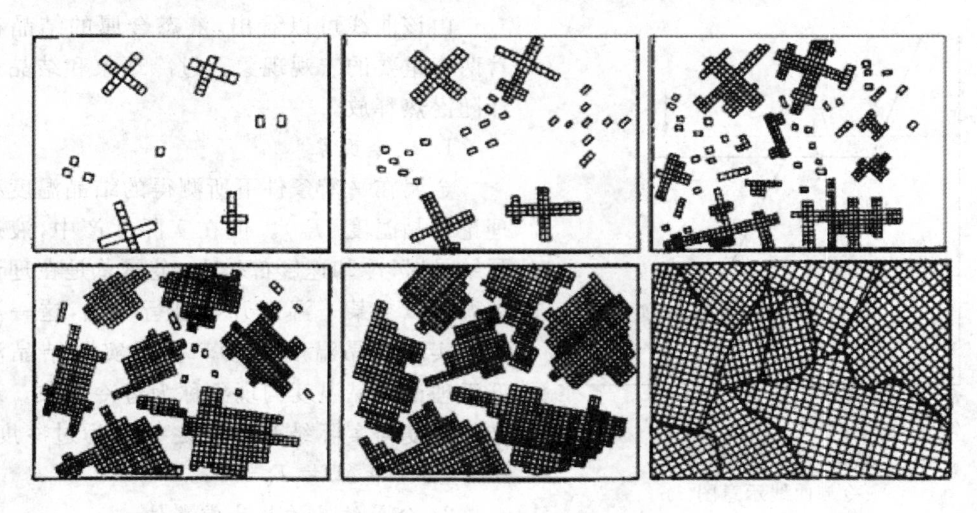

图 2-11　金属结晶过程示意图

三、金属结晶晶粒的大小

1. 晶粒大小对金属性能的影响

由实验发现金属结晶后，在常温下晶粒越细小其强度、硬度、塑性、韧性越好，如纯铁晶粒平均直径从 9.7mm 减小到 2.5mm，抗拉强度 σ_b 从 165MPa 上升 211MPa，伸长率 δ 从 28.8%上升到 39.5%，通常将这种方法称为细晶强化，它的最大优点是能同时提高金属材料的强度、硬度、塑性、韧性，而以后介绍的各种强化方法，都是通过牺牲材料塑性、韧性来换取提高材料的强度、硬度。

2. 细化晶粒的途径

金属结晶时，一个晶核长成一个晶粒，在一定体积内所形成的晶核数目愈多，则结晶后的晶粒就愈细小。研究发现有两个途径，一是增加形核率 N；二是降低长大速度。

3. 细化晶粒的方法

工业生产中，为了获得细晶粒组织，常采用以下方法：

(1)增大过冷度

过冷度大，ΔF 大，结晶驱动力大，形核率和长大速度都大，且 N 的增加比 G 增加得快，提高了 N 与 G 的比值，晶粒变细，增加过冷度，使金属结晶时形成的晶核数目增多，则结晶后获得细晶粒组织。(如图 2-12 所示)具体是使用对薄壁铸件用加快冷却速度的方法，来增大 ΔT，如金属模代砂模，在金属模外通循环水冷却，降低浇注温度等。

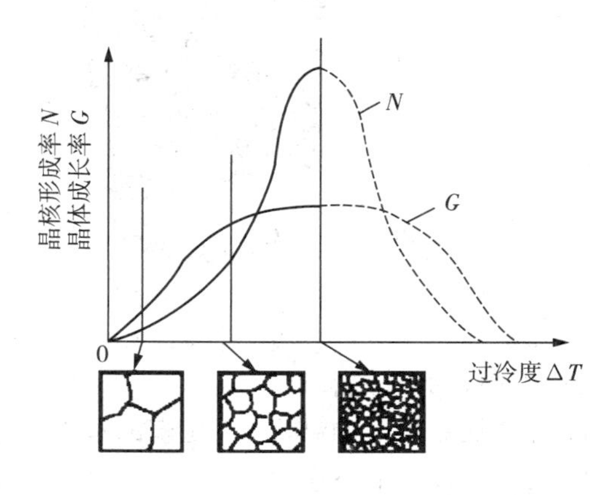

图 2-12　过冷度对晶粒大小的影响

(2)进行变质处理

对于厚壁铸件，用激冷的方法难以使其内部晶粒细化，并且冷速过快易使铸件变形开裂，但在液态金属浇注前人为地向其中加入少量孕育剂或变质剂，可起到提高异质形核率或阻碍晶粒长大作用，从而使大型铸件从外到里均能得到细小的晶粒。但对不同的材料加入的孕育剂或变质剂不同，如碳钢加钒、钛(形成 TiN、TiC、VN、VC 促进异质形核)；铸铁加硅铁硅钙合金(促进石墨细化)；铝硅合金加钠盐(阻碍晶粒长大)。

(3)采用振动处理

在金属结晶过程中，采用机械振动、超声波振动、电磁振动等方法，使正在长大的晶体折断、破碎，也能增加晶核数目，从而细化晶粒。

四、金属铸锭的结晶组织

1. 铸锭的结晶

典型的铸锭结晶组织一般可以分为表层细等轴晶粒区、柱状晶粒区、中心粗等轴晶粒区等三层不同特征的晶区。(如图 2-13 所示)

(1)表层细等轴晶粒区

当高温下的液态金属注入铸锭模时,由于铸锭模温度较低,靠近模壁的薄层金属液体便形成了极大的过冷度,加上模壁的自发形核作用,便形成了一层很细的等轴晶粒层。

(2)柱状晶粒区

随着表面层等轴细晶粒层的形成,铸锭模的温度升高,液态金属的冷却速度减慢,过冷度减小。此时,沿垂直于模壁的方向散热最快,晶体沿散热的相反方向择优生长,形成柱状晶粒区。

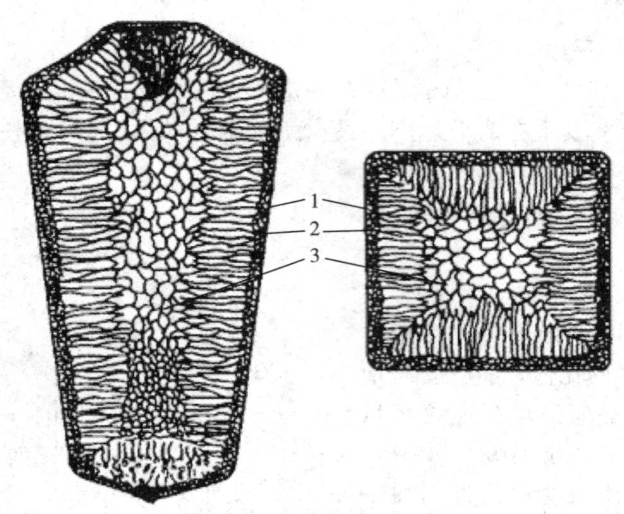

图 2-13　铸锭的结晶组织

1—表面细等轴晶粒区;2—柱状晶粒区;3—中心等轴晶粒区

(3)中心粗等轴晶粒区

随着柱状晶粒区的结晶,铸锭模的模壁温度在不断升高,散热速度减慢,逐渐趋于均匀冷却状态。晶核在液态金属中可以自由生长,在各个不同的方向上其大速率基本相当,结果形成了粗大的等轴晶粒。

2. 铸锭的组织与性能

金属铸锭中的细等轴晶粒区,显微组织比较致密,室温下力学性能最高;柱状晶粒区的组织较致密,不易产生疏松等铸造缺陷,但存在脆弱的柱状晶区交界面,并常聚集易熔杂质和非金属夹杂物,在压力加工时易沿脆弱面产生开裂,因此钢锭一般不希望得到柱状晶粒区,而对塑性较好的有色金属则希望柱状晶区扩大;铸锭的中心粗等轴晶粒区在结晶时没有择优取向,不存在脆弱的交界面,不同方向上的晶粒彼此交错,其力学性能比较均匀,虽然其强度和硬度低,但塑性和韧性良好。总之,金属铸锭组织通常是不均匀的。

3. 铸锭的缺陷

在金属铸锭中,除了铸锭的组织不均匀以外,还经常存在各种铸造缺陷,如缩孔、疏松、气泡、裂纹、非金属夹杂物及化学成分偏析等,会降低工件的使用性能。

项目二　Fe－C 相图

背景介绍

工程上应用最为广泛的金属材料是碳钢与铸铁，它们都是铁和碳组成的合金，不同成分的碳钢和铸铁，组织和性能也不相同。Fe－C 相图是分析 Fe－C 合金组织分析、热加工工艺制定以及性能预测的依据，在工程实践中有重要的应用价值，研究和掌握 Fe－C 相图具有重要的意义。

一、系中的组元和合金相

1. Fe、C 组元

(1)纯铁

纯铁是过渡族元素，熔点为 1538℃。

固态铁随温度变化会发生同素异晶转变：912℃以下为体心立方结构，称为 α－Fe。α－Fe 在 912℃转变为面心立方结构的 γ－Fe，这一转变称为 A3 转变，相应的转变温度称为 A3 点。加热到 1394℃，γ－Fe 转变为体心立方的 δ－Fe，称为 A4 转变，δ－Fe 存在的温度范围为 1394℃～1538℃。

α－Fe 加热时在 770℃发生磁性转变，由铁磁性变为顺磁性，这种磁性转变称为 A2 转变。磁性转变对 α－Fe 的晶体结构不产生影响。

工业纯铁的纯度一般为 99.8%～99.9%(质量分数)，其余为杂质，主要是碳。纯铁的强度、硬度低，但塑性非常好。

(2)碳

铁碳合金中的碳为原子态时，可与铁形成固溶体，或与铁结合形成化合物，也可分布于晶体缺陷处。

当碳以单质状态存在时即是石墨，它具有简单六方结构，由于轴比 c/a 较大，原子排列看似层状，同一层中的原子间结合较强，层与层之间结合很弱。石墨的强度和硬度都很低，塑性几乎为零。石墨是铸铁中的一个相，对铸铁的性能有很大影响。

2. 合金相

铁的固溶体：α 相或铁素体相是碳溶于 α－Fe 中形成的间隙固溶体，为体心立方结构，用符号 α 或 F 表示。铁素体的最大溶碳量为 0.0218wt%(727℃)，室温时小于 0.008%。在铁素体中碳原子一般存在于八面体间隙位置，这是因为尽管 α－Fe 的四面体间隙尺寸比较大，但间隙中心相对于围成间隙的原子是对称的，而八面体间隙是不对称的，＜110＞方向的原子间距比＜100＞方向的原子间距大得多，碳原子填入八面体间隙时受到＜100＞方向的两个原子的压力较大，而受到＜110＞方向的四个原子的压力较小，因此进入八面体间隙比进入四面体间隙的阻力小。

γ 相或奥氏体相：碳溶于 γ 铁形成的具有面心立方结构的间隙固溶体，用 γ 或 A 表示。

碳在奥氏体中的最大溶解度为2.11%(1148℃)。奥氏体中的碳总是位于八面体间隙。

δ相:碳溶于高温δ-Fe形成的具有体心立方结构的间隙固溶体,其中碳的最大溶解度在1495℃达到最大值0.09%。

Fe_3C相或渗碳体相是Fe与C形成的间隙化合物,含碳量为6.69%,熔点1227℃,常用符号Cm表示。渗碳体属于正交晶系,结构复杂。渗碳体具有很高的硬度,但塑性很差,延伸率接近于零,是硬而脆的相。渗碳体的居里点为230℃,此温度点的磁性转变称为A0转变。渗碳体是碳钢中主要的强化相,它的量、形状、分布对钢的性能影响很大。渗碳体在一定的条件下,可以分解形成石墨状态的自由碳:$Fe_3C \longrightarrow 3Fe + C$(石墨),这种现象在铸铁及石墨钢中有重要意义。

表2-2列出了铁碳系中组元和合金相的力学性能,了解和掌握这些数据对理解铁碳合金的性能有很大帮助。

表2-2 铁碳系中组元和合金相的力学性能

组元或合金相	硬度(HB)	抗拉强度 σb(MPa)	延伸率 δ(%)	断面收缩率 ψ(%)	冲击韧性 a_k(J/cm^2)
Fe	50~90	150~280	30~50	70~80	160~200
C	3~5	≈0	≈0	≈0	≈0
α相	与Fe的性能接近				
Fe_3C	700~850	<50	≈0	≈0	≈0
P	200~300	800~900	9~12	10~15	2.4~3.2

问题引入

一、Fe-C双重相图

铁碳合金是铁与碳组成的合金,在合金中当碳含量超过固溶体的溶解限度后,剩余的碳以两种存在方式:渗碳体Fe_3C或石墨。在通常情况下,铁碳合金是按$Fe-Fe_3C$系进行转变。但在极为缓慢冷却或加入促进石墨化的元素的条件下碳才以石墨的形式存在,因此Fe-石墨系是更稳定的状态。按照这种情况,铁碳相图常表示为$Fe-Fe_3C$和Fe-石墨双重相图,如图2-14所示。

图中实线部分为$Fe-Fe_3C$相图,虚线表示Fe-C相图,实线与虚线重合的部分以实线表示。尽管$Fe-Fe_3C$相图是一个亚稳相图,但一般情况下铁碳合金中的相变化遵循$Fe-Fe_3C$相图,所以通常也将其称为平衡相图,在$Fe-Fe_3C$相图中的相或反应生成的各种组织都分别称为平衡相或平衡组织。

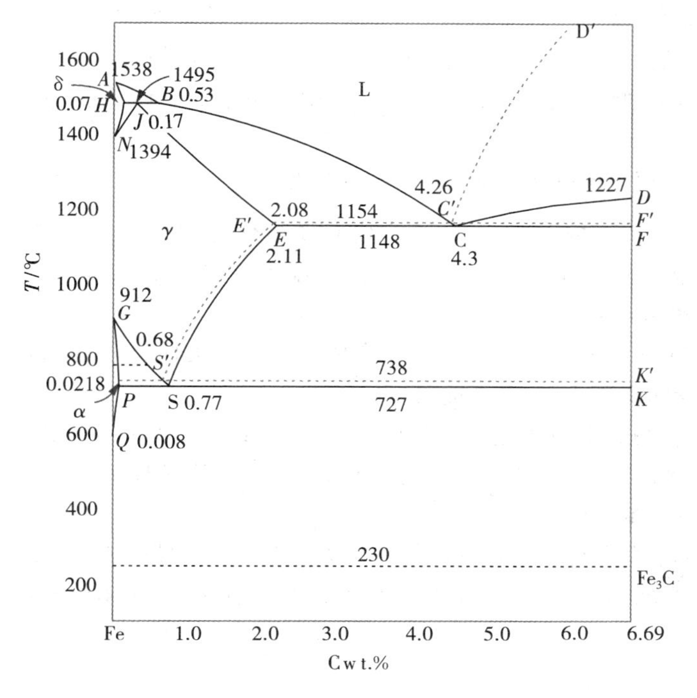

图 2-14 Fe-C 双重相图

问题分析

一、Fe-Fe_3C 相图分析

1. 相区

五个单相区：*ABCD*(液相线)——液相区(L)、*AHNA*——δ 相区、
NJESGN——奥氏体区(γ 或 A)、*GPQG*——铁素体区(α 或 F)、
DFK——渗碳体区(Fe_3C 或 Cm)
ABCD 为固相线，*AHJECF* 为液相线。

七个两相区：L+δ、L+γ、L+Fe_3C、δ+γ、γ+α、γ+Fe_3C、α+Fe_3C

五条水平线：*HJB*——包晶转变线、*ECF*——共晶转变线、*PSK*——共析转变线、
770℃(*MO*)虚线——铁素体的磁性转变线(又称为 A_2 线)、
230℃虚线——渗碳体的磁性转变线

2. 三个恒温转变

(1)包晶转变(1495℃ *HJB* 水平线)：凡成分贯穿 *HJB* 恒温线的铁碳合金[ω(C)=0.09%～0.53%]，冷却到 1495℃，ω(C)=0.53%的液相与 ω(C)=0.09%的 δ 相发生包晶反应，生成 ω(C)=0.17%的 γ 相即奥氏体 A。包晶反应式记为 $L_B+\delta_H \xrightarrow{1495℃} \gamma_J$，下标字母表示该相的成分点。

(2)共晶转变(1148℃ *ECF* 水平线)：反应式为 $L_C \xrightleftharpoons{1148℃} \gamma_E + Fe_3C$，ω(C)=2.11%～

6.69%的合金冷却时，在1148℃都发生共晶转变。共晶转变产物共晶体（$\gamma+Fe_3C$）是奥氏体与渗碳体的机械混合物，称为莱氏体，用符号 L_d 表示。莱氏体中，渗碳体是一个连续分布的基体相，奥氏体则呈颗粒状分布在渗碳体基体中。由于渗碳体很脆，所以莱氏体是一种塑性很差的组织。

(3)共析转变（727℃PSK水平线）：所有含碳超过0.0218%的合金冷却到727℃都发生 $\gamma_S \xrightleftharpoons{727℃} \alpha_P + Fe_3C$，称为共析转变。转变产物是铁素体与渗碳体的机械混合物（$\alpha+Fe_3C$），称为珠光体，符号为P。共析转变温度常标为 A_1 温度，共析线也称为 A_1 线。

3. 三条重要的固态转变线：

*GS*线——奥氏体开始析出铁素体或铁素体全部溶入奥氏体转变线，称为 A_3 线，该线上某一成分对应的温度常称为 A_3 温度或 A_3 点。

*ES*线——碳在奥氏体中的溶解限度线，即 A_{cm} 线。此线上的温度点常称 A_{cm} 温度或 A_{cm} 点。低于此温度时，奥氏体中将析出渗碳体，称为二次渗碳体 Fe_3C_{II}，以区别于从液体中经 *CD* 线析出的一次渗碳体 Fe_3C_{I}。

*PQ*线——碳在铁素体中的溶解度线。在727℃时，碳在铁素中的最大溶解度为0.0218%，600℃时降为0.008%，因此铁素体在冷却过程中，将析出渗碳体，称为三次渗碳体 Fe_3C_{III}。

知识链接

一、铁碳合金

按 $Fe-Fe_3C$ 相图结晶的铁碳合金通常可按含碳量及其室温平衡组织特征分为三大类：工业纯铁、碳钢和铸铁。

(1)工业纯铁：$\omega(C)<0.0218\%$ 的铁碳合金。它们与铁一样只发生同素异晶转变。

(2)碳钢：$0.0218\%<\omega(C)\leqslant2.11\%$ 的铁碳合金。含碳为0.77%的碳钢又称为共析钢；含碳量在0.0218%～0.77%和0.77%～2.11%的碳钢又分别称为亚共析钢和过共析钢。

(3)铸铁：$\omega(C)=2.11\%\sim6.69\%$ 发生共晶转变的铁碳合金。这类铁碳合金中碳以 Fe_3C 形式存在，其断口呈白亮色，故称为白口铸铁，简称白口铁。共晶白口铁是指 $\omega(C)=4.30\%$ 的白口铁；$2.11\%<\omega(C)<4.30\%$ 和 $4.30\%<\omega(C)<6.69\%$ 的白口铁分别称为亚共晶白口铁和过共晶白口铁。

二、典型铁碳合金的平衡结晶

我们选择7个典型成分的铁碳合金分析不同类型的平衡结晶过程，这些合金在相图中的位置如图2-15所示。

1. 含碳0.01%的铁碳（工业纯铁）

含碳0.01%的铁碳合金从高温液态冷却时，在1—2点温度区间按匀晶转变结晶出δ固溶体。冷却到3点时，开始发生固溶体的同素异构转变 $\delta\rightarrow\gamma$。奥氏体的晶核通常优先在δ相的晶界上形成，然后长大。这一转变在4点结束时，合金全部呈单相奥氏体。冷却到5点，又发生同素异构转变 $\gamma\rightarrow\alpha$，变为铁素体。铁素体形成时，同样优先在奥氏体晶界上形核并长大。6

点以下合金全部是铁素体。冷到 7 点时，碳在铁素体中的溶解量达到饱和。因此在 7 点以下，将从铁素体中析出三次渗碳体 $Fe_3C_{Ⅲ}$。含碳 0.01%的工业纯铁的结晶过程及室温组织如图2-16 所示，其室温组织特征是等轴状的铁素体晶粒和少量分布于晶界的 $Fe_3C_{Ⅲ}$。

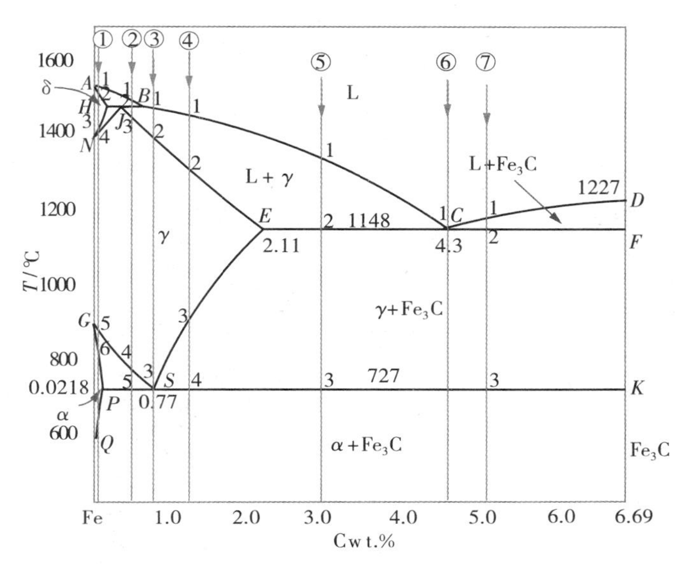

图 2-15　典型铁碳合金平衡结晶过程分析图

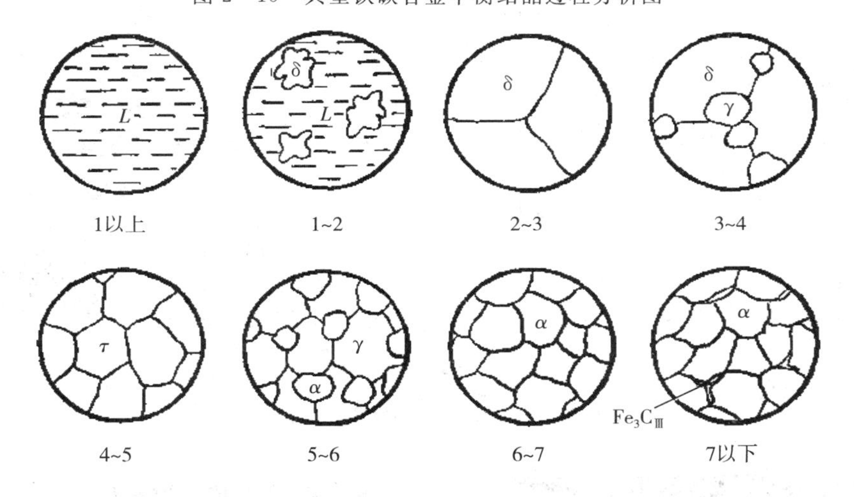

图 2-16　含碳 0.01%的工业纯铁结晶过程及室温组织示意图

2. 钢

(1)含碳 0.77%的铁碳合金(共析钢)(如图 2-17 所示)

此合金在 1—2 点按匀晶转变结晶出奥氏体。在 2 点凝固完成，全部为奥氏体。冷却到 3 点(727℃)，在恒温下发生共析转变：$\gamma_{0.77} \xrightarrow{727℃} \alpha_{0.0218} + Fe_3C$，转变产物为珠光体 P。珠光体是共析铁素体和共析渗碳体的层片状混合物。共析转变完成后在继续冷却的过程中，铁素体含碳量沿 *PQ* 线变化，同时铁素体中析出 $Fe_3C_{Ⅲ}$。$Fe_3C_{Ⅲ}$ 在共析铁素体和共析渗碳体的界面上形成并与共析渗碳体连在一起，在显微镜下难以分辨，其数量也很少，对珠光体组织

和性能无明显影响，一般可以忽略不计。所以，室温下共析钢的平衡组织为珠光体。（如图 2-17、2-18 所示）

珠光体中铁素体与渗碳体的相对量可用杠杆法则求得：

$$\alpha=\frac{6.69-0.77}{6.69}\times100\%=88.7\%$$

$$Fe_3C=11.3\%$$

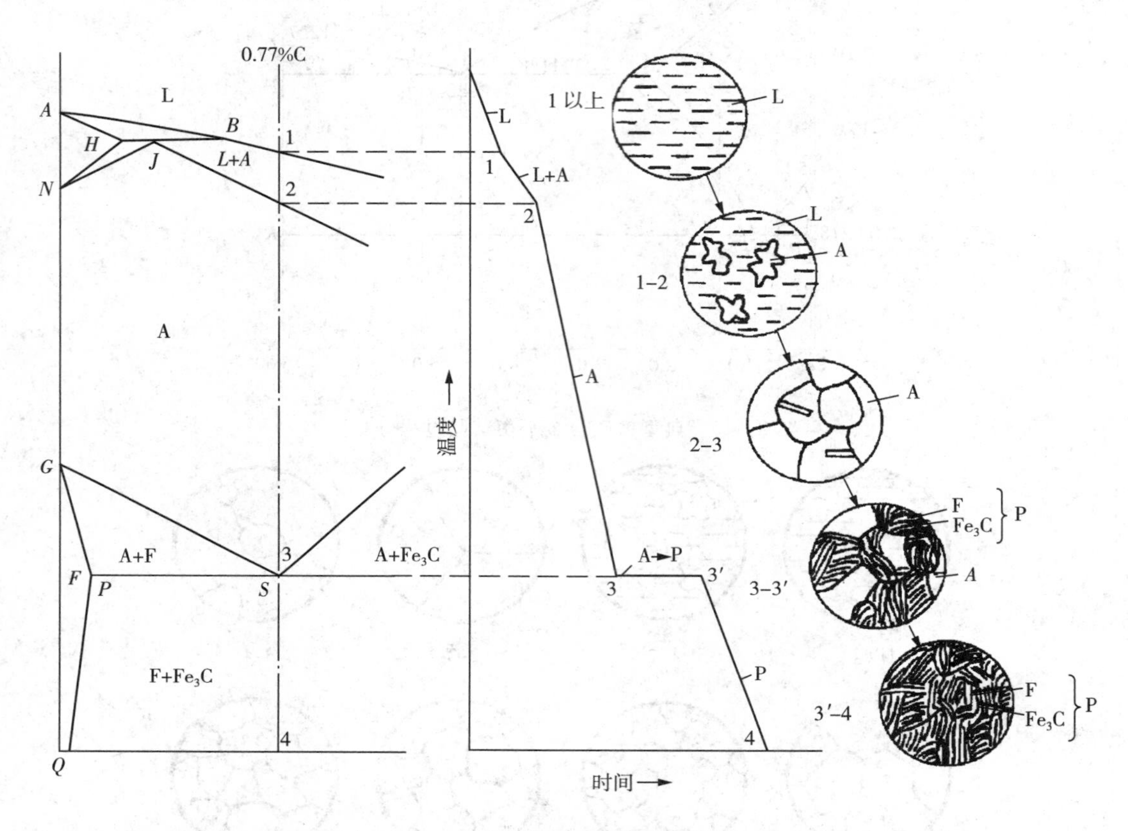

图 2-16　含碳 0.77%的碳钢结晶过程示意

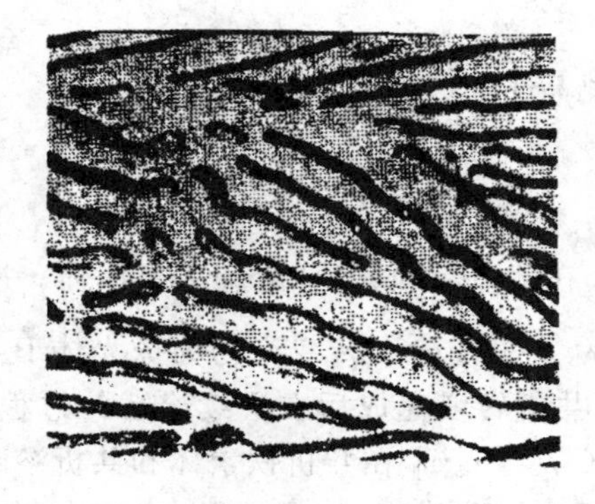

图 2-17　共析钢的室温组织（6000×）

图 2-18　共析钢的室温组织（1000×）

(2)含碳 0.4%的铁碳合金(亚共析钢)

液态合金冷却时在 1—2 点按匀晶转变析出 δ 固溶体。冷却到 2 点(1495℃),δ 固溶体的碳含量为 0.09%,液相的含碳量为 0.53%,此时液相和 δ 相发生包晶转变 $L_{0.53}+\delta_{0.09}\xrightarrow{1495℃}\gamma_{0.17}$。由于合金的含碳量(0.40%)大于 0.17%,所以包晶转变终了后,还有过剩的液相存在。从 2 点冷却到 3 点的过程中,液相继续结晶为奥氏体,所有的奥氏体成分均沿 *JE* 线变化。到达 3 点,合金全部由含碳量为 0.40%的奥氏体所组成。单相的奥氏体冷却到 4 点时,开始析出铁素体。随着温度下降,铁素体不断增多,其含碳量沿 *GP* 线变化,而奥氏体的含碳量则沿 *GS* 线变化。当温度达到 5 点(727℃)时,剩余奥氏体的含碳量达到 0.77%,发生共析转变成珠光体。在 5 点以下,共析转变之前形成的先共析铁素体中将析出三次渗碳体,但其数量很少,一般可以忽略。因此,含碳 0.40%的亚共析钢室温平衡组织为珠光体和先共析铁素体。组织组成物珠光体 P 和先共析铁素体 F 的相对含量是:

$$F=\frac{0.77-0.40}{0.77.0.0218}=49.5\%$$

$$P=1-49.5\%=50.5\%$$

室温下 0.40%C 的碳钢中仅有 α 和 Fe_3C 两相,它们的含量为:

$$\alpha=\frac{6.69-0.40}{6.69-0.0218}=94.3\%$$

$$Fe_3C=1-94.3\%=5.7\%$$

亚共析钢的室温平衡组织组成物都是珠光体和先共析铁素体。

含碳量越高,室温组织中的珠光体含量也越多。可以根据亚共析钢的平衡组织来估计它的含碳量≈P×0.77(%),P 为珠光体在显微组织中所占的面积百分比;0.77 为珠光体含碳量值。

图 2-19 为含碳 0.40%的碳钢结晶过程示意图,图 2-20 为两种不同含碳量的亚共析钢的室温组织(白色晶粒为铁素体,暗黑色是珠光体)。

(3)含碳 1.2%的铁碳合金(过共析钢)

该合金结晶过程:在 1—2 点按匀晶过程转变为单相奥氏体后,冷却到 3 点开始从奥氏体中析出二次渗碳体,直到 4 点为止。这种先共析的渗碳体沿奥氏体界面形成,呈连续的网状。随着渗碳体的析出,奥氏体的含碳量沿 *ES* 线不断下降,当温度到达 4 点时(727℃)奥氏体的含碳量降为 0.77%,因而在恒温下发生共析转变,最后得到的组织是珠光体和二次渗碳体。(如图 2-21 所示)

在过共析钢中,二次渗碳体的量随钢中含碳量的增加而增加。当含碳量达到 2.11%时,二次渗碳体的量达到最大,其相对量可由杠杆法则算出:

$$Fe_3C_{II}=\frac{2.11-0.77}{6.69-0.77}\times100\%=22.6\%$$

二次渗碳体的形态对过共析钢的性能有很大影响。含碳量较少时(＜1.0%)，二次渗碳体呈颗粒状呈现出晶界(又称断续网状)，这种形态对性能影响不是很大；应含碳量较高的(＞1.0%)铁碳合金中，二次渗碳体呈现出连续的网状，将严重损害钢的塑性和韧性，所以要设法避免产生这种组织。

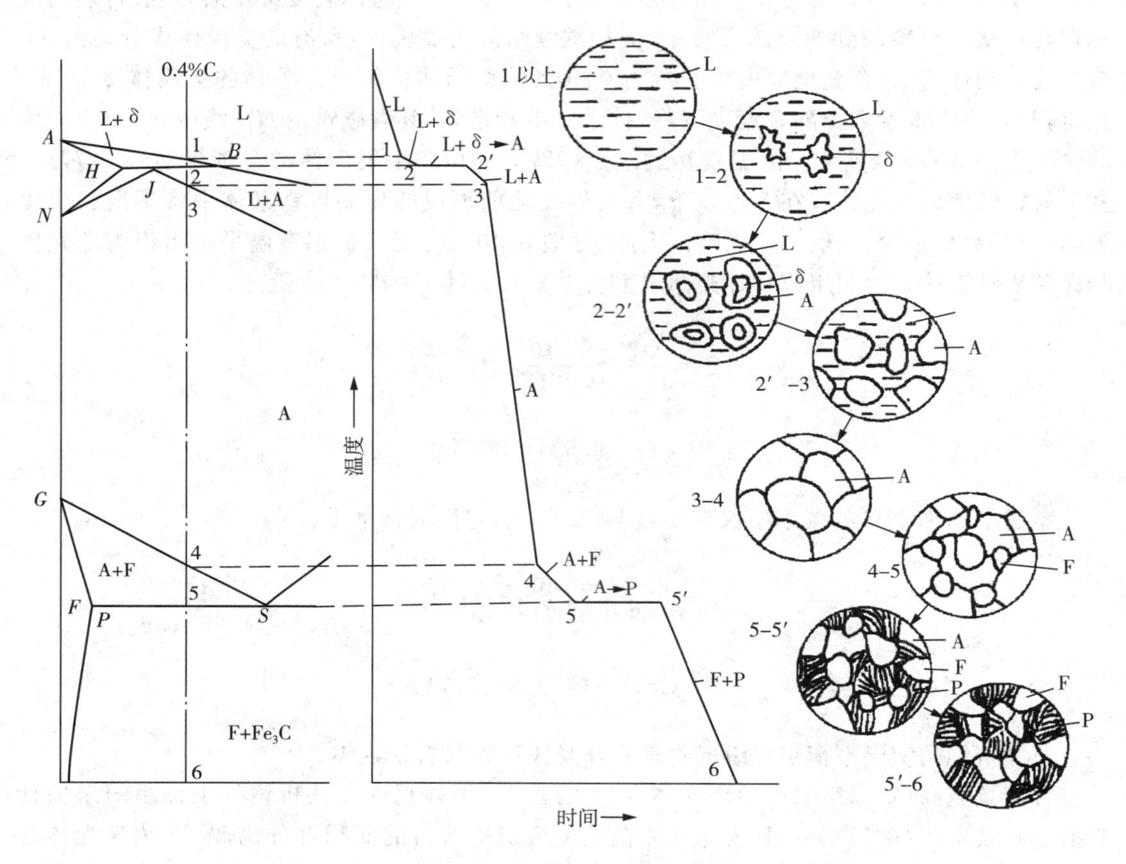

图 2-19　含碳 0.40%的碳钢结晶过程示意图

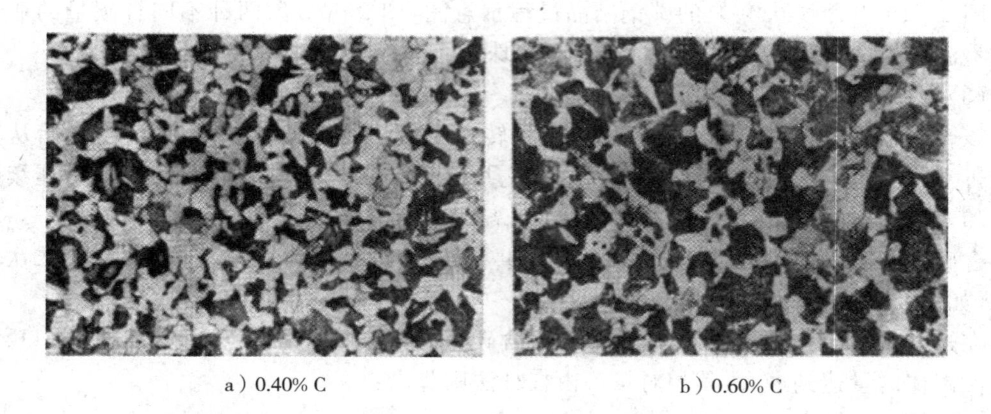

a) 0.40% C　　　b) 0.60% C

图 2-20　两种不同含碳量的亚共析钢的室温组织

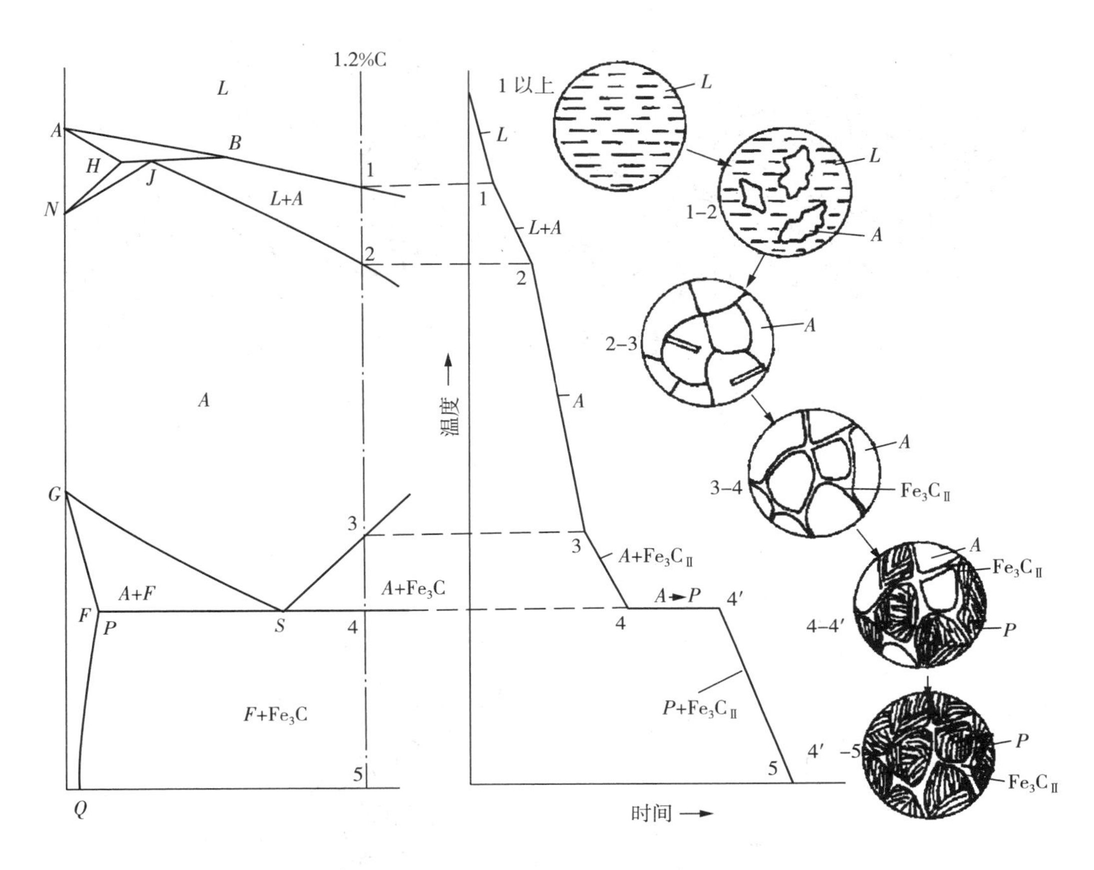

图 2-21　含碳 1.2%的碳钢结晶过程示意

(4)白口铸铁

含碳 4.3%的铁碳合金(共晶白口铸铁)合金熔液冷却到 1 点(1148℃)时,在恒温下发生共晶转变 $L_{4.30} \longrightarrow \gamma_{2.11} + Fe_3C$,共晶产物为莱氏体($L_d$)。莱氏体中的奥氏体和渗碳体分别称为共晶奥氏体和共晶渗碳体。冷却到 1 点以下,共晶奥氏体中不断析出二次渗碳体,它通常依附在共晶渗碳体上而难以分辨;温度降至 2 点(727℃)时,共晶奥氏体的含碳量降至 0.77%,在恒温下发生共析转变,转变为珠光体。最后得到的组织是珠光体+二次渗碳体+共晶渗碳体。其显微组织如图 2-22 所示,其中基体为共晶渗碳体,黑色颗粒为珠光体。这种共析温度以下的莱氏体称为低温莱氏体或变态莱氏体,用 L'_d 表示,它保持了高温莱氏体的形态特征,但组成物已发生了转变。(如图 2-23 所示)

含碳 3.0%的铁碳合金(亚共晶白口铸铁)液态合金在 1—2 点结晶出奥氏体(称为初晶奥氏体或先共晶奥氏体),此时液相成分按 *BC* 线变化,而奥氏体成分沿 *JE* 线变化。温度降到 2 点(1148℃)时,剩余液相的成分达到共晶点,随即发生共晶转变,生成莱氏体。在 2 点以下,先共晶奥氏体和共晶奥氏体中都析出二次渗碳体。随着二次渗碳体的析出,奥氏体的含碳量沿 *ES* 线降低。当温度到达 3 点(727℃)时,所有奥氏体都发生共析转变成为珠光体。(如图 2-24 所示)

a）硝酸酒精浸蚀，白色网状相二次渗碳体，暗黑色为珠光体；

b）苦味酸钠浸蚀，黑色为二次渗碳体，浅白色为珠光体

图 2-22 含碳 1.2%的过共析钢的组织

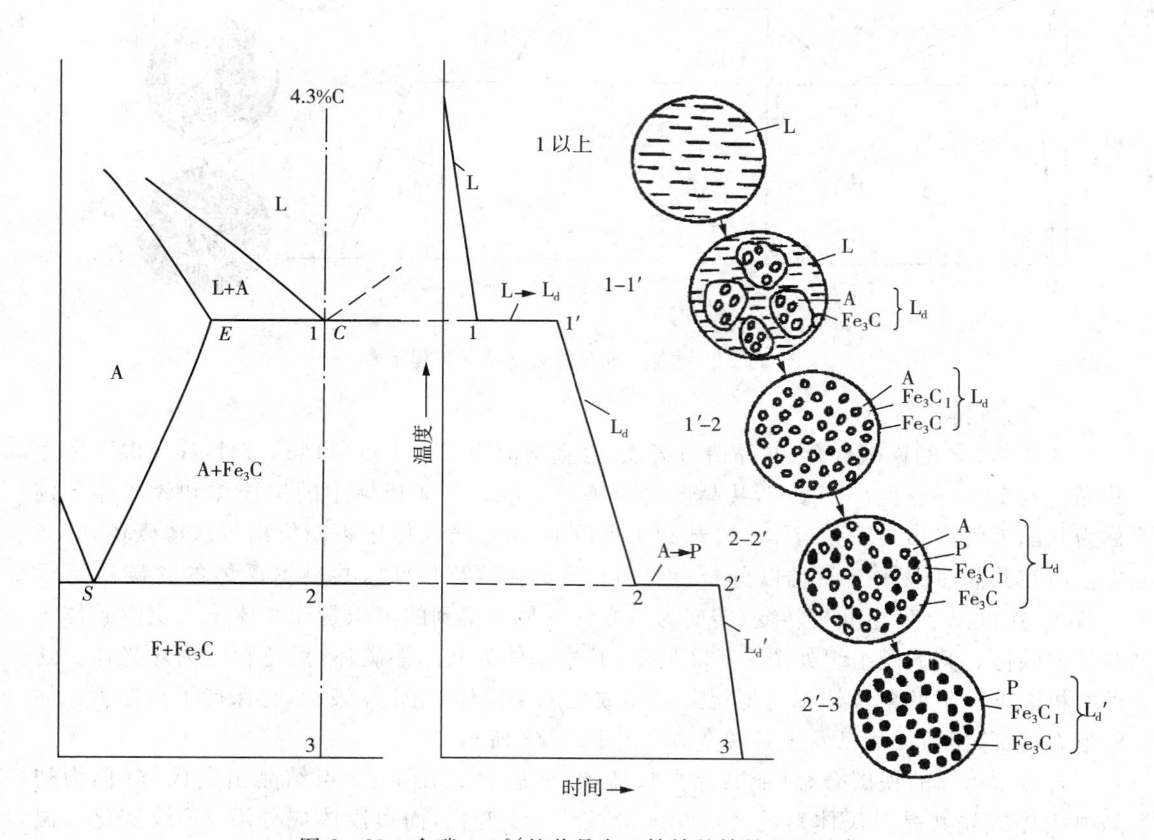

图 2-23 含碳 4.3%的共晶白口铸铁的结晶过程示意

合金室温平衡组织为：$L'_d + Fe_3C_{II} + P$。图 2-25 为其室温组织。图中大块黑色树枝状组织是由先共晶奥氏体转变成的珠光体，其余部分为变态莱氏体，变态莱氏体是基体。由先共晶奥氏体析出的二次渗碳体与共晶渗碳体连成一体而难以分辨。（如图 2-26 所示）

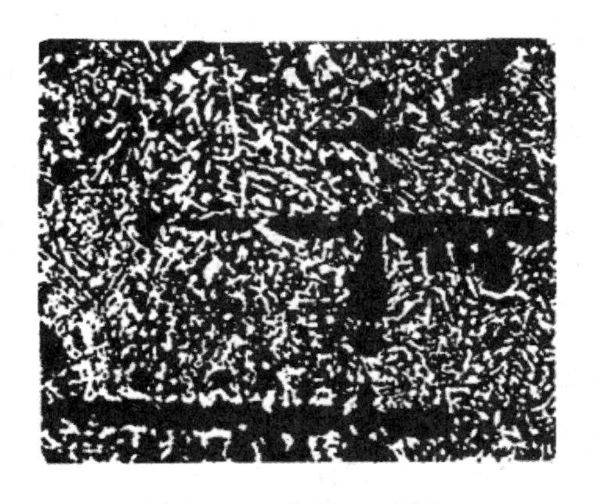

图 2-24 含碳 3.0%的
亚共晶白口铁的结晶过程示意

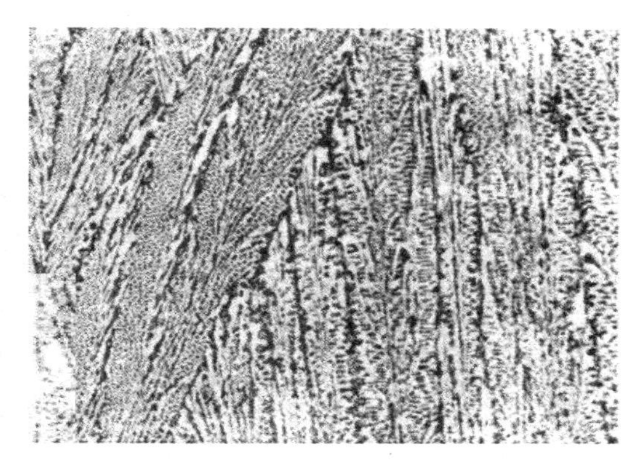

图 2-24 共晶白口铸铁的室温组织
（白色基体是共晶渗碳体，黑色颗粒为珠光体）

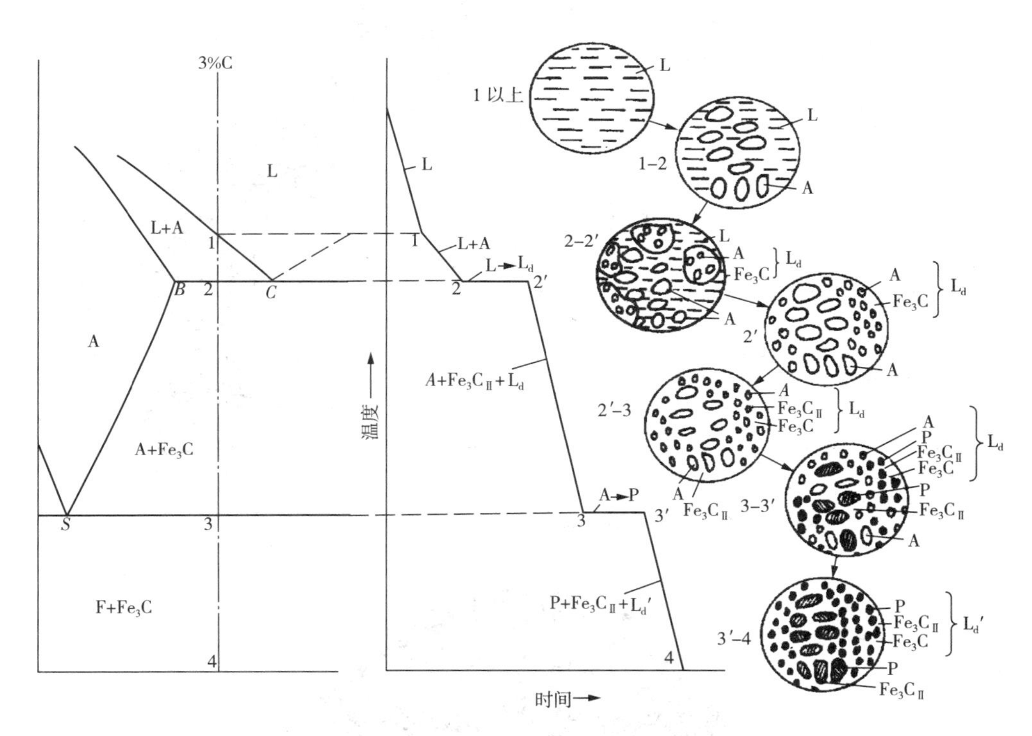

图 2-26 亚共晶白口铸铁的室温组织
（黑色树枝为珠光体，其余为莱氏体）

通过计算可得到该合金中组织组成物的相对含量：

共晶反应完成时 $\gamma_{初}=\dfrac{4.3-3.0}{4.3-2.11}=59.4\%$，$L_d=\dfrac{3.0-2.11}{4.3-2.11}=40.6\%$

室温下 $Fe_3C_{II}=\dfrac{2.11-0.77}{6.69-0.77}\times59.4\%=13.4\%$，

$P=59.4\%-13.4\%=46.0\%$，$L'_d=40.6\%$

含碳 5.0％的铁碳合金(过共晶白口铸铁)该合金先在 1—2 温度区间从液相结晶出粗大的一次渗碳体,又称为先共晶渗碳体。同时,液相成分沿着 *DC* 线变化。当冷却到达 *ECF* 线上的 2 点时,液相成分到达 *C* 点,发生共晶转变生成莱氏体。在 2—3 点,共晶奥氏体析出二次渗碳体。温度降到 *PSK* 上的 3 点时,含碳 0.77％的奥氏体发生共析转变,转变成珠光体。结晶示意图如图 2－27 所示。过共晶白口铸铁的室温组织为变态莱氏体＋一次渗碳体,其显微组织如图 2－28 所示(白色的为一次渗碳体,其余为莱氏体)。

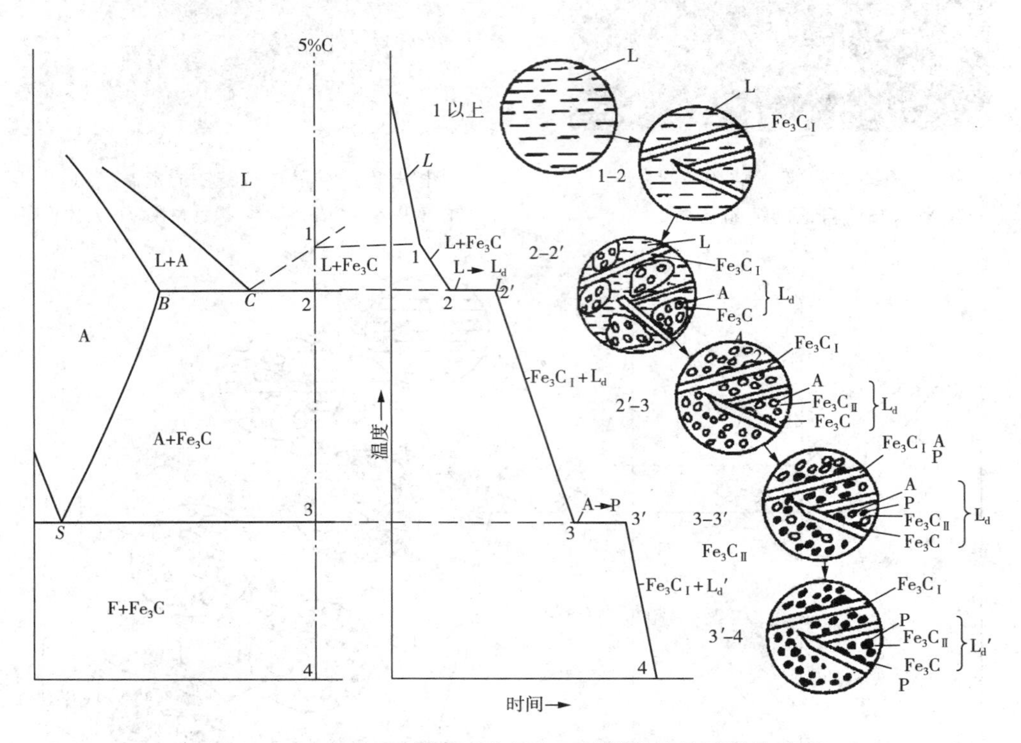

图 2－27　含碳 5.0％的过共晶白口铸铁的结晶过程示意

图 2－28　过共晶白口铸铁室温组织

应用案例

一、碳对铁碳合金组织的影响

1. 铁碳系的组织组成物及相组成物相图

根据以上对各种铁碳合金结晶过程的分析，可将铁碳合金相图中的相区按组织加以标注，如图 2－29 和图 2－30 所示。两图直观地说明了不同成分的铁碳合金在室温下的组织状态，以及冷却或加热时的组织变化过程。

2. 碳含量对相及组织的影响

铁碳合金室温平衡组织由铁素体和渗碳体两相组成。ω(C)＝0 时，合金组织全为铁素体，随着含碳量增加，铁素体数量减少，渗碳体增多，到 ω(C)＝6.69％时，铁素体量降为 0，而渗碳体增至百分之百。

铁碳合金中含碳量的变化使铁碳合金的组织组成物及其形态发生变化。含碳量很低时，组织基本上为等轴状铁素体。从 ω(C)＝0.0218％～0.77％，组织为 F＋P，铁素体形态逐渐变化：等轴状→块状→粗网状→细网状，而渗碳体的形态变化则相反；ω(C)＝0.77％时，组织为 P，铁素体和渗碳体都是层片状；在 ω(C)＝0.77％～2.11％，组织是 P＋$Fe_3C_{Ⅱ}$，二次渗碳体的形状随含碳量的增大由断续网状变为连续网状，网的厚度也不断增加；在铸铁的含碳量为 2.11％～6.69％，组织中出现莱氏体：含碳量较低时为莱氏体＋二次渗碳体；ω(C)＝4.3％时，组织全部为莱氏体；在碳量较高的范围，组织为莱氏体＋粗大长条状的一次渗碳体。

铁碳合金的平衡组织组成物的相对量随含碳量变化而发生变化，如图 2－31 所示。

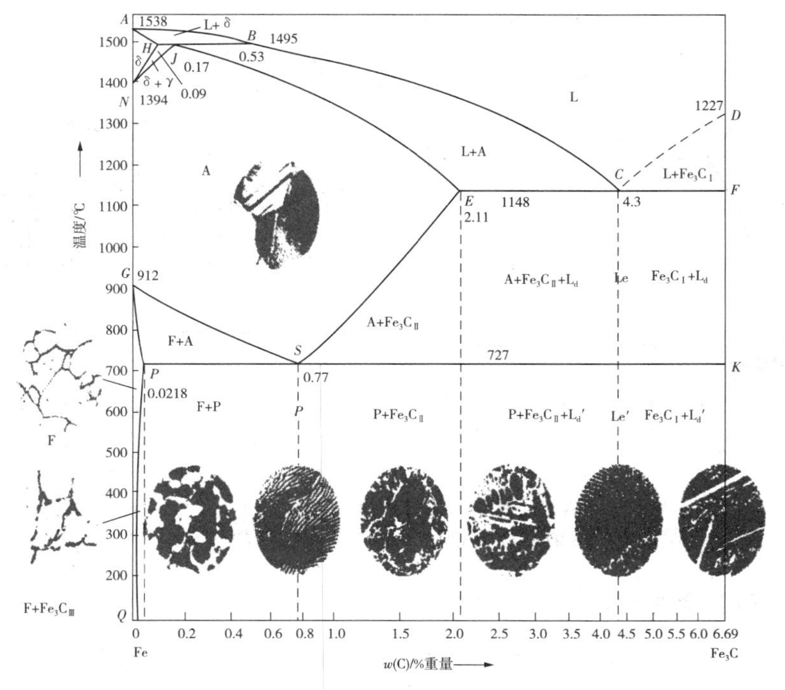

图 2－29　Fe－Fe_3C 组织成物相图

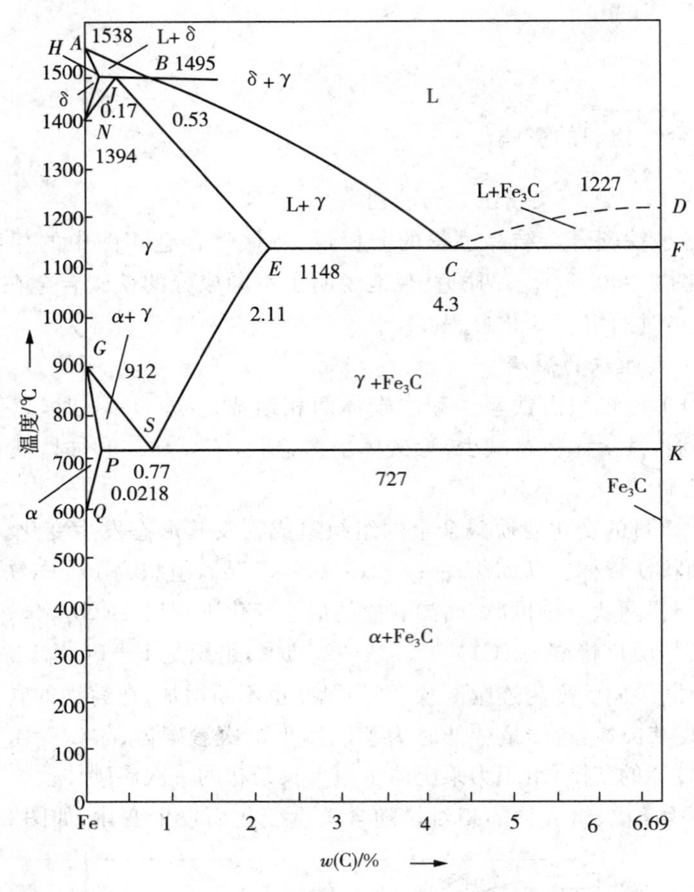

图 2-30 Fe-Fe_3C 相组成物相图

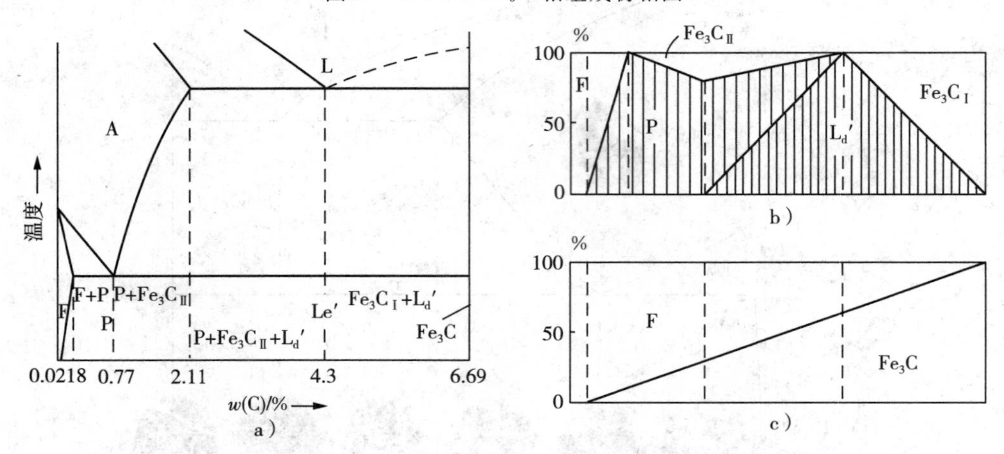

图 2-31 含碳量对平衡态下相及组织的影响

二、碳对铁碳合金性能的影响

铁碳合金的室温平衡组织均由铁素体和渗碳体两相组成,其中铁素体是软韧相,而渗碳体是硬脆相。它们的基本性能大致如下:

	$\sigma_b=10\sim24MN/m^2$；
	$\sigma_s=10\sim18MN/m^2$；
铁素体	$HB=50\sim80MN/m^2$；
	$\delta=30\sim50\%$；
	$\psi=78\sim80\%$
渗碳体	$HB=800MN/m^2$；　$\delta\approx0$

钢中珠光体对其性能有很大的影响。珠光体由铁素体和渗碳体组成，由于渗碳体以细片状分散地分布在软韧的铁素体基体上，起了强化作用，因此珠光体有较高的强度和硬度，但塑性较差。珠光体内的层片越细，强度越高；如果其中的渗碳体球状化，则强度下降，但塑性与韧性提高。

亚共析钢随含碳量的增加，珠光体的数量逐渐增多，因此强度、硬度上升，塑性与韧性下降。当含碳量为0.77%时，钢的组织全为珠光体，故此时钢的性能就是珠光体本身的性能。过共析钢除珠光体之外，还出现了二次渗碳体，故其性能要受到二次渗碳体的影响。若含碳量不超过1%，由于在晶界上析出二次渗碳体一般还不连成网状，故对性能的影响不大。当碳含量大于1%以后，因二次渗碳体的数量增多而呈连续网状分布，则使钢具有很大的脆性，塑性很低，σ_b也随之降低。图2-32为含碳量对平衡状态下碳钢机械性能的影响。

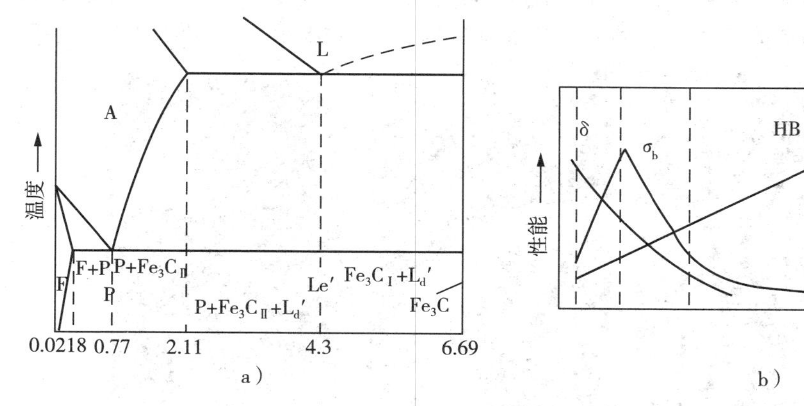

图2-32　含碳量对平衡状态下碳钢机械性能的影响

知识拓展

一、Fe-石墨相图相图分析

Fe-石墨系比Fe-Fe_3C系更为稳定，在极为缓慢的冷却条件下，铁碳合金首先按Fe-石墨相图进行结晶。

Fe-石墨相图是由虚线和部分实线所构成，相图上的点、线及其走向与 $Fe-Fe_3C$ 相图基本相同，只是某些特征温度和含碳量略有差别。

Fe-石墨相图的液相线为 $ABC'D'$，固相线为 $AHJE'C'F'$。在 $Fe-Fe_3C$ 相图上，凡是析出渗碳体的点、线在 Fe-C 相图中都析出石墨，冷却到 $C'D'$、$E'S'$ 和 $P'Q'$ 线分别析出一次石墨、二次石墨和三次石墨。

$Fe-Fe_3C$ 相图中，在所有有渗碳体的相区中，将渗碳体用石墨替代就形成 Fe-C 相图的相区。

Fe-石墨相图中，共晶线为 $E'C'F'$，反应式为 $L_{C'} \xrightleftharpoons{1154℃} \gamma_{E'} + C$；共析反应在 738℃的 $P'S'K'$ 线上发生：$\gamma_{S'} \xrightleftharpoons{738℃} \alpha_{P'} + C$。

二、合金结晶与组织

铁碳合金按 Fe-石墨相图结晶的组织中，碳以游离的石墨形式存在，其断口呈暗灰色，故称其为灰口铸铁。

1. 灰口铸铁的结晶与组织

灰口铸铁的结晶过程与白口铸铁很相似。（如图 2-33 所示）

(1)ω(C)=4.26%的共晶合金

从高温冷却至 1154℃时，发生共晶转变 $L_{4.26} \longrightarrow \gamma_{2.08} + C$，生成的共晶体由奥氏体和石墨（共晶石墨）组成。共晶石墨一般为片状或条状。继续降温，奥氏体的溶碳量沿 $E'S'$ 线变化，析出二次石墨。当温度下降到 738℃时，发生共析反应 $\gamma_{0.68} \longrightarrow \alpha_{0.0206} + C$，生成由共析铁素体和共析石墨组成的共析体。在随后的冷却过程中，共析铁素体中析出三次石墨。二次石墨、共析石墨和三次石墨都是依附于共晶石墨而生长，所以最终的铸铁组织为铁素体和片状石墨。

a）铁素体基灰口铸铁（P+G）

b）铁素体加珠光体基灰口铸铁

c）珠光体基灰口铸铁

图 2-33　灰口铸铁的显微组织

(2)亚共晶合金

ω(C)<4.26%的亚共晶合金从液态冷到 BC' 线时，开始结晶出初晶奥氏体。温度降低，初晶奥氏体含碳量沿 JE 变化，液相中碳量沿 BC' 变化，在 1154℃发生共晶转变，生成共晶

奥氏体和共晶石墨。随着温度继续下降，初晶奥氏体和共晶奥氏体中析出二次石墨，到共析反应温度，奥氏体转变为共析铁素体和共析石墨，随后共析铁素体析出三次石墨。共晶反应后各阶段析出的石墨也是依附在共晶石墨上生长，故室温的铸铁组织也是铁素体和片状石墨，只是铁素体的含量较多。

(3)过共晶合金

液态合金冷却时，在 L+C 两相区结晶出大片状一次石墨(先共晶石墨)。在以后的冷却过程中，组织变化与共晶合金的相图。室温组织仍是铁素体和片状石墨，石墨数量较多且尺寸比较大。

2. 孕育处理

铁碳合金按 Fe－C 相图结晶时，石墨的形成十分困难，为了促进石墨的形核和长大，须加入促进石墨形成的元素 Si，所以灰口铸铁中都含有 Si。

孕育处理是在浇注前的铁水中加入一定量的孕育剂，以改变石墨形态和铸铁性能。加入硅铁或硅钙孕育剂可使石墨变为细片状，形成孕育铸铁；加入镁或稀土镁合金等球化剂进行球化处理，可使石墨成球状，生成球墨铸铁；加入稀土硅铁、稀土镁钛等稀土合金可使石墨呈蠕虫状，形成蠕墨铸铁。铁素体基体＋不同形态的石墨组织都是灰口铸铁。

3. 铁碳合金的石墨化过程

铁碳合金结晶时石墨形成过程称为石墨化。铸铁的石墨化过程可分为两个阶段：

液态石墨化过程——从液相凝固开始到共晶转变结束，包括一次石墨、共晶石墨的形成和一次渗碳体。共晶渗碳体高温分解形成石墨的过程。

固态石墨化过程——从共晶转变结束到共析转变结束，包括二次石墨、共析石墨的形成和二次渗碳体。共析渗碳体分解成石墨的过程。

由于结晶冷却条件不同，石墨形成的情况也会不同，得到的组织就有差别。如果共析反应以前的石墨化较充分，而共析温度附近冷却较快，共析石墨化被完全抑制，使奥氏体按 $Fe-Fe_3C$ 相图全部转变为珠光体，则得到以珠光体为基的灰口铸铁；如果共析石墨化能够部分进行，则形成以铁素体和珠光体为基的灰口铸铁。如果液态石墨化过程未充分进行，则得到含有石墨、一次渗碳体或共晶渗碳体的麻口铸铁。

4. 石墨与基体对性能的影响

(1)石墨的影响

石墨犹如裂纹和孔洞，破坏基体的连续性，易引起应力集中，所以铸铁的抗拉强度、塑性和韧性比钢低得多。

在基体组织相图的情况下，石墨形状由粗片状→细片状→球状时，对基体的削弱作用和应力集中程度依次减弱，抗拉强度依次升高。因此，改变石墨的形状、大小和分布是提高铸铁机械性能的重要途径。

(2)基体的影响

一般情况下，基体中铁素体的数量增多，铸铁的塑性、韧性提高；珠光体的数量增加，则铸铁的强度和硬度提高，而塑性和韧性下降。如铁素体球墨铸铁的塑性和韧性高，抗拉强度只有 $\sigma_b=400\sim500$MPa；而珠光体球墨铸铁的抗拉强度达到 $\sigma_b=600\sim800$MPa，硬度高耐磨性好，但塑性、韧性不如铁素体球墨铸铁的高。

项目三　二元合金相图

背景介绍

纯金属在工业上有一定的应用，通常强度不高，难以满足许多机器零件和工程结构件对力学性能提出的各种要求，尤其是在特殊环境中服役的零件，有许多特殊的性能要求，例如要求耐热、耐蚀、导磁、低膨胀等，纯金属更无法胜任，因此工业生产中广泛应用的金属材料是合金。合金的组织要比纯金属复杂，为了研究合金组织与性能之间的关系，就必须了解合金中各种组织的形成及变化规律。合金相图正是研究这些规律的有效工具。

一种金属元素同另一种或几种其他元素，通过熔化或其他方法结合在一起所形成的具有金属特性的物质叫作合金。其中组成合金的独立的、最基本的单元叫作组元。组元可以是金属、非金属元素或稳定化合物。由两个组元组成的合金称为二元合金，例如工程上常用的铁碳合金、铜镍合金、铝铜合金等。二元以上的合金称多元合金。合金的强度、硬度、耐磨性等机械性能比纯金属高许多，这正是合金的应用比纯金属广泛得多的原因。

合金相图是用图解的方法表示合金系中合金状态、温度和成分之间的关系。利用相图可以知道各种成分的合金在不同温度下有哪些相，各相的相对含量、成分以及温度变化时所可能发生的变化。掌握相图的分析和使用方法，有助于了解合金的组织状态和预测合金的性能，也可按要求来研究新的合金。在生产中，合金相图可作为制订铸造、锻造、焊接及热处理工艺的重要依据。

本章先介绍二元相图的一般知识，然后结合匀晶、共晶和包晶三种基本相图，讨论合金的凝固过程及得到的组织，使我们对合金的成分、组织与性能之间的关系有较系统的认识。

问题引入

一、合金中的相及相图的建立

在金属或合金中，凡化学成分相同、晶体结构相同并有界面与其他部分分开的均匀组成部分叫作相。液态物质为液相，固态物质为固相。相与相之间的转变称为相变。在固态下，物质可以是单相的，也可以是由多相组成的。由数量、形态、大小和分布方式不同的各种相组成合金的组织，是指用肉眼或显微镜所观察到的材料的微观形貌，由不同组织构成的材料具有不同的性能。如果合金仅由一个相组成，称为单相合金；如果合金由两个或两个以上的不同相所构成则称为多相合金。如含 30%Zn 的铜锌合金的组织由 α 相单相组成；含 38%Zn 的铜锌合金的组织由 α 和 β 相双相组成。这两种合金的机械性能大不相同。

合金中有两类基本相：固溶体和金属化合物。

二、固溶体与复杂结构的间隙化合物

1. 固溶体

合金组元通过溶解形成一种成分和性能均匀，且结构与组元之一相同的固相称为固溶

体。与固溶体晶格相同的组元为溶剂，一般在合金中含量较多；另一组元为溶质，含量较少。固溶体用 α、β、γ 等符号表示。A、B 组元组成的固溶体也可表示为 A(B)，其中 A 为溶剂，B 为溶质。例如铜锌合金中锌溶入铜中形成的固溶体一般用 α 表示，亦可表示为 Cu(Zn)。

(1)固溶体的分类

① 按溶质原子在溶剂晶格中的位置(如图 2-34)分为：

置换固溶体——溶质原子代换了溶剂晶格某些结点上的原子
间隙固溶体—溶质原子进入溶剂晶格的间隙之中

② 按溶质原子在溶剂中的溶解度(固溶度)(溶质在固溶体中的极限浓度)分为：

有限固溶体——溶质超过溶解度即有新相生成
无限固溶体——溶质可以任意比例溶入(可达 100%)

③ 按溶质原子的分布规律：

有序固溶体——溶质原子有规则分布
无序固溶体——溶质原子无规则分布

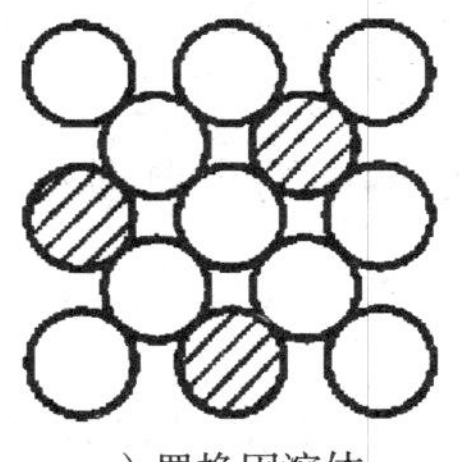

a）置换固溶体

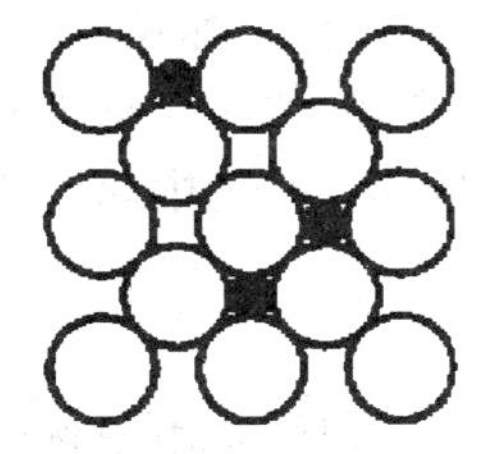

b）间隙固溶体

图 2-34　置换与间隙固溶体示意图

有序化：在一定条件(如成分、温度等)下，一些合金的无序固溶体可变为有序固溶体。

(2)影响固溶体类型和溶解度的主要因素

影响固溶体类型和溶解度的主要因素有：组元的原子半径、电化学特性和晶格类型等。

原子半径、电化学特性接近、晶格类型相同的组元，容易形成置换固溶体，并有可能形成无限固溶体。当组元原子半径相差较大时，容易形成间隙固溶体。间隙固溶体都是有限固溶体，并且一定是无序的。无限固溶体和有序固溶体一定是置换固溶体。

(3)固溶体的性能

固溶体随着溶质原子的溶入晶格发生畸变。对于置换固溶体，溶质原子较大时造成正畸变，较小时引起负畸变(图 2-35)。形成间隙固溶体时，晶格总是产生正畸变。晶格畸变随溶质原子浓度的增高而增大。晶格畸变增大位错运动的阻力，使金属的滑移变形变得更加困难，从而提高了合金的强度和硬度。这种随溶质原子浓度的升高而使金属强度和硬度提高的现象称为固溶强化。固溶强化是金属强化的一种重要形式。在溶质含量适当时可显著提高材料的强度和硬度，而塑性和韧性没有明显降低。例如，纯铜的 σ_b 为 220MPa，硬度为 40HB，断面收缩率 ψ 为 70%。当加入 1%镍形成单相固溶体后，强度升高到 390MPa，硬度升高到 70HB,而断面收缩率仍有 50%。所以固溶体的综合机械性能很好,常常被用作结构合金的基体相。固溶体与纯金属相比,物理性能有较大的变化,如电阻率上升,导电率下降,磁矫顽力增大等。

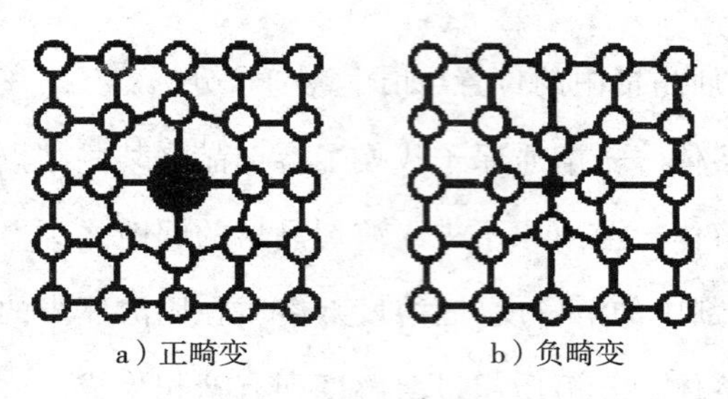

图 2-35　晶格正、负畸变示意图

2. 复杂结构的间隙化合物

合金组元相互作用形成的晶格类型和特性完全不同于任一组元的新相即为金属化合物,或称中间相。金属化合物一般熔点高、硬度高、脆性大。当合金中含有金属化合物时,强度、硬度和耐磨性提高,而塑性和韧性降低。金属化合物是许多合金的重要强化相。金属化合物有许多种,其中较常用的是具有复杂结构的间隙化合物(当非金属原子半径与金属原子半径之比大于 0.59 时形成的)。如钢中的 Fe_3C,其中 Fe 原子可以部分地被 Mn、Cr、Mo、W 等金属原子所置换,形成以间隙化合物为基的固溶体,如 $(Fe、Cr)_3C$ 等。复杂结构的间隙化合物具有很高的熔点和硬度,在钢中起强化作用,是钢中的主要强化相。

问题分析

前面已经简述过,合金相图是用图解的方法表示合金系中合金状态、温度和成分之间的关系,是了解合金中各种组织的形成与变化规律的有效工具。进而可以研究合金的组织与性能的关系。何为合金系呢?两组元按不同比例可配制成一系列成分的合金,这些合金的集合称为合金系,如铜镍合金系、铁碳合金系等。我们即将要研究的相图就是表明合金系中各种合金相的平衡条件和相与相之间关系的一种简明示图,也称为平衡图或状态图。所谓平衡是指在一定条件下合金系中参与相变过程的各相的成分和相对重量不再变化所达到的一种状态。此时合金系的状态稳定,不随时间而改变。

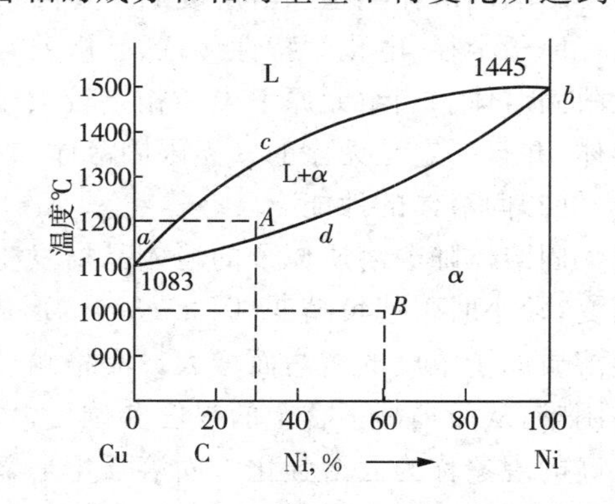

图 2-36　Cu-Ni 合金相图

合金在极其缓慢冷却条件下的结晶过程,一般可认为是平衡结晶过程。在常压下,二元合金的相状态决定于温度和成分。因此二元合金相图可用温度一成分坐标系的平面图来表示。

我们先来认识一下相图。图 2-36 为铜镍二元合金相图,它是一种最简单的基本相图。横坐标表示合金成分(一般为溶质的质量百分数),左右端点分别表示纯组元(纯金属)Cu 和 Ni,其余的为合金系的每一种合金成分,如 *C* 点的合金成分为含 Ni 20%，含 Cu 80%。坐标平面上的任一点(称为表象点)表示一定成分的合金在一定温度时的稳定相状态。例如，A 点表示含 30% Ni 的铜镍合金在 1200℃时处于液相(L)+α 固相的两相状态；B 点表示含 60% Ni 的铜镍合金在 1000℃时处于单一的 α 固相状态。

一、相图的建立过程

合金发生相变时，必然伴随有物理、化学性能的变化，因此测定合金系中各种成分相变的温度，可以确定不同相存在的温度和成分界限，从而建立相图。

常用的方法有热分析法、膨胀法、射线分析法等。下面以铜镍合金系为例，简单介绍用热分析法建立相图的过程。

(1)配制系列成分的铜镍合金。

例如：合金Ⅰ：100%Cu；合金Ⅱ：75%Cu+25%Ni；合金Ⅲ：50%Cu+50%Ni；合金Ⅳ：25%Cu+75%Ni；合金Ⅴ：100%Ni。

(2)合金熔化后缓慢冷却，测出每种合金的冷却曲线，找出各冷却曲线上的临界点(转折点或平台)的温度，如图 2-37 所示。

(3)画出温度-成分坐标系，在各合金成分垂线上标出临界点温度。

(4)将具有相同意义的点连接成线，标明各区域内所存在的相，即得到 Cu-Ni 合金相图(图 2-37)。

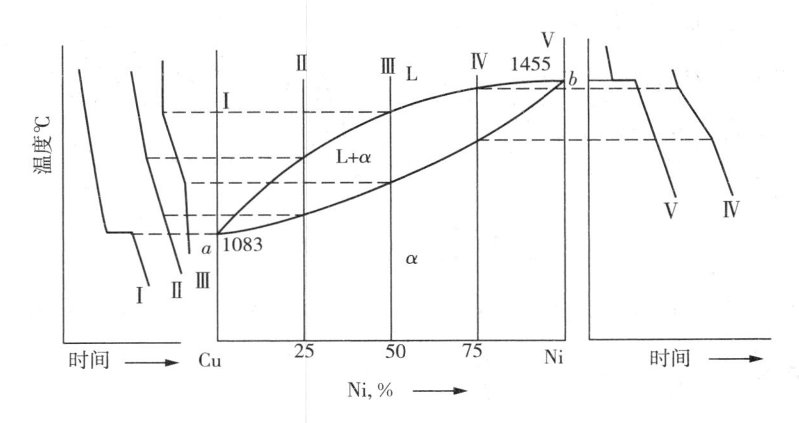

图 2-37　Cu-Ni 合金冷却曲线及相图建立

铜镍合金相图比较简单，实际上多数合金的相图很复杂。但是，任何复杂的相图都是由一些简单的基本相图组成的。

二、二元合金的杠杆定律

由相律可知，二元合金两相平衡时，两平衡相的成分与温度有关，温度一定则两平衡相的成分均为确定值。确定方法是：过该温度时的合金表象点作为水平线，分别与相区两侧分界线相交，两个交点的成分坐标即为相应的两平衡相成分。例如图 2-38 中，过 b 点的水平线与相区分界线交于 a、c 点，a、c 点的成分坐标值即为含 Ni b%的合金 T_1 时液、固相的平衡成分。含 Ni b%的合金在 T_1 温度处于两相平衡共存状态时，两平衡相的相对质量也是确定的。表象点 b 所示合金含 Ni $b\%$，T_1 时液相 L（含 Ni $a\%$）和 α 固相（含 Ni $c\%$）两相平衡共存。设该合金质量为 Q，液相、固相质量为 Q_L、Q_α，由质量平衡：合金中 Ni 的质量等于液、固相中 Ni 质量之和，即：$Q \cdot b\% = Q_L \cdot a\% + Q_\alpha \cdot c\%$；合金总质量等于液、固相质量之和，即：$Q = Q_L + Q_\alpha$；二式联立得：$(Q_L + Q_\alpha) \cdot b\% = Q_L \cdot a\% + Q_\alpha \cdot c\%$；化简整理后得：

$$\frac{Q_L}{Q_\alpha} = \frac{b\% - c\%}{a\% - b\%} = \frac{bc}{ab} \text{或} Q_L \cdot ab = Q_\alpha \cdot bc$$

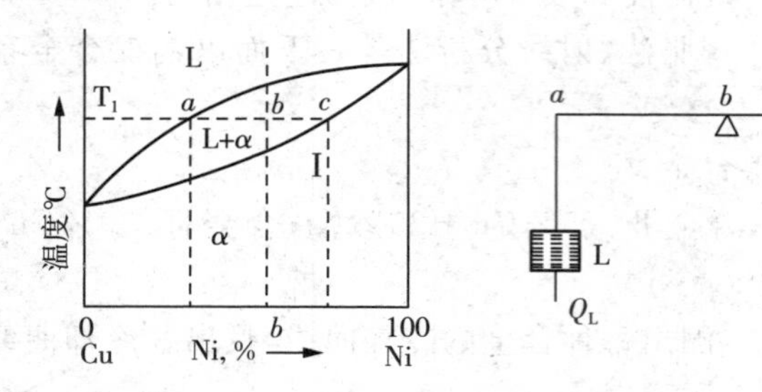

图 2-38　杠杆定律的证明及力学比喻

因该式与力学的杠杆定律相同，所以我们把 $Q_L \cdot ab = Q_\alpha \cdot bc$ 称为二元合金的杠杆定律。杠杆两端为两相成分点 Q_L、Q_α，支点为该合金成分点 $b\%$。利用该式，还可以推导出合金中液、固相的相对质量的计算公式，如下：

设液、固相的相对质量分别为 w_L、w_α，即 $w_L = \frac{Q_L}{Q}$、$w_\alpha = \frac{Q_\alpha}{Q}$；将 $\frac{Q_L}{Q_\alpha} = \frac{bc}{ab}$ 两端加 1 得 $\frac{Q_L}{Q_\alpha} + 1 = \frac{bc}{ab} + 1$，即 $\frac{Q_L + Q_\alpha}{Q_\alpha} = \frac{Q}{Q_\alpha} = \frac{bc + ab}{ab} = \frac{ac}{ab}$。则 $w_\alpha = \frac{ab}{ac}$；用 1 减去该式两端得：

$$1 - w_\alpha = 1 - \frac{ab}{ac} \text{即} w_L = \frac{ac - ab}{ac} = \frac{bc}{ac}$$

必须指出，杠杆定律只适用于相图中的两相区，即只能在两相平衡状态下使用。

知识链接

一、匀晶相图

两组元在液态无限互溶，在固态也无限互溶，冷却时发生匀晶反应的合金系，称为匀晶系并构成匀晶相图。例如 Cu-Ni、Fe-Cr、Au-Ag 合金相图等。

现以 Cu-Ni 合金相图为例，对匀晶相图及其合金的结晶过程进行分析。

1. 相图分析

Cu-Ni 相图（图 2-36）为典型的匀晶相图。图中 acb 线为液相线，该线以上合金处于液相；adb 线为固相线，该线以下合金处于固相。液相线和固相线表示合金系在平衡状态下冷却时结晶的始点和终点以及加热时熔化的终点和始点。L 为液相，是 Cu 和 Ni 形成的液溶体；α 为固相，是 Cu 和 Ni 组成的无限固溶体。图中有两个单相区：液相线以上的 L 相区和固相线以下的 α 相区。图中还有一个两相区：液相线和固相线之间的 L+α 相区。

以 b 点成分的 Cu－Ni 合金（Ni 含量为 $b\%$）为例分析结晶过程。该合金的冷却曲线和结晶过程如图 2－39 所示。首先利用相图画出该成分合金的冷却曲线，在 1 点温度以上，合金为液相 L；缓慢冷却至 1—2 时，合金发生匀晶反应，从液相中逐渐结晶出 α 固溶体；2 点温度以下，合金全部结晶为 α 固溶体。其他成分合金的结晶过程也完全类似。

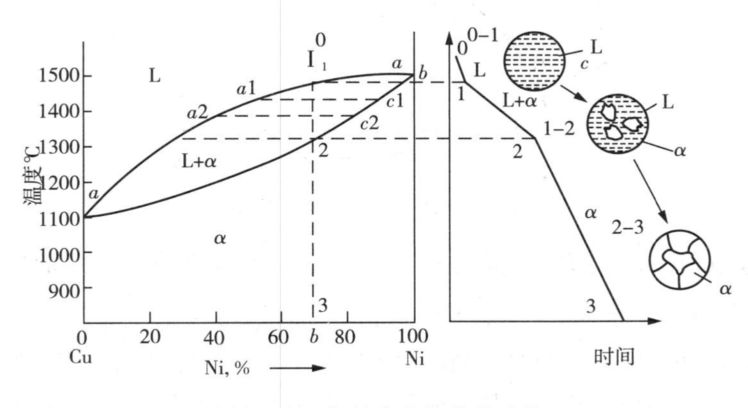

图 2－39　匀晶合金的结晶过程

2. 匀晶结晶的特点

（1）与纯金属一样，固溶体从液相中结晶出来的过程中，也包括有生核与长大两个过程，且固溶体更趋于呈树枝状长大；（2）固溶体结晶在一个温度区间内进行，即为一个变温结晶过程；（3）在两相区内，温度一定时，两相的成分（即 Ni 含量）是确定的；（4）两相区内，温度一定时，两相的相对质量是一定的，且符合杠杆定律；（5）固溶体结晶时成分是变化的（L 相沿 $a_1 \rightarrow a_2$ 变化，α 相沿 $c_1 \rightarrow c_2$ 变化），缓慢冷却时由于原子的扩散充分进行，形成的是成分均匀的固溶体。如果冷却较快，原子扩散不能充分进行，则形成成分不均匀的固溶体。先结晶的树枝晶轴含高熔点组元（Ni）较多，后结晶的树枝晶枝干含低熔点组元（Cu）较多。结果造成在一个晶粒之内化学成分的分布不均。这种现象称为枝晶偏析（图 2－40）。枝晶偏析对材料的机械性能、抗腐蚀性能、工艺性能都不利。生产上为了消除其影响，常把合金加热到高温（低于固相线 100℃左右），并进行长时间保温，使原子充分扩散，获得成分均匀的固溶体。这种处理称为扩散退火。

二、共晶相图

两组元在液态无限互溶，在固态有限互溶，冷却时发生共晶反应的合金系，称为共晶系并构成共晶相图。例如 Pb－Sn、Al－Si、Ag－Cu 合金相图等。现以Pb－Sn 合金相图为例，对共晶相图及其合金的结晶过程进行分析。

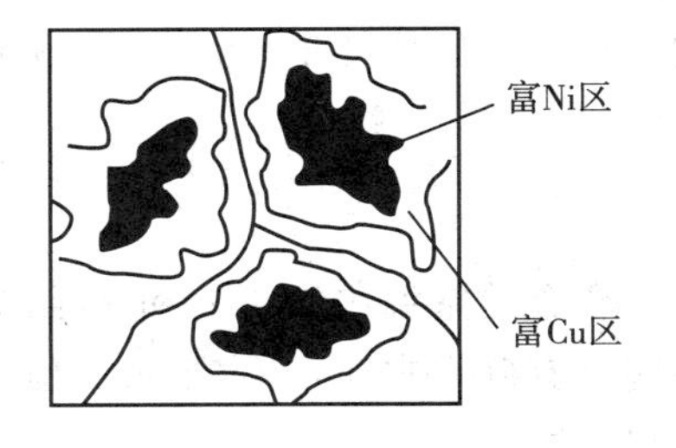

图 2－40　枝晶偏析示意图

1. 相图分析

Pb－Sn 合金相图（图 2－41）中，adb 为液相线，$acdeb$ 为固相线。合金系有三种相：Pb 与 Sn 形成的液溶体 L 相，Sn 溶于 Pb 中的有限固溶 α 相，Pb 溶于 Sn 中的有限固溶体 β 相。相图中有三个单相区（L、α、β 相区）、三个两相区（L＋α、L＋β、α＋β 相区）、一条 L＋α＋β 的三相并存线（水平线 cde）。

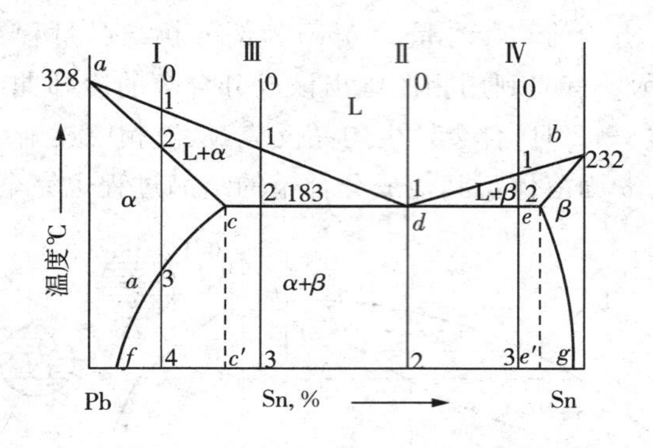

图 2-41 Pb-Sn 合金相图及成分线

d 点为共晶点，表示此点成分（共晶成分）的合金冷却到此点所对应的温度（共晶温度）时，共同结晶出 c 点成分的 α 相和 e 点成分的 β 相：$L_d \xrightarrow{\text{恒温}} \alpha_c + \beta_e$。

这种由一种液相在恒温下同时结晶出两种固相的反应叫作共晶反应。所生成的两相混合物（层片相间）叫共晶体。发生共晶反应时有三相共存，它们各自的成分是确定的，反应在恒温下平衡地进行着。水平线 cde 为共晶反应钱，成分在 ce 之间的合金平衡结晶时都会发生共晶反应。

cf 线为 Sn 在 Pb 中的溶解度线（或 α 相的固溶线）。温度降低，固溶体的溶解度下降。Sn 含量大于 f 点的合金从高温冷却到室温时，从 α 相中析出 β 相以降低其 Sn 含量。从固态 α 相中析出的 β 相称为二次 β，常写作 $\beta_{\text{Ⅱ}}$。这种二次结晶可表达为：$\alpha \rightarrow \beta_{\text{Ⅱ}}$。

eg 线为 Pb 在 Sn 中的溶解度线（或 β 相的固溶线）。Sn 含量小于 g 点的合金，冷却过程中同样发生二次结晶，析出二次 α：$\beta \rightarrow \alpha_{\text{Ⅱ}}$。

2. 典型合金的结晶过程

(1)合金Ⅰ

合金Ⅰ的平衡结晶过程（如图 2-42 所示）。液态合金冷却到 1 点温度以后，发生匀晶结晶过程，至 2 点温度合金完全结晶成 α 固溶体，随后的冷却（2—3 点的温度），α 相不变。从 3 点温度开始，由于 Sn 在 α 中的溶解度沿 cf 线降低，从 α 中析出 $\beta_{\text{Ⅱ}}$，到室温时 α 中 Sn 含量逐渐变为 f 点。最后合金得到的组织为 $\alpha + \beta_{\text{Ⅱ}}$。其组成相是 f 点成分的 α 相和 g 点成分的 β 相。运用杠杆定律，两相的相对质量为：

$$\alpha\% = \frac{4g}{fg} \times 100\%;\beta\% = \frac{f4}{fg} \times 100\%（\text{或 } \beta\% = 1 - \alpha\%）$$

合金的室温组织由 α 和 $\beta_{\text{Ⅱ}}$ 组成，α 和 $\beta_{\text{Ⅱ}}$ 即为组织组成物。组织组成物是指合金组织中那些具有确定本质，一定形成机制和特殊形态的组成部分。组织组成物可以是单相，或是两相混合物。

合金Ⅰ的室温组织组成物 α 和 $\beta_{\text{Ⅱ}}$ 皆为单相，所以它的组织组成物的相对质量与组成相的相对质量相等。

(2)合金Ⅱ

合金Ⅱ为共晶合金，其结晶过程如图 2-43 所示。合金从液态冷却到 1 点温度后，发生共晶反应：$L_d \xrightarrow{\text{恒温}} \alpha_c + \beta_e$，经一定时间到 1′时反应结束，全部转变为共晶体($\alpha_c+\beta_e$)。从共晶温度冷却至室温时，共晶体中的 α_c 和 β_e 均发生二次结晶，从 α 中析出 $\beta_{\text{Ⅱ}}$，从 β 中析出 $\alpha_{\text{Ⅱ}}$。α 的成分由 c 点变为 f 点，β 的成分由 e 点变为 g 点；两种相的相对质量依杠杆定律变化。由于析出的 $\alpha_{\text{Ⅱ}}$ 和 $\beta_{\text{Ⅱ}}$ 都相应地同 α 和 β 相连在一起，共晶体的形态和成分不发生变化，不用单独考虑。合金的室温组织全部为共晶体，即只含一种组织组成物(即共晶体)，而其组成相仍为 α 和 β 相。

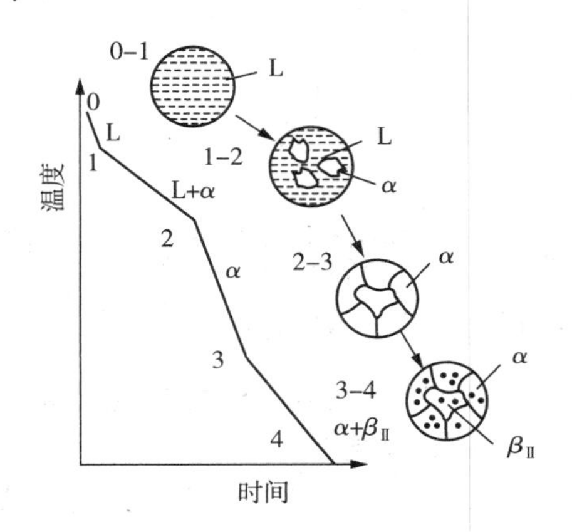

图 2－42　合金Ⅰ结晶过程示意图

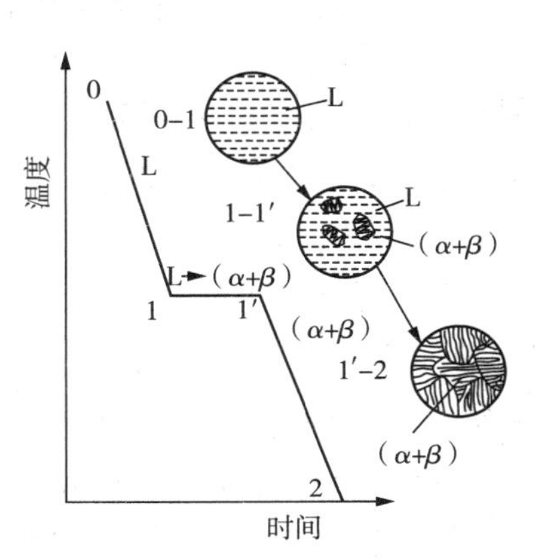

图 2－43　共晶合金结晶过程示意图

(3)合金Ⅲ

合金Ⅲ是亚共晶合金，其结晶过程如图 2－3－11 所示。合金冷却到 1 点温度后，由匀晶反应生成 α 固溶体，此乃初生 α 固溶体。从 1 点到 2 点温度的冷却过程中，按照杠杆定律，初生 α 的成分沿 ac 线变化，液相成分沿 ad 线变化；初生 α 逐渐增多，液相逐渐减少。当刚冷却到 2 点温度时，合金由 c 点成分的初生 α 相和 d 点成分的液相组成。然后剩余液相进行共晶反应，但初生 α 相不变化。经一定时间到 2′点共晶反应结束时，合金转变为 $\alpha_c+(\alpha_c+\beta_e)$。从共晶温度继续往下冷却，初生 α 中不断析出 $\beta_{\text{Ⅱ}}$，成分由 c 点降至 f 点，此时共晶体如前所述，形态、成分和总量保持不变。合金的室温组织为初生 $\alpha+\beta_{\text{Ⅱ}}+(\alpha+\beta)$。合金的组成相为 α 和 β，它们的相对质量为：$\alpha\%=\frac{3g}{fg}\times100\%$；$\beta\%=\frac{f3}{fg}\times100\%$。

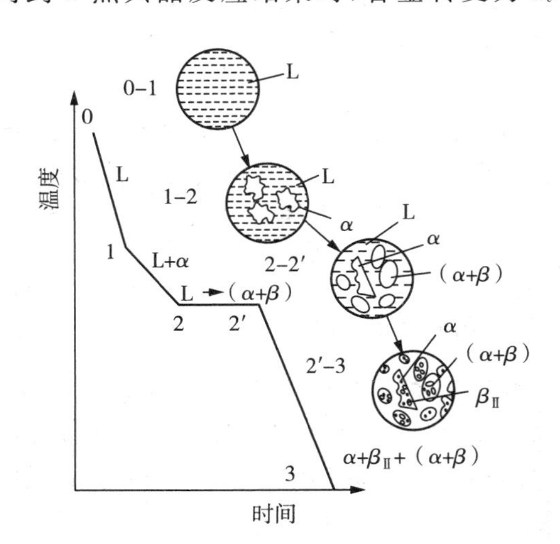

图 2－44　亚共晶合金结晶过程示意图

合金的组织组成物为：初生 α、$\beta_{\text{Ⅱ}}$ 和共晶体($\alpha+\beta$)。它们的相对质量须两次应用杠杆定律求得。根据结晶过程分析，合金在刚冷到 2 点温度而尚未发生共晶反应时，由 α_c 和 L_d 两相组成，它们的相对质量为：$\alpha_c\%$

$=\frac{2d}{cd}\times100\%$；$L_d\%=\frac{c2}{cd}\times100\%$。

其中，液相在共晶反应后全部转变为共晶体$(\alpha+\beta)$，因此这部分液相的质量就是室温组织中共晶体$(\alpha+\beta)$质量，即：$(\alpha+\beta)\%=L_d\%=\frac{c2}{cd}\times100\%$。

初生α_c冷却时不断析出β_{II}，到室温后转变为α_f和β_{II}。按照杠杆定律，β_{II}占$\alpha_f+\beta_{\text{II}}$质量百分数为$\frac{fc'}{fg}\times100\%$（注意，杠杆支点在$c'$点）；$\alpha_f$占的为$\frac{c'g}{fg}\times100\%$。由于$\alpha_f+\beta_{\text{II}}$的质量等于$\alpha_c$的重量，即$\alpha_f+\beta_{\text{II}}$在整个合金中的质量百分数为$\frac{2d}{cd}\times100\%$，所以在合金室温组织中，$\beta_{\text{II}}$和$\alpha_f$分别所占的相对质量为：

$\beta_{\text{II}}\%=\frac{fc'}{fg}\cdot\frac{2d}{cd}\times100\%$；$\alpha_f\%=\frac{c'g}{fg}\cdot\frac{2d}{cd}\times100\%$。这样，合金Ⅲ在室温下的三种组织组成物的相对质量为：$\alpha\%=\frac{c'g}{fg}\cdot\frac{2d}{cd}\times100\%$；$\beta_{\text{II}}\%=\frac{fc'}{fg}\cdot\frac{2d}{cd}\times100\%$；$(\alpha+\beta)\%=\frac{c2}{cd}\times100\%$。

成分在cd之间的所有亚共晶合金的结晶过程均与合全Ⅲ相同，仅组织组成物和组成相的相对质量不同。成分越靠近共晶点，合金中共晶体的含量越多。

位于共晶点右边，成分在de之间的合金为过共晶合金（如图2－41中的合金Ⅳ）。它们的结晶过程与亚共晶合金相似，也包括匀晶反应、共晶反应和二次结晶等三个转变阶段；不同之处是初生相为β固溶体，二次结晶过程为$\beta\rightarrow\alpha_{\text{II}}$，所以室温组织为$\beta+\alpha_{\text{II}}+(\alpha+\beta)$。

3. 标注组织的共晶相图

我们研究相图的目的是要了解不同成分的合金室温下的组织构成。因此，根据以上分析，将组织标注在相图上。以便很方便地分析和比较合金的性能，并使相图更具有实际意义。如图2－45所示。从图中可以看出，在室温下f点及其左边成分的合金的组织为单相α，g点及其右边成分的合金的组织为单相β，f—g成分的合金的组织由α和β两相组成。即合金系的室温组织自左至右相继为：α、$\alpha+\beta_{\text{II}}$、$\alpha+\beta_{\text{II}}+(\alpha+\beta)$、$(\alpha+\beta)$、$\beta+\alpha_{\text{II}}+(\alpha+\beta)$、$\beta+\alpha_{\text{II}}$、β。

由于各种成分的合金冷却时所经历的结晶过程不同，组织中所得到的组织组成物及其数量是不相同的，这是决定合金性能最本质的方面。

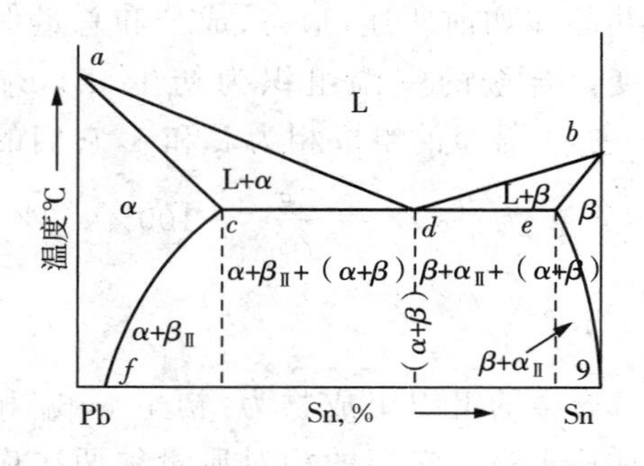

图2－45　标注组织的共晶相图

三、包晶相图

两组元在液态无限互溶，在固态有限互溶，冷却时发生包晶反应的合金系，称为包晶系并构成包晶相图。例如Pt－Ag、Ag－Sn、Sn－Sb合金相图等。

现以Pt－Ag合金相图为例，对包晶相图及其合金的结晶过程进行分析。

1. 相图分析

Pt－Ag 合金相图(图 2－46)中存在三种相：Pt 与 Ag 形成的液溶体 L 相；Ag 溶于 Pt 中的有限固溶体 α 相；Pt 溶于 Ag 中的有限固溶体 β 相。*e* 点为包晶点。*e* 点成分的合金冷却到 *e* 点所对应的温度(包晶温度)时发生以下反应：

$$\alpha_e + L_d \xrightarrow{\text{恒温}} \beta_e$$

这种由一种液相与一种固相在恒温下相互作用而转变为另一种固相的反应叫作包晶反应。发生包晶反应时三相共存，它们的成分确定，反应在恒温下平衡地进行。水平线 *ced* 为包晶反应线，*cf* 为 Ag 在 α 中的溶解度线，*eg* 为 Pt 在 β 中的溶解度线。

2. 典型合金的结晶过程

(1)合金Ⅰ

合金Ⅰ的结晶过程如图 2－47 所示。液态合金冷却到 1 点温度以下时结晶出 α 固溶体，L 相成分沿 *ad* 线变化，α 相成分沿 *ac* 线变化。合金刚冷到 2 点温度而尚未发生包晶反应前，由 *d* 点成分的 L 相与 *c* 点成分的 α 相组成。此两相在 *e* 点温度时发生包晶反应，β 相包围 α 相而形成。反应结束后，L 相与 α 相正好全部反应耗尽，形成 *e* 点成分的 β 固溶体。温度继续下降时，从 β 中析出 $\alpha_{\text{Ⅱ}}$，最后室温组织为 $\beta+\alpha_{\text{Ⅱ}}$。其组成相和组织组成物的成分和相对重量可根据杠杆定律来确定。

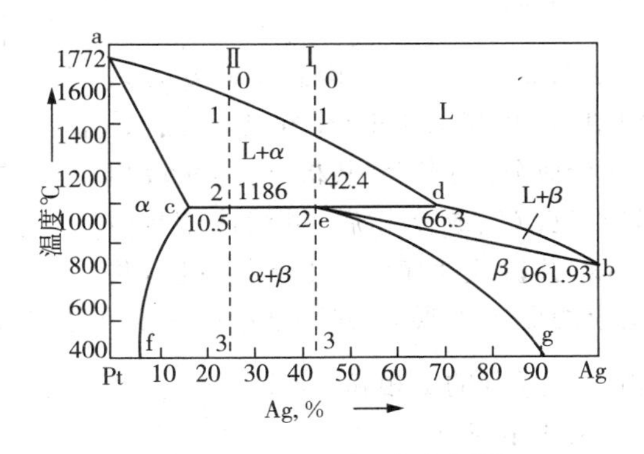

图 2－46　Pt－Ag 合金相图

在合金结晶过程中，如果冷速较快，包晶反应时原子扩散不能充分进行，则生成的 β 固溶体中会发生较大的偏析。原 α 处 Pt 含量较高，而原 L 区含 Pt 量较低，这种现象称为包晶偏析。包晶偏析可通过扩散退火来消除。

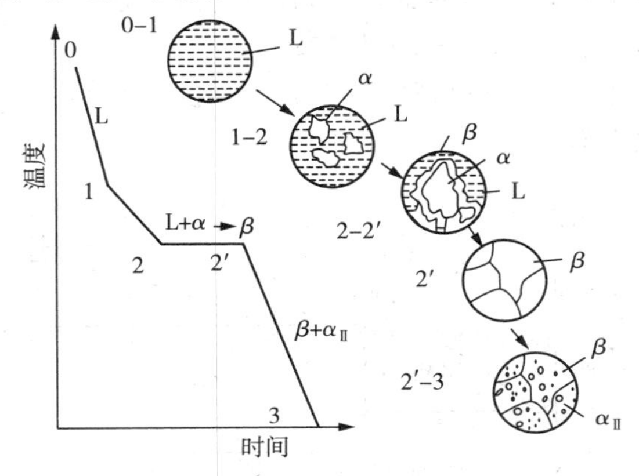

图 2－47　合金Ⅰ结晶过程示意图

(2)合金Ⅱ

合金Ⅱ的结晶过程如图 2－48 所示。液态合金冷却到 1 点温度以下时结晶出 α 相，刚至 2

点温度时合金由 d 点成分的液相 L 和 c 点成分的 α 相组成，两相在 2 点温度发生包晶反应，生成 β 固溶体。与合金Ⅰ不同，合金Ⅱ在包晶反应结束之后，仍剩余有部分 α 固溶体。在随后的冷却过程中，β 和 α 中将分别析出 α_{II} 和 β_{II}，所以最终室温组织为 $\alpha+\beta+\alpha_{II}+\beta_{II}$。

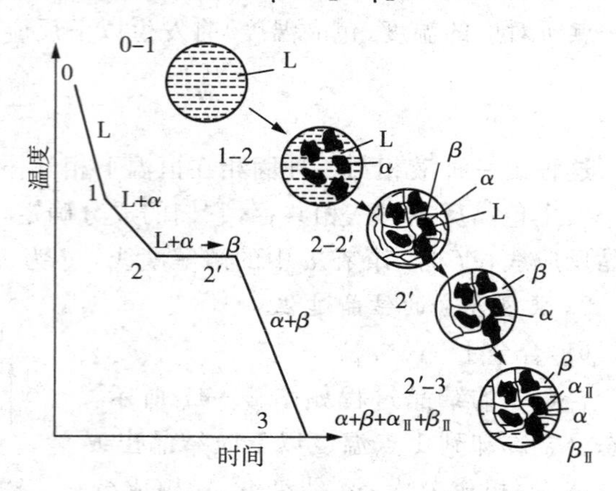

图 2－48　合金Ⅱ结晶过程示意图

应用案例

除了上述三个基本相图以外，还经常用到一些特殊相图，如共析相图、含有稳定化合物的相图等。

一、共析相图

如图 2－49 所示，其下半部分为共析相图，形状与共晶相图相似。d 点成分（共析成分）的合金（共析合金）从液相经匀晶反应生成 γ 相后，继续冷却到 d 点温度（共析温度）时，发生共析反应，共析反应的形式类似于共晶反应，而区别在于它是由一个固相（γ 相）在恒温下同时析出两个固相（c 点成分的 α 相和 e 点成分的 β 相）。反应式为：$\gamma_d \xrightarrow{\text{恒温}} \alpha_c+\beta_e$，此两相的混合物称为共析体（层片相间）。

各种成分的合金的结晶过程的分析同理于共晶相图。但因共析反应是在固态下进行的，所以共析产物比共晶产物要细密得多。

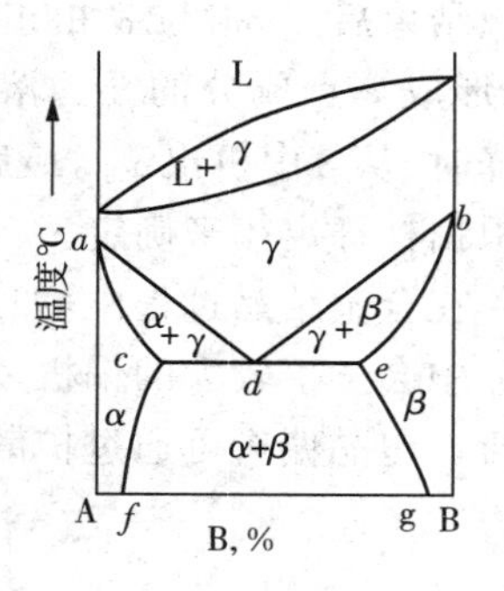

图 2－49　共析相图

二、含有稳定化合物的相图

在有些二元合金系中组元间可能形成稳定化合物，这种稳定化合物具有一定的化学成分、固定的熔点，且熔化前不分解，也不发生其他化学反应。如图 2－50 为 Mg－Si 相图，稳定化合物在相图中是一条垂线，可以把它看作成一个独立组元而把相图分为两个独立部分。

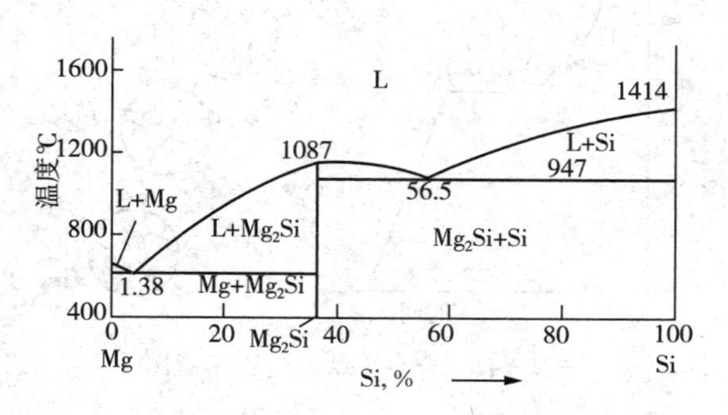

图 2－50　Mg－Si 合金相图

知识拓展

一、合金的力学性能和物理性能

相图反映出不同成分合金室温时的组成相和平衡组织，而组成相的本质及其相对含量、分布状况又将影响合金的性能。图 2－51 表明了相图与合金力学性能及物理性能的关系。图形表明，合金组织为两相混合物时，如两相的大小与分布都比较均匀，合金的性能大致是两相性能的算术平均值，即合金的性能与成分呈直线关系。此外，当共晶组织十分细密时，强度、硬度会偏离直线关系而出现峰值。单相固溶体的性能与合金成分呈曲线关系，反映出固溶强化的规律。在对应化合物的曲线上则出现奇异点。

二、合金的铸造性能

图 2－52 表明了合金铸造性能与相图的关系。液相线与固相线间隔越大，流动性越差，越易形成分散的孔洞（称分散缩孔，也称缩松）。共晶合金熔点低，流动性最好，易形成集中缩孔，不易形成分散缩孔。因此铸造合金宜选择共晶或近共晶成分，有利于获得健全铸件。

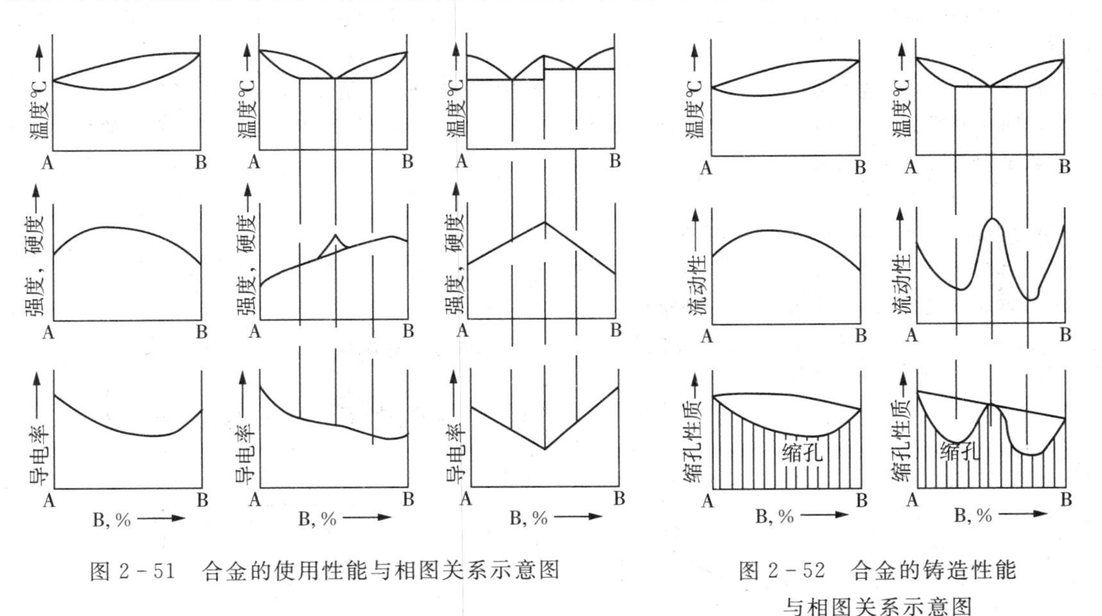

图 2－51　合金的使用性能与相图关系示意图

图 2－52　合金的铸造性能与相图关系示意图

三、相图的局限性

最后应当指出应用相图时的局限性。首先，相图只给出平衡状态的情况，而平衡状态只有很缓慢冷却和加热，或者在给定温度长时间保温才能满足，而实际生产条件下合金很少能达到平衡状态。因此用相图分析合金的相和组织时，必须注意该合金非平衡结晶条件下可能出现的相和组织以及与相图反映的相和组织状况的差异。其次，相图只能给出合金在平衡条件下存在的相、相的成分和其相对量，并不能反映相的形状、大小和分布，即不能给出合金组织的形貌状态。此外要说明的是，二元相图只反映二元系合金的相平衡关系，实际使用的金属材料往往不只限于两个组元，必须注意其他元素加入对相图的影响，尤其是其他元素含量较高时，二元相图中的相平衡关系可能完全不同。

习　题

1. 什么是固溶强化？造成固溶强化的原因是什么？

2. 合金相图反映一些什么关系？应用时要注意什么问题？

3. 为什么纯金属凝固时不能呈枝晶状生长，而固溶体合金却可能呈枝晶状生长？

4. 30kg 纯铜与 20kg 纯镍熔化后慢冷至 1250℃，利用图 2-36 的 Cu-Ni 相图，确定：

(1)合金的组成相及相的成分；(2)相的质量分数。

5. 画出图 2-41 中过共晶合金Ⅳ(假设 $w_{Sn}=70\%$)平衡结晶过程的冷却曲线。画出室温平衡组织示意图，并在相图中标注出组织组成物。计算室温组织中组成相的质量分数及各种组织组成物的质量分数。

6. 铋(Bi)熔点为 271.5℃，锑(Sb)熔点为 630.7℃，两组元液态和固态均无限互溶。缓冷时 $w_{Bi}=50\%$ 的合金在 520℃开始析出成分为 $w_{Sb}=87\%$ 的 α 固相，$w_{Bi}=80\%$ 的合金在 400℃时开始析出 $w_{Sb}=64\%$ 的 α 固相，由以上条件：

(1)示意绘出 Bi-Sb 相图，标出各线和各相区名称；

(2)由相图确定 $w_{Sb}=40\%$ 合金的开始结晶和结晶终了温度，并求出它在 400℃时的平衡相成分和相的质量分数。

7. 若 Pb-Sn 合金相图(图 2-41)中 f、c、d、e、g 点的合金成分分别是 w_{Sn} 等于 2%、19%、61%、97%和 99%。问在下列温度(t)时，$w_{Sn}=30\%$ 的合金显微组织中有哪些相组成物和组织组成物？它们的相对质量百分数是否可用杠杆定律计算？是多少？

(1)$t=300$℃；(2)刚冷到 183℃共晶转变尚没开始；(3)在 183℃共晶转变正在进行中；(4)共晶转变刚完，温度仍在 183℃时；(5)冷却到室温时(20℃)。

8. 固溶体合金和共晶合金其力学性能和工艺性能各有什么特点？

9. 纯金属结晶与合金结晶有什么异同？

10. 为什么共晶线下所对应的各种非共晶成分的合金也能在共晶温度发生部分共晶转变呢？

11. 某合金相图如下图所示，

(a)标上(1)—(3)区域中存在的相；(b)标上(4)，(5)区域中的组织；(c)相图中包括哪几种转变？写出它们的反应式。

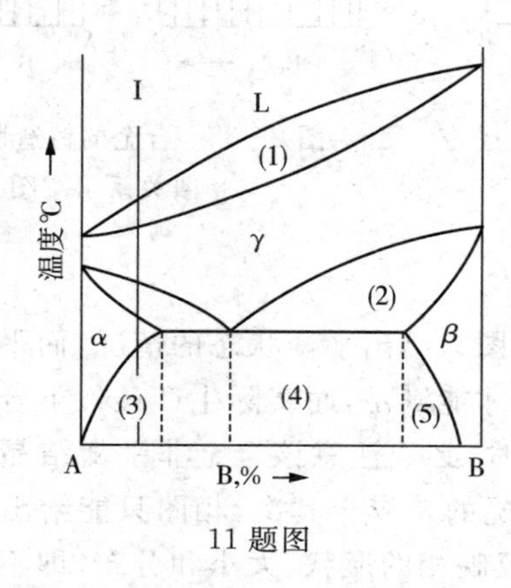

11 题图

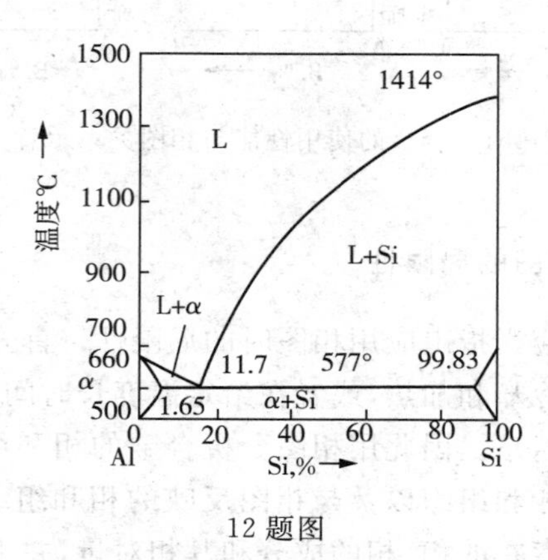

12 题图

12. 发动机活塞用 Al-Si 合金铸件制成，根据相图，选择铸造用 Al-Si 合金的合适成分，简述原因。

第三章　有色合金的组成及分类

背景介绍

非铁金属是指除钢铁以外的其他金属，也称为有色金属材料。非铁金属的种类非常多，虽然有色金属的产量相对低于钢铁，但是由于其具有许多特殊的性能，比如良好的导电性、良好的导热性以及较低的密度和良好力学性能、工艺性能等，是现代工业生产中不可或缺的重要金属材料。

有色合金是以一种有色金属为基体(通常大于50%)，加入一种或几种其他元素而构成的合金。广义的有色金属还包括有色合金。有色合金是以一种有色金属为基体(通常大于50%)，加入一种或几种其他元素而构成的合金。

中国在1958年，将铁、铬、锰列入黑色金属，并将铁、铬、锰以外的64种金属列入有色金属。这64种有色金属包括：铝、镁、钾、钠、钙、锶、钡、铜、铅、锌、锡、钴、镍、锑、汞、镉、铋、金、银、铂、钌、铑、钯、锇、铱、铍、锂、铷、铯、钛、锆、铪、钒、铌、钽、钨、钼、镓、铟、铊、锗、铼、镧、铈、镨、钕、钐、铕、钆、铽、镝、钬、铒、铥、镱、镥、钪、钇、硅、硼、硒、碲、砷、钍。

有色金属是国民经济、人民日常生活及国防工业、科学技术发展必不可少的基础材料和重要的战略物资。农业现代化、工业现代化、国防和科学技术现代化都离不开有色金属。世界上许多国家，尤其是工业发达国家，竞相发展有色金属工业，增加有色金属的战略储备。我国有色金属矿产资源总量尽管很大，但由于人口众多，人均占有资源量却很低，仅为世界人均占有量的52%，所以说，中国又是一个资源相对贫乏的国家。

2010年上半年，我国有色金属行业增加值同比增长18.6%，同比加快11.7个百分点，十种有色金属产量达1529万吨，增长31.3%，增速比一季度回落4.7个百分点。2010年前5个月有色金属价格大幅上涨，6、7月份价格在剧烈波动中大幅回落，2010年1～6月，有色金属工业累计完成固定资产投资1529.62亿元，比2009年同期增长34.79%，增幅比2009年同期上升了15.53个百分点。2010年1～6月我国有色金属进出口贸易总额574.39亿美元，比2009年同期增长71.21%。其中进口额443.73亿美元，比2009年同期增长62.36%；出口额130.66亿美元，比2009年同期增长110.06%。

按照金属和合金系统可以把非铁金属分为铜及铜合金、铝及铝合金、镁及镁合金等。同时也可把非铁金属产品分为冶炼产品、铸造产品和加工产品。按铸造产品可以分为铸件和铸锭，按不同的合金系统又可以分为铸造铝合金、铸造黄铜、铸造青铜等。由于非铁金属产品种类众多，其牌号、代号的表示方法也比较复杂，目前正逐渐向国际标准化组织规定的方法靠拢。

稀有金属规划涉及钨、钼、锡、锑、稀土五种稀有金属品种。规划主要包括总量控制、确定收入目标、利税目标、重点鼓励发展方向等内容。以钨行业为例，确立了 6 个重点发展领域，包括硬质合金深加工、钨基高性能合金、特种性能钨丝、装备制造业加工辅具等。

预计未来几年我国有色金属产业将步入良性发展轨道，产业结构进一步优化，增长方式明显转变，技术创新能力显著提高，为实现有色金属产业可持续发展奠定基础。预计 2015 年我国四种基本金属表观消费量将达到 4380 万吨。其中：铜 830 万吨，铝 2400 万吨，铅 500 万吨，锌 650 万吨。根据草案，未来五年，有色金属行业将根据国内外能源、资源、环境等条件，以满足国内市场需求为主，充分利用境内外两种矿产资源，大力发展循环经济，严格控制冶炼产能盲目扩张，淘汰落后产能。计划到 2015 年，粗铜冶炼控制在 500 万吨以内，电解铜控制在 650 万～700 万吨，氧化铝控制在 4100 万吨以内，电解铝控制在 2000 万吨以内，铅冶炼控制在 550 万吨以内，锌冶炼控制在 670 万吨以内。业内人士称，从数字来看，未来有色金属冶炼总产能扩张的空间将相当有限。所以，有色金属成为现代人投资的首选。

一、有色金属的广泛应用

有色金属中的铜是人类最早使用的金属材料之一。现代，有色金属及其合金已成为机械制造业、建筑业、电子工业、航空航天、核能利用等领域不可缺少的结构材料和功能材料。

实际应用中，通常将有色金属分为 5 类：

(1)轻金属。密度小于 4500 千克/立方米，如铝、镁、钾、钠、钙锶、钡等。

(2)重金属。密度大于 4500 千克/立方米，如铜、镍、钴、铅、锌、锡、锑、铋、镉、汞等。

(3)贵金属。价格比一般常用金属昂贵，地壳丰度低，提纯困难，如金、银及铂族金属。

例如白银、纯银是一种美丽的银白色的金属，它具有很好的延展性，其导电性和传热性在所有的金属中都是最高的。

在古代，人类就对银有了认识。银和黄金一样，是一种应用历史悠久的贵金属，至今已有 4000 多年的历史。由于银独有的优良特性，人们曾赋予它货币和装饰双重价值，英镑和我国解放前用的银元，就是以银为主的银、铜合金。银比金活泼，虽然它在地壳中的丰度大约是黄金的 15 倍，但它很少以单质状态存在，因而它的发现要比金晚。在古代，人们就已经知道开采银矿，由于当时人们取得的银的量很小，使得它的价值比金还贵。公元前 1780 至 1580 年间，埃及王朝的法典规定，银的价值为金的 2 倍，甚至到了 17 世纪，日本金、银的价值还是相等的。银最早用来做装饰品和餐具，后来才作为货币。因为银为白色，光泽柔和明亮，是少数民族、佛教和伊斯兰教徒们喜爱的装饰品。银首饰亦是全国各族人民赠送给初生婴儿的首选礼物。近期，欧美人士在复古思潮影响下，佩戴着易氧化变黑的白银镶浅蓝色绿松石首饰，给人带来对古代文明无限美好的遐思。而在国内，纯银首饰亦逐渐成为现代时尚女性的至爱选择。现在，银在工业上有了三项重要的用途：电镀、制镜与摄影。在一些容易锈蚀的金属表面镀上一层银，可以延长使用寿命，而且美观。镀银时，以银为正极，工件为负极，不过，不能直接用硝酸银溶液作为电解液，因为这样银离子的浓度太高，电镀速度快，银沉积快，镀上去的银很松，容易成片脱落。一般在电解液中加入氰化物，由于氰离子能与银离子形成络合物，降低了溶液中银离子的浓度，降低了负极银的沉积速度，提高了电镀质量。随着银的析出，电解液中银离子浓度下降，这时银氰络离子不断解离，源源不断地把银离子输送到溶液中，使溶液中的银离子始终保持一定的浓度。不过，氰化物剧毒，是个很大缺点。

玻璃镜银光闪闪，那背面也均匀地镀着一层银。不过，这银可不是用电镀法镀上去的，而是用“银镜反应”镀上去的：把硝酸银的氨溶液与葡萄糖溶液倒在一起，葡萄糖是一种还原剂（现在制镜厂也有用甲醛、氯化亚铁作还原剂），它能把硝酸银中的银还原成金属银，沉淀在玻璃上，于是便制成了镜子。热水瓶胆也银光闪闪，同样是镀了银。银在制造摄影用感光材料方面，具有特别重要的意义。因为照相纸、胶卷上涂着的感光剂，都是银的化合物——氯化银或溴化银。这些银化合物对光很放感，一受光照，它们马上分解了。光线强的地方分解得多，光线弱的地力分解很少。不过，这时的“像”还只是隐约可见，必须经过显形，才使它明朗化并稳定下来。显影后，再经过定影，去掉底片上未感光的多余的氯化银或溴化银。底片上的像，与实景相反，叫作负片——光线强的地方，氯化银或溴化银分解得多，黑色深（底片上黑色的东西就是极细的金属银），而光线弱的地方反而显得白一些。在印照片时，相片的黑白与负片相反，于是便与实景的色调一致了。现代摄影技术已能在微弱的火柴的光下、在几十分之一到几百分之一秒中拍出非常清晰的照片。如今，全世界每年用于电影与摄影事业的银，已达 150 吨。

（4）半金属。性质价于金属和非金属之间，如硅、硒、碲、砷、硼等。

（5）稀有金属。包括稀有轻金属，如锂、铷、铯等；稀有难熔金属，如钛、锆、钼、钨等；稀有分散金属，如镓、铟、锗、铊等；稀土金属，如钪、钇、镧系金属；放射性金属，如镭、钫、钚及阿系元素中的铀、钍等。

其中以铟为例子，它的应用是非常重要的。铟锭因其光渗透性和导电性强，主要用于生产 ITO 靶材（用于生产液晶显示器和平板屏幕），这一用途是铟锭的主要消费领域占全球铟消费量的 70%。其次的几个消费领域分别是：电子半导体领域占全球消费量的 12%，焊料和合金领域占 12%，研究行业占 6%。另外，因为其较软的性质在某些需填充金属的行业上也用于压缝。如：较高温度下的真空缝隙填充材料。随着铟在太阳能薄膜电池、LED 等新领域的应用益广泛，铟的需求量有望保持每年 10%～15%的增速，2015 年铟的需求量达到 3000 吨/年；另外，伴随着以中国为代表的铟资源国对铟实现战略储备和出口配额，原生铟的供应将逐步呈现收紧态势，而再生铟的供给也存在瓶颈。

从中长期来看，铟的供不应求态势基本确立。根据产业人士分析，铟价的合理价值应在 2000～3000 美元/kg，而目前铟价仅有 300 美元/kg，笔者认为伴随着供求的中长期失衡，铟价或将实现未来 5～10 年 10 倍上涨。铟是非常稀少的金属，全世界铟的地质含量仅为 1.6 万吨，为黄金地质储量的 1/6。铟是电子、电信、光电产业不可或缺的关键原材料之一，70%的铟用于制造液晶显示产品，在电子、电信、光电、国防、通信等领域具有广泛用途，极具战略地位。铟产业被称为信息时代的朝阳产业。消费升级使得数字电视、电脑、数码产品等电子消费品需求扩张，铟国际市场需求量保持速度增长。

二、有色金属的世界分布与中国分布

世界有色金属资源分布很不均衡。大约 60%的储量集中在亚洲、非洲和拉丁美洲等一些发展中国家，40%的储量分布于工业发达国家，这部分储量的 4/5 又集中在俄罗斯、美国、加拿大和澳大利亚。国外铝资源主要分布在几内亚（占世界总储量的 33.9%）、澳大利亚（占 18.6%）和巴西（占 10.3%）；铜资源主要分布在美国（占 18.5%）和智利（占 18.5%）；铅资源主要分布在美国(占 20.8%)、澳大利亚(占 13.8%)和俄罗斯(占 13.2%);锌资源主要分布在加拿大(占 18.7%)、美国(占 14.5%)和澳大利亚(占 12.6%);锡资源主要分布在印度尼西亚(占 23.6%)和泰国(占 11.8%);镍资源主要分布在新喀里多尼亚(占 25%)和加拿大(占 16%);钛资源主要分布在巴西(占 26.3%)、印度(占 17.5%)和加拿大(占 15.2%)。

我国矿产资源总量丰富、品种齐全,其中云南地质构造复杂,金属矿甚是丰富。金属矿以有色金属矿为主,种类多,储量大,尤以个旧锡矿、东川铜矿以及储量名列全国前茅的钛矿著称于世,有"有色金属王国"之称。

云南省有色矿产资源丰富,尤以锌、铅、锡、铜、锗及稀贵金属的资源,优势显著。储量居全国第一位的有锌(占全国锌储量存量的 23%)、铅(占全国铅储量的 19.6%)、铟(4626t)、铊(资源量 7776t)铅锌资源产地相对集中,开发条件好,矿产品位高,富矿比例大。锌高铅低对消费市场的适应性好,伴生、共生元素综合利用价值教高,拥有国内储量大的兰坪铅锌矿和国内品位最富的会泽铅锌矿:占全国第二位的有锡(占全国 30.8%)、铂族(占 33.9%)、锗(1475t)、银(1518t);占全国第三位的有铜(占全国 15%)、钴、锑。云南铜矿床点多面广,省内 11 个地(州)市均有分布,除东川、大姚、易门、新平等大型矿区外,德斯猫大坪掌、德钦羊拉铜矿、香格里拉普朗斑岩型铜矿等资源前景很好。国土资源部"十五"期间将西南"三江"中段、南段(主要在云南)列为有色金属资源聚集区,重点投入找矿工作,预期将有重大突破。

项目一　铜及铜合金

问题引入

铜是人类最早使用的金属，自然界有自然铜存在。公元前17世纪，我国黄河上游齐家文化时期，人们就懂得冷锻和铸造红铜技术。纯铜硬度较低，表面刚切开时为红橙色带金属光泽，单质呈紫红色。延展性好，导热性和导电性高，因此在电缆和电气、电子元件是最常用的材料，也可用作建筑材料，可以组成众多种合金。铜及铜合金作为工程材料，由于其高导电率和导热率，易于成型及某些条件下有良好的耐蚀性，至今仍然被广泛应用。铜合金机械性能优异，电阻率很低，其中最重要的数青铜和黄铜。此外，铜也是耐用的金属，可以多次回收而无损其机械性能。所以需要掌握铜及铜合金的分类、牌号及应用。

问题分析

一、纯铜加工产品的牌号及用途

工业上纯铜的加工铜可作为导电、导热和耐腐蚀材料，比如制造电线、蒸发器等。加工铜的代号是：T＋顺序号，T是“铜”的汉语拼音首字母，顺序号数越大，表示纯度越低。例如T3表示3号纯铜。工业纯铜的氧含量低于0.01％的称为无氧铜，无氧铜用“铜”和“无”二字的汉语拼音“T”和“U”加上序号表示，如TU1、TU2。用磷和锰脱氧的无氧铜，在TU后面加脱氧剂化学元素符号表示，如TUP、TUMn。

纯铜(加工产品)的牌号、成分及应用见表3－1所列。

表3－1　纯铜的牌号、成分及应用

类　别	代　号	杂质总量(％)	应　用
纯铜	T1	0.05	制作导电、导热、耐腐蚀器具材料，如电线、电缆、蒸发皿等
	T2	0.10	
	T3	0.30	
无氧铜	TU1	0.03	高导电性导线、电真空器件等
	TU2	0.05	

1. 工业纯铜

工业纯铜又称紫铜，呈玫瑰红色。它分为两大类，一类为含氧铜；另一类为无氧铜。由于有良好的导电性、导热性和塑性，并兼有耐蚀性和焊接性，它是化工、船舶和机械工业中的重要材料。

(1)工业纯铜的性能

T1(Cu≥99.95％)和T2(Cu≥99.90％)是阴极重熔铜，含微量氧和杂质，具有高的导电、导热性，良好的耐腐蚀性和加工性能，可以熔焊和钎焊。主要用作导电、导热和耐腐蚀元器件，如电线、电缆、导电螺钉、壳体和各种导管等。

T3(Cu≥99.70%)是火法精炼铜，含氧和杂质较多，具有较好的导电、导热、耐腐蚀性和加工性能，可以熔焊和钎焊。主要作为结构材料使用，如制作电器开关、垫圈、铆钉、管嘴和各种导管等；也用于不太重要的导电元件。

T1，T2，T3是含氧铜，在含氢的还原介质中易产生氢脆，俗称“氢病”，故不宜在高温(>370℃)还原介质中进行加工(退火、焊接等)和使用。在低温(−250℃)下，无论冷作硬化状态或退火状态的纯铜，其强度均有提高。

(2)物理性能

熔化温度范围液相点T1为1084.5℃，T2为1065℃～1082.5℃，T3为1065℃～1082℃；热导率在20℃为390W/(m·℃)，比热容c=385.2J/kg·℃，线性膨胀系数为α_1=17.28×10^{-6}/℃(20℃～200℃)，密度8.89～8.94g/cm^3，T1电导率为102.3%IACS(700℃退火30min测定值)。

工业纯铜的导电性和导热性在64种金属中仅次于银。冷变形后，纯铜的导电率变化小，形变80%后导电率下降不到3%，故可在冷加工状态用作导电材料。杂质元素都会降低其导电性和导热性，尤以磷、硅、铁、钛、铍、铝、锰、砷、锑等影响最强烈，形成非金属夹杂物的硫化物、氧化物、硅酸盐等影响小，不溶的铅、铋等金属夹杂物影响也不大。

(3)化学性能

铜的电极电位较正，在许多介质中都耐蚀，可在大气、淡水、水蒸气及低速海水等介质中工作，铜与其他金属接触时成为阴极，而其他金属及合金多为阳极，并发生阳极腐蚀，为此需要镀锌保护。

抗氧化性能。铜耐高温氧化性能较差，在大气中于室温下即缓慢氧化。温度升至100℃时，表面生成黑色氧化铜。耐腐蚀性能铜与大气、水等作用，生成难溶于水的复盐膜，能防止铜继续氧化。铜的耐蚀性良好，在大气中的腐蚀速率为0.002～0.5mm/a，在海水中的腐蚀速率为0.02～0.04mm/a。铜有较高的正电位，在非氧化无机酸和有机酸介质中均保持良好的耐蚀性，但在氨、氰化物、汞化物和氧化性酸水溶液中的腐蚀速率较快。

铜的另一个特性是无磁性，常用来制造不受磁场干扰的磁学仪器。

铜有极高的塑性，能承受很大的变形量而不发生破裂。

2. 杂质元素对铜塑性的影响

铋或铅与铜形成富铋或铅的低熔点共晶，其共晶温度相应为270℃和326℃，共晶含ω(Bi)=99.8%或ω(Pb)=99.94%，在晶界形成液膜，造成铜的热脆。

铋和锑等元素与铜的原子尺寸差别大，含微量铋或锑的稀固溶体中即引起点阵畸变大，驱使铋和锑在铜晶界产生强烈的晶界偏聚。铋和锑的晶界偏聚降低铜的晶界能，使晶界原子结合弱化，产生强烈的晶界脆化倾向。

含氧铜在还原性气氛中退火，氢渗入与氧作用生成水蒸气，这会造成很高的内压力，引起微裂纹，在加工或服役中发生破裂。故对无氧铜要求ω(O)低于0.003%。

3. 工业纯铜的应用

工业纯铜的氧含量低于0.01%的称为无氧铜，以TU1和TU2表示，用作电真空器件。

TUP为磷脱氧铜，用作焊接铜材，制作热交换器、排水管、冷凝管等。TUMn为锰脱氧铜，用于电真空器件。T1～T4为纯铜，含有一定氧。T1和T2的氧含量较低，用于导电合金；T3和T4含氧较高，ω(O)<0.1%，一般用作铜材。

二、铜合金分类

在工业上更多采用的并非是纯铜而是铜合金，铜合金是以铜为基体的合金。铜合金的种类有很多种，包括：铜-锌合金，也称为黄铜、铜-镍合金，称为白铜和以锡为主要合金元素的青铜。

铜基合金可以利用讨论过的所有强化机制来强化。对纯铜，通常采用细化晶粒或应变硬化方法来提高其强度，但要进一步提高强度，并保持较高的塑性，只有利用其他途径。与铝和镁合金相比，铜合金具有更好的抗疲劳、抗蠕变和耐磨性能；许多铜合金也具有极好的延性、耐蚀性、导电和导热性。

(1)铜中的合金元素

表3-2 第Ⅱ～Ⅴ族元素在铜中的溶解度

溶质元素	族号 p	$C_{最大}$，x/%(w/%)	$C(p-1)$	最大电子浓度	原子半径差 $\Delta R/R$/%
Zn	2	38.4(39)	38.4	1.38	+8
Al	3	20.4(9.4)	40.8	1.41	+12
Ga	3	19.3(22.2)	38.6	1.39	+6
Si	4	14.0(5.4)	42.0	1.42	+5
Ge	4	11.4(13)	34.2	1.34	+9
Sn	4	9.3(15.8)	27.9	1.28	+20
As	5	6.8(8)	27.2	1.27	+15

在铜中无限固溶的合金元素有镍、金、锰(γ-Mn)等，大多数合金元素为有限溶解。周期表中第Ⅱ～Ⅴ族元素在铜中的最大溶解度($C_{最大}$)近似地与被溶元素的原子价(p)减1成反比，即与($p-1$)成反比；而两者的乘积$C_{最大}(p-1)=40\%$，并对应于电子浓度1.36。第Ⅱ～Ⅴ族元素在铜中的溶解度见表3-2。值得注意的是，当溶质元素与铜原子尺寸差别很大时，溶解度明显减小，如锡和砷。

在铜中固溶的合金元素将起固溶强化作用，图3-1表明少量固溶的合金元素对铜合金的临界分切应力的影响，锡、锑、铟的固溶强化效应最强烈，金、锰、锗次之，镍、硅、锌又次之。镍、铝、锡、锌、锰在铜中的溶解度较大，是有效的固溶强化元素。铜锌固溶体中存在Cu_3Zn有序固溶体，其有序—无序转变温度在450℃左右，在此温度下形成α_1有序固溶体，在217℃以下由α_1转变为α_2有序固溶体。

固溶的溶质元素对铜的导电性有很大的影响。(如图3-2所示)磷、硅、铁、钴、铍、铝、锰、砷及锑均强烈降低铜的导电性，而银、镉、铬、镁对导电性的降低幅度较小。溶质元素均使铜的导热率有较大的降低。

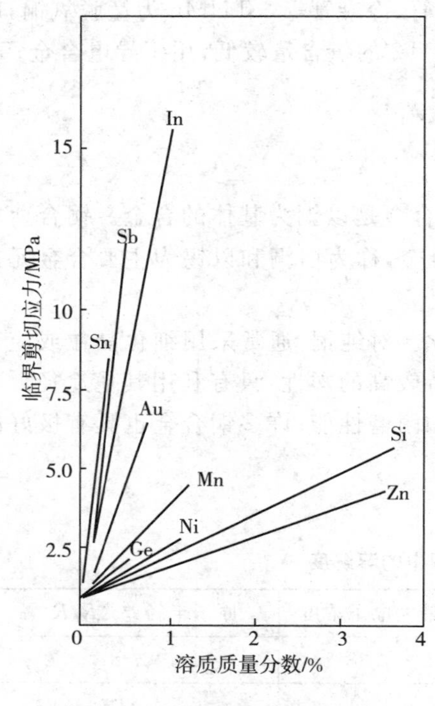

图 3－1　固溶的合金元素对铜合金在室温临界分切应力的影响

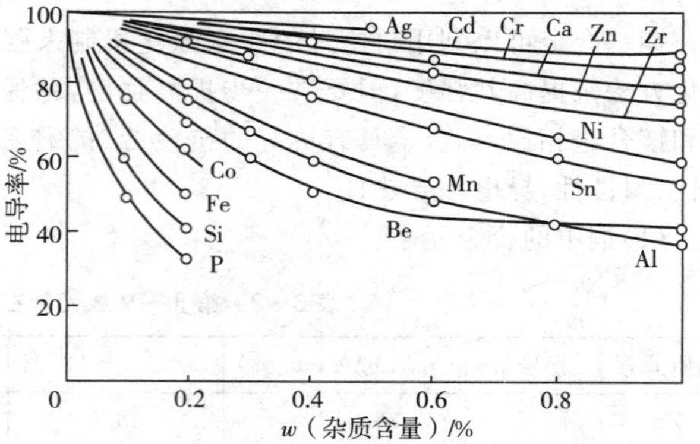

图 3－2　溶质元素对铜导电性的影响

(2)铜合金中的强化相

铍在铜中的溶解度 ω(Be)从高温 866℃时的 2.7％降到室温的 0.16％，溶解度变化剧烈。电子化合物 γ_2－CuBe 相是有效的强化相。

铬和锆共同加入铜合金能生成 Cr_2Zr 金属间化合物，可以产生沉淀强化，提高铜合金的强度和耐热性，同时有高的导电率。

镍与硅在铜合金中形成 Ni_2Si 金属间化合物，其镍与硅的重量比为 3∶1，Ni_2Si 在铜基固溶体中的溶解度随温度下降而急剧降低。经固溶淬火后，铜镍硅合金在时效时有很强的沉淀强化效应。

镍与铝在铜合金中形成 NiAl 或 $NiAl_2$ 金属间化合物，其溶解度随温度下降而减小，经高温固溶淬火后，在 450℃～600℃范围时效，有很强的沉淀强化效应。

钛在铜中能形成 Cu_3Ti 相，可作为沉淀强化相。在包晶温度 896℃时，Cu_3Ti 在铜基固溶体中的溶解度为 4.7％；随温度降低，其溶解度减小；当 Cu_3Ti 从过饱和固溶体中析出时，产生沉淀强化。

(3)铜合金的退火硬化

在铜基 α 固溶体中，当 ω(Zn)大于 10％的黄铜、ω(Al)大于 4％的铝青铜、ω(Ni)大于 30％的白铜，经固溶退火后，硬度明显升高，弹性极限升高。其原因目前尚无定论，可能是发生原子的有序化，形成不均匀固溶体，使点阵部分收缩，引起应变硬化。也可能是代位溶质原子引起形变时效，溶质原子与位错交互作用，位错挣脱溶质原子或重新吸附交替进行，或位错裹挟溶质原子一起运动。

(4)铜合金中的马氏体型相变

许多铜合金中都存在可逆马氏体转变,如 Al、Cu-Al-Ni、Cu-Zn、Cu-Zn-Al、Cu-Zn-Si、Cu-Zn-Sn、Cu-Al-Ni 及 Cu-Al-Ni-Mn-Ti 等合金系。

应用案例

一、主要的铜合金及应用

1. 黄铜

黄铜是以锌为主要合金元素的铜合金,外观呈黄色。按成分可以把黄铜分为普通黄铜(锌是唯一的合金元素)、特殊黄铜(加入了除锌以外的其他合金元素);按加工方法可以分为铸造黄铜、加工黄铜。

普通黄铜的牌号的表示方法是:H+两位数字。H 是黄的拼音首字母,后面的两位数字表示铜的质量分数。例如:H68 表示铜的质量分数为 68%,锌的质量分数为 32%的普通黄铜。

特殊黄铜中加入铅元素能改善黄铜的切削加工性能,加入锡能增加黄铜的强度并增加其在海水中的抗腐蚀性,加入硅能增加黄铜的强度和硬度,并且硅与铅一起能增加黄铜的耐磨性。特殊黄铜的牌号是在 H 之后标注出除锌以外的主要合金元素符号,并在其后分别表明铜及合金元素质量分数的百分数。例如:HSn90-1,表示铜的质量分数为 90%,锡的质量分数为 1%,其余为锌的铅黄铜。

铸造黄铜的熔点比纯铜低,铸造性能相对较好,因此黄铜流动性较好,铸件组织致密。铸造铜合金的牌号表示方法为:Z+Cu+主要合金元素的化学符号及其质量分数。其中,Z 是“铸”的拼音首字母,优质合金牌号后面一般会标注 A。压铸合金牌号前面一般用“YZ”字母。例如:ZCuZn40Mn2,表示锌的质量分数为 40%,锰的质量分数为 2%,其余为铜的铸造黄铜。常用黄铜的牌号及应用见表 3-3 所列。

表 3-3 黄铜的牌号及应用

类 别	牌号(代号)	应 用
普通黄铜	H90	制备散热器、冷凝管、双金属片及印章等
	H68	制作强度及塑性好,应用最为广泛,制作复杂冷冲件和深冲件,如导管、子弹壳、散热器外壳、雷管等
	H62	制作螺母、螺钉、垫圈、筛网、铆钉、弹簧等
特殊黄铜	HPb59-1	制作螺钉、垫片、轴套和衬套等冲压件和切削加工件
	HMn58-2	制造船舶零件及精密电器的零件,应用较为广泛
铸造黄铜	ZCuZn38	制造一般结构件如螺母、螺钉、手柄、法兰、阀体等
	ZCuZn31Al2	常用于制造电动机、仪表压铸件和船舶耐蚀件
	ZCuZn40Mn2	制作淡水、海水及蒸汽中工作的阀体、管道零件

根据铜锌二元相图（图 3-3），锌在铜中的 α 固溶体中包晶温度 903℃时，ω（Zn）=32.5%，在 456℃，ω（Zn）最大为 39.0%。α 固溶体中有两个有序固溶体，即 Cu_9Zn 和 Cu_3Zn 有两个变体 α_1 和 α_2。α 固溶体有良好的力学性能和冷热加工性，是常用的合金成分范围。

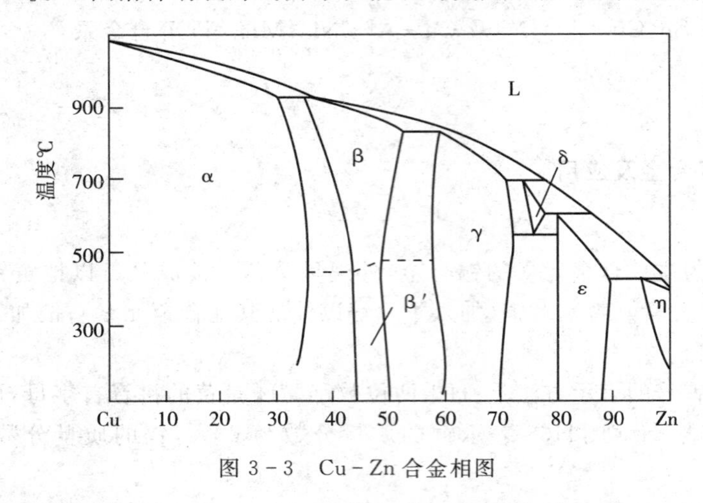

图 3-3　Cu-Zn 合金相图

β 相为电子化合物，是以 Cu 和 Zn 为基础的固溶体。具有体心立方结构，在 456℃～468℃以下为 β′有序相。高温无序的 β 相的塑性好，而有序的 β′相难以冷变形。故含 β′相的黄铜只能采用热加工成型。

（1）二元黄铜的组织和性能

ω（Zn）小于 36%的合金为 α 黄铜，铸态组织为单相树枝状晶，形变及再结晶退火后得到等轴 α 相晶粒，具有退火孪晶。ω（Zn）=36%～46%的合金为（α+β）黄铜。

在铸态，黄铜的强度和塑性随锌含量增加而升高，直到 ω（Zn）=30%时，黄铜的伸长率达到最高值；而强度在 ω（Zn）=45%时最高。再增加锌含量，则全部组织为 β′相，导致脆性增加，强度急剧下降。黄铜经变形和退火后，其性能与锌含量的关系与铸态相似。由于成分均匀和晶粒细化，其强度和塑性比铸态均有提高。

单相的 α 黄铜具有极好的塑性。能承受冷热塑性变形，但在 200℃～700℃存在低塑性区，有两方面影响因素：一种是存在 Cu_9Zn 和 Cu_3Zn 有序固溶体，在中温时发生原子有序化，使合金塑性下降；另一种是含有微量低熔点的铋、锑、铅等杂质元素引起的晶界脆性。由于稀土金属能与这些杂质元素结合成高熔点的稳定化合物，如 $REPb_2$、$REBi_2$、RE_3Sb_2；另外又可减慢黄铜中原子扩散，减慢有序化进程。故加入微量稀土金属可消除这些杂质元素的有害影响，并改善黄铜在这个温度范围的塑性。

黄铜有良好的铸造性能，在大气、淡水中耐蚀，在海水中耐蚀性尚可。黄铜的腐蚀表现在脱锌和应力腐蚀。脱锌是电化学腐蚀，在中性盐水溶液中锌发生选择性溶解，可加入微量 ω（As）=0.02%～0.06%来防止。黄铜经冷变形后放置时，可发生自动破裂，又称为“季裂”。在张应力下（包括残留张应力），由腐蚀介质氨、二氧化硫和湿空气的联合作用，发生应力腐蚀。锌含量 ω（Zn）高于 25%的黄铜和 H70、H168、H62 对此更为敏感。黄铜中加入少量硅 ω（Si）=1.0%～1.5%或微量砷 ω（As）=0.02%～0.06%可减小其自裂倾向。表面镀锌或镉也能防止自裂。黄铜制品必须经过退火以消除应力，并在装配时避免产生附加张应力。

低锌黄铜 H96、H90、H85 有良好的导电性、导热性和耐蚀性，有适宜的强度和良好的塑性，大量用于冷凝器和散热器。

三七黄铜 H70、H68 强度较高，塑性特别好，用于深冲或深拉制造复杂形状的零件，如散热器外壳、导管、波纹管等以及枪弹和炮弹壳体。

四六黄铜 H62、H59 为(α+β)黄铜，可经受高温热加工。H62 黄铜强度高、塑性较好。用于制造销钉、螺帽、导管及散热器零件等。

(2)多元黄铜

加入其他合金元素如锡、铝、硅、铅、锰、铁、镍等后，改变了黄铜的组织，使 α/(α+β)相界发生移动，有的缩小 α 相区。有的扩大 α 相区。ω=1%的合金元素在组织上代替锌的量称"锌当量"(K)，以保持 α/(α+β)相界不变。几种元素的锌当量见表 3-4 所列。锌当量小于 1 的合金元素都是扩大 α 相区的元素。

表 3-4　元素的锌当量

合金元素	Si	Al	Sn	Mg	Cd	Pb	Fe	Mn	Ni
锌当量 K	10	6	2	2	1	1	0.9	0.5	−1.4

① 铝黄铜

在黄铜中加入少量铝可在合金表面形成致密并和基体结合牢固的氧化膜，增强合金对腐蚀介质特别是高速海水的耐蚀性。铝在黄铜中的固溶强化作用，进一步提高合金的强度和硬度。ω(Al)=2%，ω(Zn)=20%的铝黄铜具有最高的热塑性，故 HAl77-2 铝黄铜可制成强度高、耐蚀性好的应用广泛的管材，用于海轮和发电站的冷凝器等。HAl85-0.5 铝黄铜 ω(Al)=0.5%，ω(Zn)=15%，色泽金黄，耐蚀性极高，可做装饰材料，作为金的代用品。

② 铜锌铝形状记忆合金

铜锌铝合金具有热传导率大，电阻小，加工性特别是热加工性好，相变温度范围宽 −100℃～+100℃，相变滞后小，工艺简单，制造成本低，在工业上已获实际应用，制成棒状、管状和线状，制造螺旋弹簧、防火洒水器、各种安全阀、控温装置、断路器等。

③ 锡黄铜

黄铜中加入锡 ω(Sn)=1%能提高其在海水中的耐蚀性，抑制脱锌，并能提高强度。HSn70-1 锡黄铜又称"海军黄铜"，用于舰船。

④ 铅黄铜

铅在黄铜中溶解量 ω(Pb)小于 0.03%。它作为金属夹杂物分布在 α 黄铜枝晶间，引起热脆。但其在(α+β)黄铜中，凝固时先形成 α 相，随后继续冷却，转变为 α+β 组织，使铅颗粒转移到黄铜晶内，铅的危害减轻。在四六黄铜中加入铅 ω(Pb)=1%～2%，可提高切削性。

此外，还有锰黄铜、镍黄铜、铁黄铜和硅黄铜，都是为了改善耐蚀性或进一步提高强度。

2. 青铜

青铜是以锡(Sn)为主要合金元素的铜合金，现在也泛指除白铜和青铜以外的其他铜合金。青铜外观呈银青色，是人类历史上最早使用的合金。根据成分的差别，可以将青铜分为锡青铜、硅青铜、铅青铜、铍青铜和钛青铜等。按照加工方法的不同也可分为加工青铜、铸造青铜等。

(1)锡青铜

锡青铜是历史上应用最早的合金。我国在公元前16世纪黄河中游早商遗址中就发现大量青铜器。我国应用青铜器的历史还可追溯到更远古时代,公元前3000年甘肃东乡马家窑文化的青铜刀,$\omega(Sn)=6\%\sim10\%$,是我国迄今为止发现的最早的青铜器。

锡青铜铸造的优点是铸件收缩率小,适于铸造形状复杂,壁厚变化大的器件。这是由于合金液固相线结晶间隔大,液体流动性差,锡原子扩散慢,结晶时树枝晶发达,易形成分散性显微缩孔,所以收缩率小,且不易裂。历史上曾铸造出许多精美的古青铜器。

锡青铜存在枝晶间的分散缩孔,致密性差,在高压下容易渗漏,不适于制造密封性高的铸件。同时铸件凝固时含锡高的低熔点液相易从中部向表面渗出,出现反偏析,严重时会在表面出现灰白色斑点的"锡汗"。

铜锡二元合金相图如图 3-4 所示。

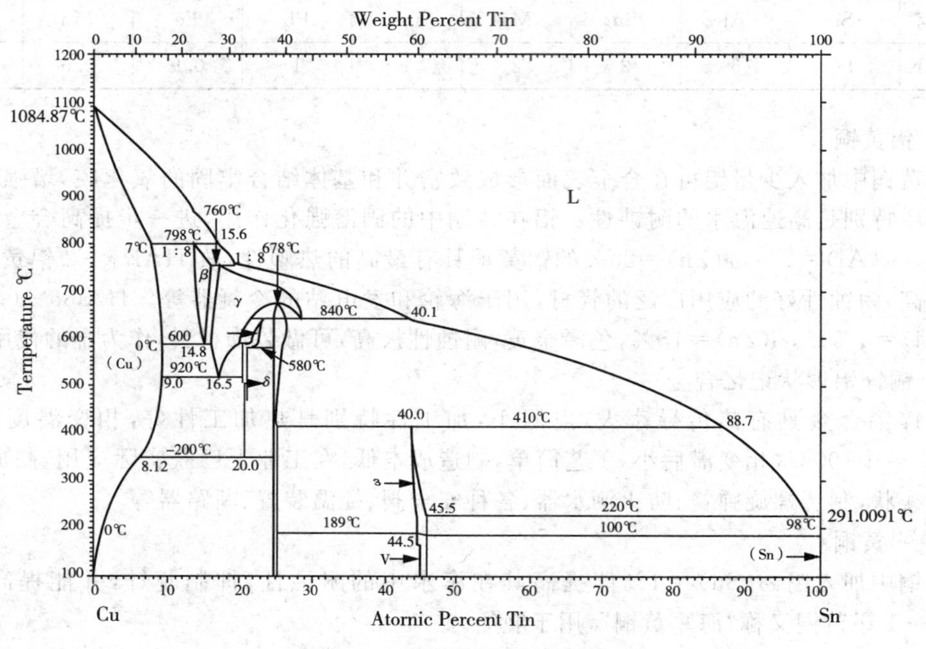

图 3-4 铜锡二元合金相图

锡固溶于 α 固溶体,有强的固溶强化作用。它的机械性能与含锡量有关。当 Sn≤5%~6%时,Sn 溶于 Cu 中,形成面心立方晶格的 α 固溶体,随着含锡量的增加,合金的强度和塑性都增加;当 Sn≥5%~6%时,组织中出现硬而脆的 δ 相(以复杂立方结构的电子化合物 $Cu_{31}Sn_8$ 为基的固溶体),虽然强度继续升高,但塑性却会下降;当 Sn>20%时,由于出现过多的 δ 相,使合金变得很脆,强度也显著下降。

因此,工业上用的锡青铜的含锡量一般为 3%~14%。$\omega(Sn)$低于 7%~8%为变形锡青铜,有高塑性和适宜的强度;$\omega(Sn)<5\%$的锡青铜适宜于冷加工使用,含锡 5%~7%的锡青铜适宜于热加工;$\omega(Sn)>10\%$的锡青铜为铸造合金,用于铸件。

锡青铜在大气、海水和碱性溶液中有良好的耐蚀性，用于铸造海上船舶和矿山机械零件。

(2)多元锡青铜

二元锡青铜的工艺性能和力学性能需要进一步改进。一般工业用锡青铜都分别加入合金元素锌、磷、铅、镍等，得到多元锡青铜。除 Sn 以外，锡青铜中一般含有少量 Zn、Pb、P、Ni 等元素。Zn 提高低锡青铜的机械性能和流动性；Pb 能改善青铜的耐磨性能和切削加工性能，却要降低机械性能；Ni 能细化青铜的晶粒，提高机械性能和耐蚀性。P 能提高青铜的韧性、硬度、耐磨性和流动性。

① 锡磷青铜

磷可作为锡青铜熔炼时的脱氧剂。溶于锡青铜的少量磷(ω(P)<0.4%)能显著提高合金的弹性极限和疲劳极限，并能承受压力加工，广泛用于制造各种弹性元件。磷在锡青铜中的溶解度限为ω(P)=0.2%，过多的磷将形成熔点为628℃的三元共晶，难以热塑性变形。故一般用于热变形的锡磷青铜中的ω(P)不超过0.4%，ω(P)=0.1%～0.25%的锡磷青铜QSn6.5～0.1，在退火后抗拉强度不小于300MPa，延展性不小于38%。其冷变形硬化的带材，抗拉强度550～650MPa，延展性=8%～2%，用于制造导电性好的弹簧、接触片、精密仪器中的齿轮等耐磨件和抗磁元件。ω(P)=1%的 ZQSn10－1 铸造锡磷青铜，可做耐磨的轴承合金。

② 锡锌青铜

锌能缩小锡青铜液固相线结晶间隔，提高液相的流动性，减小偏析，并促进脱氧除气，提高铸件密度。锌能大量溶于α固溶体，改善合金的力学性能，ω(Zn)=2%～4%时，有较好的力学性能和耐蚀性。常用于制造弹簧、弹片等弹性元件和抗磁零件等。

(3)铝青铜

铝青铜有良好的力学性能、耐蚀性和耐磨性，是青铜中应用最广的一种。

二元铝青铜的结晶间隔小，液相有极高的流动性，缩孔集中，可获得高密度铸件；但体积收缩大，要求有大的冒口。ω(Al)=5%～8%的合金为单相α合金，有高的塑性，一般做变形合金，ω(Al)高于8%的合金，在高温下为$\alpha+\beta$双相合金，可经受热加工，一般用热挤压法成型。

铝青铜可在表面生成含铝和铜的致密复合氧化膜，有良好的耐蚀性，在大气、海水、碳酸和有机酸中，耐蚀性优于黄铜和锡青铜。

工业中二元铝青铜有 QAl5、QAl7 和 QAl10。为进一步改善二元铝青铜的工艺性能和使用性能，可添加铁、镍、锰等元素，获得多元铝青铜。加入少量铁后，在液相中形成细小的$FeAl_3$质点，使合金在凝固时作为非自发形核核心，细化铸造组织，消除铸锭的粗大柱状晶，改善热塑性。铁阻碍铝青铜的再结晶，细化晶粒。铁还减慢β相($CuAl_3$)共析分解，一般加入铁ω(Fe)=2%～4%。在950℃铁全溶于基体，得到$\alpha+\beta$双相组织，淬火后在250℃～300℃回火，β相分解形成细小的共析组织使合金强化。镍能显著提高铝青铜的强度、热稳定性和耐蚀性。

镍和铁同时加入时，会具有很好的力学性能，并在高温下有良好的热强度。铝铁镍青铜QAl10－4－4的力学性能为抗拉强度为650MPa，延展性为40%。它用于制造受力大、转速高并要求耐热、耐磨的零件，如排气门座、齿轮、蜗杆等。

(4)铍青铜

铍青铜有强的沉淀强化效应,经固溶淬火和时效,得到高的强度和弹性极限,且稳定性好,弹性滞后小,并具有良好的导电和导热性能,耐蚀和耐磨,无磁,冲击时无火花。可制造高级弹性元件和特殊耐磨元件,还用于电气转向开关、电接触器等。铍为强毒性金属,生产时应严格操作。

(5)硅青铜

硅在铜中的最大溶解度 ω(Si)为 5.4%。随硅在 α 固溶体中含量增加,合金的强度和塑性增加;当 ω(Si)超过 3.5%,由于非平衡结晶出现了脆性相的缘故,使铸态的塑性开始下降。工业硅青铜的 ω(Si)不能超过 4%。硅青铜的弹性好,耐蚀性极高,有良好的耐磨性,并且抗碰、耐寒,撞击无火花,工艺性能好。

锰加入二元硅青铜中起固溶强化作用,提高合金的力学性能和耐蚀性。ω(Mn)=1%、ω(Si)=35%的硅青铜,在仪器制造中用做弹性元件,在机械制造中用作蜗轮、蜗杆、齿轮等耐磨件。

镍加入后与硅形成 Ni_2Si,能从过饱和固溶体脱溶,产生强的沉淀强化效果。镍与硅的比例为 3:1 的硅镍青铜有良好的减摩性,在大气和海水中有良好的耐蚀性,用于制造发动机和机械中的结构零件,如工作温度在 300℃以下、单位压力低的摩擦零件,排气和进气门的导向套等。

(6)耐热、高导电合金

铬和锆都能提高铜合金的蠕变强度,提高再结晶温度,并且导电率降低小。Cu-Cr-Zr 合金具有高的强度、高耐热性和导电性。其抗拉强度为 460～520MPa,延展性为 10%～20%,导电率达 85%～90%。适当提高铬和锆的含量,可进一步增大沉淀强化效果,可得到耐热性更好的高导电合金。

4. 白铜

白铜是以镍为主要合金元素的铜合金,在中国古代即得到应用。白铜按用途可分为结构白铜和电工白铜。

铜与镍由于在电负性、尺寸因素和点阵类型上均满足无限固溶条件,因而可形成无限固溶体。其硬度、强度、电阻率随溶质浓度升高而增加,塑性、电阻温度系数随之降低。

(1)结构白铜

铜镍二元铜合金为普通白铜,单相固溶体,常用的牌号有 B10、B20、B30。由于在大气、海水、过热蒸汽和高温下有优良的耐蚀性,而且冷热加工性能都很好,可制造高温高压下的冷凝器、热交换器,广泛用于船舶、电站、石油化工、医疗器械等部门。B20 也是常用的镍币材料,可制造高面额的硬币。

铁能显著细化晶粒,增加白铜的强度又不降低塑性,尤其提高在有气泡骚动的流动海水中发生冲蚀的耐蚀性。铁最高的加入量不超过 1.5%(质量分数)。在 B10 中加入 ω(Fe)=0.75%的铁,可得到与 B30 同样的耐蚀性;加入少量锰,可脱氧和脱硫,能增加合金的强度。

故在 B10 中加入 ω(Fe)=1.0%～1.5%的铁,ω(Mn)=0.5%～1.0%的锰,用来制作舰船的冷凝器等。锌能大量溶于铜镍合金,有固溶强化作用,能提高耐大气腐蚀能力。应用最广的是 ω(Ni)=15%、ω(Zn)=20%的锌白铜 BZn15-20,它呈现美丽的银白色光泽,具有高强度、高弹性，用于仪器、医疗器械、艺术制品等。

铝在铜镍合金中能产生沉淀强化效应。铝与镍形成(NiAl)相和(NiAl2)相，高温下在 α 固溶体中有较大的溶解度。其过饱和固溶体在低温下脱溶分解，会产生沉淀强化。铝白铜由于有高强度、高弹性和高耐蚀性，可制作舰船冷凝器等。

(2)电工白铜

康铜：含 $\omega(Ni)=10\%$、$\omega(Mn)=1.5\%$ 的锰白铜又称康铜，具有高电阻、低电阻温度系数。与铜、铁、银配成热电偶对时，能产生高的热电势，组成铜-康铜、铁-康铜和银-康铜热电偶，其热电势与温度间的线性关系良好，测温精确，工作温度范围为－200℃～600℃。

考铜：含 $\omega(Ni)=43\%$、$\omega(Mn)=0.5\%$ 的锰白铜又称考铜，有高的电阻，与铜、镍铬合金、铁分别配成热电偶时，能产生高的热电势，其热电势与温度间的线性关系良好。考铜-镍铬热电偶的测温范围从－253℃(液氢沸点)到室温。

B0.6 白铜：$\omega(Ni)=0.6\%$ 的白铜 B0.6 在 100℃以下与铜线配成对，其热电势与铂铑-铂热电偶的热电势相同，可做铂铑-铂热电偶的补偿导线。

综合拓展

一、接触线概述

绝大部分高速铁路线路和准高速铁路线路采用接触线供电，包括“四纵四横”客专线路，也有部分地铁线路采用接触线供电。接触网在我国铁路系统中发挥至关重要的作用。

二、接触线材料

接触线按材料分类有，钢铝复合接触线(TA)、铜包钢芯接触线(CS)、铜接触线(CT)、铜银接触线(CTA)、铜锡接触线(CTS)、铜镁接触线(CTM)、铜铬锆接触线(CTCZ)等。

钢铝复合接触线(TA)：20 世纪 60 年代初，我国以铝代铜方针的指导下，为节约贵金属铜，我国钢铝复合接触线大量使用，同时期日本也在普遍使用。在 20 世纪 90 年代前我国约有 3853km 的电气化铁路使用钢铝复合接触线，占开通的电气化铁路正线里程的 57.3%，其外露式和内包式总产量约 2 万～3 万吨。其结构是在与滑板接触的部位采用钢、其余部位采用铝。铝接触线主要优点在于拉断力大、抗事故能力强，生产工艺简单，成本低；缺点是耐腐蚀比铜和铜合金差，而且钢与铝易脱开，已无法满足高速电气化铁路的运行要求，目前仅在矿山领域应用。

铜包钢芯接触线(CS)：在浸涂法和康仿挤压法的基础上，使用铜合金钢进行挤压成形，得到钢外露式(CGLW 型)和内包式(CGLN 型)两种铜包钢接触线，其抗拉强度最大可达 600MPa，导电率约为 60%～70% IACS，我国在包兰线、太焦线、朔黄线等电气化铁路上应用过该型号，日本也曾在普通线路上使用约 2000km 的铜包钢芯线接触线。

铜接触线(CT)：与钢铝复合接触线相比，生产工艺简单，成本相对低廉，具有极高的导电率(大于 97%IACS)，但耐磨性差，强度(360MPa)和未软化拉断力(54kN)较低，软化拉断力极低，使用量极低。

铜银接触线(CTA)：与铜接触线相比，铜银接触线的生产工艺难度有所提高，成本小幅提升，其导电率保持不变，强度、未软化拉断力和耐磨性均小幅提升，软化拉断力增至40kN，使用量低。

铜锡接触线(CTS)：与铜银接触线相比，铜锡接触线(锡元素质量分数为0.05%～0.7%)的生产工艺中等且成熟，成本稍高，其强度、未软化拉断力和软化拉断力(54kN)均有较大幅的提高，耐磨性提升近一倍。随着锡含量的提高，铜锡合金接触线导电率由93%IACS降至65%IACS。2006年法国TGV在时速300～350km/h的接触网中研制和试用的铜锡合金150mm²接触线，抗拉强度和导电率分别为360.8MPa和70%IACS。国内准高速客专线路大量使用Cu-Sn接触线。

铜镁接触线(CTM)：与铜锡接触线相比，铜镁接触线的生产工艺中等且成熟，成本中等，其强度、未软化拉断力和软化拉断力、耐磨性、导电率比同等级铜锡合金要高，CTM接触线适用铁路速度等级更高，镁单质价格只有锡的八分之一，但镁是活泼且易烧损的元素，在生产中如何控制镁元素的烧损，保证成分均匀是制备铜镁接触线的关键所在，稳定掌握CTM生产工艺的国内供货厂商数量稀少，目前我国京沪、哈大等高速铁路上大量应用。高速客专线路对CTM需求量很大。

铜锆铬接触线(CTCZ)：与铜镁接触线相比，铜锆铬接触线的生产工艺复杂且废品率高，其强度(560MPa)、未软化拉断力(84kN)和软化拉断力(80kN)均有大幅的提升，导电率降至75% IACS。CTCZ是一种热处理型的铜合金，由此种合金构成的部件在国内合金厂中早有生产和应用，但在我国电线电缆厂中要实现连续大长度无接头的大规模生产，尚需增加大型的热处理设备，开发连续生产的加工工艺。目前浙江大学在主要研究这种高强高导的电缆材料，国内已有赛尔科瑞特公司制做出CTCZ成品接触线，但每吨价格昂贵，目前使用量小，典型应用于京沪高铁(设计时速380km/h)的若干标段。

理想的接触线需要具有强度高、耐磨耗、耐高温软化、导电性优异等特性。在高强高导领域，大多数国外生产的接触线产品比国内生产的接触线产品在综合性能上有优势，尤其是在同等最小抗拉强度下，国外生产的接触线产品最小导电率要高出国内很多，意味着同等条件工况下，采用国外生产的接触线产品电能损失小，可以节约更多的电能。提高接触线导电率在降低铁路运行成本、提高供电电流利用率方面具有长远意义。国内外已经试制或产业化的铜合金接触线近十五种，主要技术性能指标见表3-5所列。

表3-1-5 国内外铜合金接触线的主要技术性能指标

材　料	合金成分	最小抗拉强度/MPa	最小导电率/%IACS	备　注
铜银接触线	Cu-0.1%Ag	353	96.5	CTHA120(TB/T 2821—1997)
	Cu-0.1%Ag	367	96.5	Ris120(DIN43141)
	Cu-0.12%Ag	369	97.0	JIS36512—3F
铜银锡接触线	Ag-Sn-Cu	368	90.0	CTHB1-120(TB/T 2821—1997)
	Ag-Sn-Cu0.04	376	85.5	CTHB2-120(TB/T 2821—1997)
	Ag-0.07Sn-Cu	409	90.0	中国专利，No.93117113

（续表）

材　料	合金成分	最小抗拉强度/MPa	最小导电率/%IACS	备　注
铜镁接触线	Cu－Mg	490	68.0	Rim120(DIN/EN50149)
	Cu－0.6Mg	500	68.0	半硬点 385℃
铜铬锆接触线	Cu－0.6Cr－0.12Zr－0.03Mg	586	85.0	时效强化
	Cu－0.4Cr－0.14Zr－0.06Si	567	80.1	PHC 析出强化铜合金
	Cu－Cr－Zr	620	82.0	～
银锆接触线	Cu－0.1Ag－Zr	580	82.0	～

项目二　铝及铝合金

问题引入

铝及铝合金是应用十分广泛的一类金属材料，目前产量仅次于钢铁，在航天、机车、电气和汽车等部门都有使用。纯铝的塑性好，但强度和硬度偏低，不适合作为结构材料来进行使用，所以往往在铝中加入铜、硅、锌、镁和锰等元素，所以铝及铝合金的种类也非常繁多。因此也需要掌握铝及铝合金的分类、牌号、合金相及应用。

问题分析

一、铝及铝合金的分类及牌号

1. 纯铝

纯铝的含铝量最少为99.0%。呈银白色，熔点是657℃，密度为2.72 g/cm^3。铝无磁性、导电和导热性能优良，抗大气腐蚀能力强，主要用来制备电线、电缆等电气原件。由于纯铝的导电和导热性能与其纯度关系密切，杂质越多，纯铝的导电性、耐腐蚀性及塑性越低。纯铝的牌号一般用1×××系列来表示，牌号的最后两位数字表示铝的最低质量分数。当铝的最低质量分数精确到0.01%时，牌号的最后两位数字就是铝的最低质量分数中小数点后面的两位。例如：牌号1060的铝板其铝的最低质量分数应为99.6%，1050为99.5%，1100则是99.00%。

2. 铝合金

铝合金是以铝为基体金属，加入一种或多种其他元素，如由铜、硅、镁、锰、锌等构成的合金。由于这些元素的加入，提升了铝合金的硬度、强度，并且铝合金可以通过变形或者热处理的方式进一步进行强化，大大提升它的力学性能。同时，铝合金还具有良好的耐腐蚀能力，因此铝合金应用范围十分广泛，可以用来制备各类结构零件以及生活用品。

铝合金可以分为变形铝合金和铸造铝合金两大类。变形铝合金是将铝合金铸锭通过压力加工（轧制、挤压、模锻等）制成半成品或模锻件，所以要求有良好的塑性变形能力；铸造铝合金则是将熔融的合金直接浇铸成形状复杂的甚至是薄壁的成型件，所以要求合金具有良好的铸造流动性。

工程上常用的铝合金大都具有与图3-5类似的相图。由图可见，凡位于相图上D点成分以左的合金，在加热至高温时能形成单相固溶体组织，合金的塑性较高，适用于压力加工，所以称为变形铝合金；凡位于D点成分以右的合金，因含有共晶组织，液态流动性较高，适用于铸造，所以称为铸造铝合金。铝合金的分类及性能特点列于表3-6。

对于变形铝合金来说，位于F点以左成分的合金，在固态始终是单相的，不能进行热处理强化，被称为热处理不可强化的铝合金。成分在F和D之间的铝合金，由于合金元素在铝中有溶解度的变化会析出第二相，可通过热处理使合金强度提高，所以称为热处理强化铝

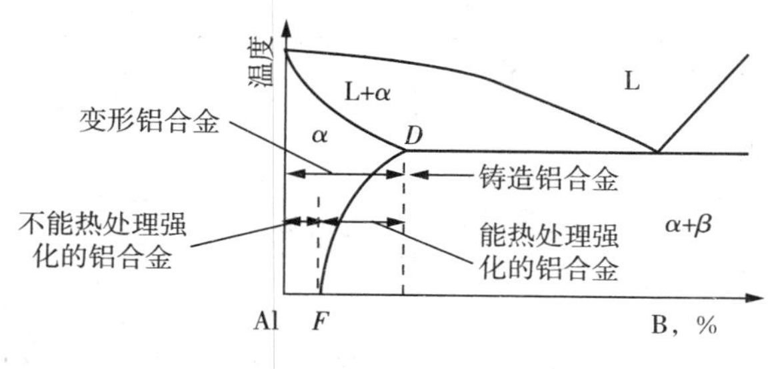

图 3-5　铝合金分类示意图

合金。

(1)变形铝合金

变形铝合金所含元素量相对较少，保持了良好的塑性，根据能否进行热处理分类，可以分为可热处理变形铝合金和不可热处理变形铝合金。变形铝合金的牌号表示方法为：2×××、3×××、4×××、…、9×××。其中，第一位数字分别表示主要合金元素为铜、锰、硅、镁和硅、锌、其他合金及备用合金组；第二位数字或字母表示其改型的情况；最后两位数字是同一组中不同铝合金的标识代码。

根据主要性能差别又可将变形铝合金分为防锈铝合金(LF)、硬铝合金(LY)、超硬铝合金(LC)和锻铝合金(LD)。防锈铝合金主要是 Al-Mn 系和 Al-Mg 系合金，具有比较好的强度和良好的塑性以及耐腐蚀性能，但不能进行热处理强化，一般只能通过冷加工来提高其强度。硬铝合金属于 Al-Mg-Cu 系合金，其强度非常高，但耐腐蚀性比较差，一般在使用时会在其表面包覆一层纯铝。超硬铝合金属于 Al-Mg-Cu-Zn 系合金，硬度高于硬铝合金，但抗腐蚀性能也比较差，使用时也要进行纯铝层包覆。锻铝合金属于 Al-Mg-Cu-Si 系和 Al-Mg-Cu-Ni 系合金。其力学性能与硬铝合金相似，但具备良好的可锻性和耐腐蚀性，适用于锻造。

表 3-6　常用变形铝合金的牌号及主要应用

类　别	牌　号	半成品种类	应　用
防锈铝合金	5A02	冷轧板材 热轧板材 挤压板材	冷冲压件和容器、铆钉、焊接油箱、油管、骨架零件等
	3A21	冷轧板材 热轧板材 挤压管材	在液体或气体介质中工作的低载荷零件，如油箱、油管、饮料罐、液体容器等
硬铝合金	2A11	冷轧板材 挤压棒材 拉制管材	制作要求中等强度的零件和构件，如螺栓、空气螺旋桨叶片、铆钉、冲压连接部件等
	2A12		用量最大，可制作各种要求高载荷的零件和构件，如飞机上的蒙皮、隔框、骨架零件、翼肋、铆钉、翼梁等

（续表）

类　别	牌　号	半成品种类	应　用
超硬铝合金	7A04 7A09 7A15 7075	挤压棒材 冷轧板材 热轧板材	飞机蒙皮、螺钉以及受力构件如隔框、起落架、翼肋零件等
锻铝合金	2A50 2A70	挤压棒材	形状复杂和中等强度的锻件和冲压件、内燃机活塞、叶轮、压气机叶片等
	2A14	热轧板材	模锻件、高载荷锻件等

(2)铸造铝合金

铸造铝合金熔点较低、铸造流动性好，可以用来制备形状较为复杂的铸件。但铸造铝合金的强度较低，韧性和塑性比较差，有时需要对其进行晶粒细化处理来增强其性能。

根据所加元素的不同可以把铸造铝合金分为：铝-硅系、铝-镁系、铝-铜系和铝-锌系四类。

铝-硅系是由铝、硅两种元素组成的合金，也称简单硅铝明。如果除铝硅外还有其他元素加入的合金则称特殊硅铝明。简单硅铝明不能进行热处理强化，强度较低。特殊硅铝明加入了其他金属元素使合金强化，并可通过热处理工艺进一步来提高其力学性能，又由于其具有铸造性能，所以可以用来制备内燃机活塞、气缸套、气缸体等零件。

铝-铜系合金强度较高，同时加入了镍、锰等元素提高了耐热性，因此可以用来制造机车中的内燃机气缸和活塞等高强度或高温条件下工作的零件。

铝-镁系合金具有良好的抗腐蚀能力，常用来制造在腐蚀条件下工作的各种零件，如轮船的泵体、泵盖等。

铝-锌系合金具有较高的强度，价格低，可以用来制造医疗器械、飞机零件、仪表零件和日常用品等。

牌号表示方法为：Z＋Al＋合金元素符号＋数字组成，其中Z是铸的汉语拼音首字母，Al是铝的元素符号，后面两位是其他元素及其平均质量分数。例如，ZAlSi12，表示硅的平均质量分数为12%的铸铝合金。铸造铝合金的代号表示方法为ZL×××，其中ZL为“铸铝”的汉语拼音首字母，后面三位数字中第一位表示铸造铝合金的类别，1代表铝-硅系、2代表铝-铜系、3代表铝-镁系、4代表铝-锌系，第二、三位数字表示合金的顺序号。例如，ZL101，表示1号铝-硅系铸造铝合金。（见表3-7所列）

表3-7　常用铸造铝合金的代号、牌号、力学性能及应用

代　号	牌　号	抗拉强度(MPa)	应　用
ZL101	ZAlSi7Mg	205	适用于铸造形状复杂，工作温度在200℃以下的高气密性和低载荷零件如水泵壳、仪表壳、船舶零件等
ZL102	ZAlSi12	155	

（续表）

代　号	牌　号	抗拉强度(MPa)	应　用
ZL105	ZAlSi5Cu1Mg	230	在航空工业中广泛应用，可承受较高的静载荷、铸造形状复杂、工作温度在 225℃以下的零件如气缸的端盖、气缸体等
ZL108	ZAlSi12Cu2Mg1	255	常用的活塞铝合金，用于铸造汽车、拖拉机的活塞及其他工作温度在 250℃以下的耐热件等
ZL201	ZAlCu5Mn	295	用于制造工作温度在 300℃以下的中等负载零件如内燃机活塞和内燃机缸头等
ZL301	ZAlMg10	280	用于制造工作温度在 200℃以下长期在大气或者海水中工作的零件如船舶、水上飞机零件等
ZL401	ZAlZn11Si7	245	用于制造工作温度在 200℃以下，形状复杂的大型零件如汽车零件、飞机零件、医疗器械、日用品和仪器仪表零件等

铝合金的强度和硬度都比钢低，因此不宜制造承受高载荷和强烈磨损的齿轮和轴承等零部件，适宜选用铝合金的是要求比强度高的结构件（如飞机的骨架、翼肋等）、抗震性高的机器和仪器壳体，以及变形大、耐腐蚀的各种容器。

二、铝合金中的合金相组成

对铝进行合金化，可以大幅度提高其强度。铝合金中常加入的主要合金元素有铜、镁、硅、锌、锰、锂等，辅加的微量元素有钛、钒、硼、镍、铬、稀土金属等，杂质元素有铁等。不同的合金元素在铝合金中形成不同的合金相，起着不同的作用。铝合金主要应用固溶强化、沉淀强化、过剩相强化、细晶强化、冷变形强化等方式来提高其力学性能。

1. 固溶强化

纯铝中加入合金元素，形成铝基固溶体，造成晶格畸变，阻碍了位错的运动，起到固溶强化的作用，可使其强度提高。根据合金化的一般规律，形成无限固溶体或高浓度的固溶体型合金时，不仅能获得高的强度，而且还能获得优良的塑性与良好的压力加工性能。主要合金元素在铝中的极限溶解度见表 3－8 所列。Al－Cu、Al－Mg、Al－Si、Al－Zn、Al－Mn 等二元合金一般都能形成有限固溶体，并且均有较大的极限溶解度，因此具有较大的固溶强化效果。其中如锰、镁、锌等二元系均不产生沉淀强化相，主要溶于铝基固溶体，起固溶强化作用。

表 3－8　主要合金元素在铝中的极限溶解度　　单位：%

元素	Zn	Mg	Cu	Li	Mn	Si	Cr	V	Cd	Ti	Zr	Ca
w	82.2	17.4	5.6	4.2	1.82	1.65	0.72	0.6	0.47	1.15	0.28	0.1

2. 时效强化

合金元素对铝的另一种强化作用是通过热处理实现的。但由于铝没有同素异构转变，所以其热处理相变与钢不同。铝合金的热处理强化，主要是由于合金元素在铝合金中有较大的固溶度，且随温度的降低而急剧减小。所以铝合金经加热到某一温度淬火后，可以得到过饱和的铝基固溶体。这种过饱和铝基固溶体放置在室温或加热到某一温度时，其强度和硬度随时间的延长而增高，但塑性、韧性降低，这个过程称为时效。在室温下进行的时效称为自然时效，在加热条件下进行的时效称为人工时效。时效过程中使铝合金的强度、硬度增高的现象称为时效强化或时效硬化。其强化效果是依靠时效过程中所产生的时效硬化现象来实现的。

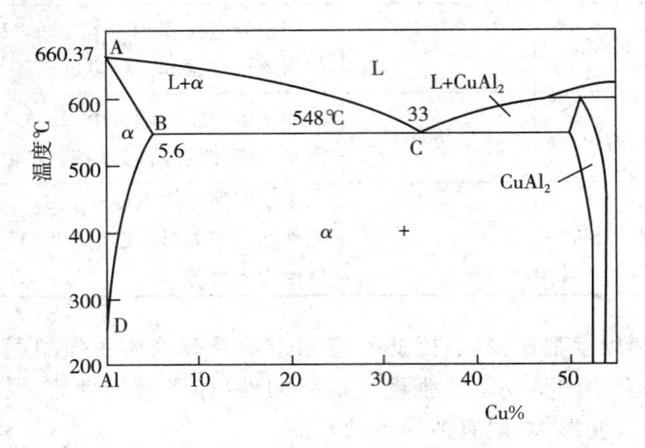

图 3－6　铝-铜二元合金状态图

图 3－6 是 Al－Cu 合金相图，现以含 4％Cu 的 Al－Cu 合金为例说明铝的时效强化。

铝铜合金的时效强化过程分为以下四个阶段：

第一阶段：在过饱和 α 固溶体的某一晶面上产生铜原子偏聚现象，形成铜原子富集区(GP[Ⅰ]区)，从而使 α 固溶体产生严重的晶格畸变，位错运动受到阻碍，合金强度提高。

第二阶段：随时间延长，GP[Ⅰ]区进一步扩大，并发生有序化，便形成有序的富铜区，称为 GP[Ⅱ]区，其成分接近 $CuAl_2$(θ 相)，成为中间状态，常用 θ''表示。θ''的析出，进一步加重了 α 相的晶格畸变，使合金强度进一步提高。

第三阶段：随着时效过程的进一步发展，铜原子在 GP[Ⅱ]区继续偏聚。当铜与铝原子之比为 1∶2 时，形成与母相保持共格关系的过渡相 θ'。θ'相出现的初期，母相的晶格畸变达到最大，合金强度达到峰值。

第四阶段：时效后期，过渡相 θ'从铝基固溶体中完全脱落，形成与基体有明显相界面的独立的稳定相 $CuAl_2$，称为 θ 相。此时，θ 相与基体的共格关系完全破坏，共格畸变也随之消失，随着 θ 相质点的聚集长大，合金明显软化，强度、硬度降低。

图 3－7 是硬铝合金在不同温度下的时效曲线。由图中可以看出，提高时效温度，可以使时效速度加快，但获得的强度值比较低。在自然时效条件下，时效进行得十分缓慢，约需 4～5 天才能达到最高强度值。而在－50℃时效，时效过程基本停止，各种性能没有明显变化，所以降低温度是抑制时效的有效办法。

铝合金中的沉淀强化相应满足以下的基本条件：

① 沉淀强化相是硬度高的质点；

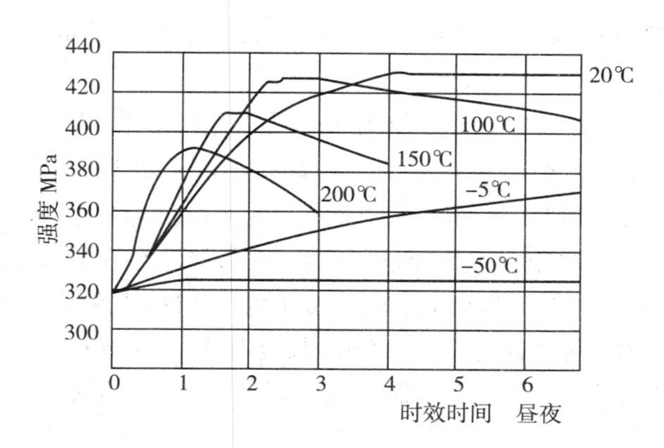

图 3－7　硬铝合金在不同温度下的时效曲线

② 沉淀相在铝基固溶体中高温下有较大的溶解度，随温度降低，其溶解度急剧减小，能析出较大体积分数的沉淀相；

③ 在时效过程中，沉淀相具有一系列介稳相，并且是弥散分布，与基体形成共格，在周围基体中产生较大的共格应变区。

※$\theta-CuAl_2$相

铜在 548℃ 铜铝共晶温度有极限溶解度 $\omega(Cu)$5.7%，而低于 200℃ 的溶解度小于 0.5%，这就产生了沉淀硬化的条件。

在铝铜过饱和固溶体脱溶分解的过程中，产生一系列介稳相。在自然时效过程中，首先在基体中产生铜原子的富集区（GP 区），其点阵类型未变，仅因铜原子尺寸小而使 GP 区点阵产生弹性收缩，与周围基体形成很大的共格应变区。超过 200℃就不再出现 GP 区。

通常在高强度合金中采用双重热处理。时效分两步进行：首先在 GP 区溶解度线以下较低温度进行，得到弥散的 GP 区；然后再在较高温度下时效。这些弥散的 GP 区能成为脱溶的非均匀形核位置。与较高温度下一次时效相比，两次时效可得到更弥散的时效相的分布。

※S 相($A1_2CuMg$)

铝铜镁合金中，当 $\omega(Cu)/\omega(Mg)\geqslant2$ 时，出现 S 相($A1_2CuMg$)；在 $\omega(Cu)/\omega(Mg)\geqslant$ 2.61 时，全部为 S 相($A1_2CuMg$)。铝铜镁合金在固溶处理后时效时，在较低温度下铜和镁原于偏聚，形成 GP 区，继续时效，由无序结构转变为有序的 S'' 相，它沿[100]方向长大成为棒状，并与基体保持完全共格。进一步时效，S'' 相相转变为 S'，仍与基体保持完全共格，一直长大到大于 10nm 仍维持完全共格。S' 相继续长大，即与基体失去共格关系而转变成稳定的 S 相。

※$\eta-MgZn_2$相

在铝锌镁系中，会形成 $\eta-MgZn_2$ 相，在基体中有很大的溶解度，并随温度降低而急剧减小，铝锌镁系合金可产生很高的沉淀强化效果。

$\eta-MgZn_2$ 相有一系列介稳沉淀相。经固溶处理和时效时，室温下可形成 GP 区，呈球形，与基体共格，直径为 2～3nm。升高温度到 177℃ GP 区直径长大到 6nm。再升高温度，球状 GP 区在基体的(111)面上长成盘状，厚度无明显变化。在 177℃时效 700h，其直径长大到 50nm。继续时效可形成稳定的 $\eta-MgZn_2$ 相，它属于六方晶系。

※β 相(Mg_2Si)

在铝镁硅合金中出现 β 相(Mg_2Si)作为沉淀强化相。β 相(Mg_2Si)在铝中极限溶解度 $\omega(Mg_2Si)$ 为 1.85%；随温度降低溶解度明显减小，到 200℃ 仅有 0.25%。Mg_2Si 中 $\omega(Mg)/\omega(Si)=1.73$，当合金中 $\omega(Mg)/\omega(Si)>1.73$ 有过剩镁时，将显著降低 Mg_2Si 在铝基固溶体中的溶解度；当 $\omega(Mg)/\omega(Si)<1.73$ 时，过剩硅的存在对此没有影响。

铝镁硅合金经固溶处理及时效时，开始形成球状 GP 区，并快速长大，沿基体的[100]方向拉长呈棒状，成为 β'' 相，其直径为 15～60nm，长度为 15～200nm。β'' 相与基体保持完全共格，对基体产生压应力，强化合金。继续时效就形成 β' 介稳相，与基体形成部分共格，最后形成稳定相 Mg_2Si。

※δ 相(AlLi)

铝锂合金系中铝锂共晶温度 596℃，共晶时锂的极限溶解度 $\omega(Li)$ 为 4.2%。随温度降低，锂在铝基固溶体中溶解度急剧降低，从固溶体中析出平衡相为 δ - AlLi 相。若淬火到低温，过饱和固溶体中将发生 δ' 相的连续沉淀。δ' 相为 Al_3Li 是一种有序共格析出介稳相，具有面心立方点阵，形状是球形，与基体保持完全共格。铝锂合金过时效将导致 δ' 介稳相的溶解和平衡相 δ - AlLi 相的形核和长大。

3. 过剩相强化

如果铝中加入合金元素的数量超过了极限溶解度，则在固溶处理加热时，就有一部分不能溶入固溶体的第二相出现，称为过剩相。在铝合金中，这些过剩相通常是硬而脆的金属间化合物。它们在合金中阻碍位错运动，使合金强化，这称为过剩相强化。在生产中常常采用这种方式来强化铸造铝合金和耐热铝合金。过剩相数量越多，分布越弥散，则强化效果越大。但过剩相太多，则会使强度和塑性都降低。过剩相成分结构越复杂，熔点越高，则高温热稳定性越好。

铸造铝合金为获得良好的铸造性能，即液态合金充填铸型型腔的能力，一般希望接近共晶成分。但又希望共晶成分的合金元素含量不太高，既保证形成大量共晶组织，以满足液态合金的流动性，又不致因共晶中的脆性第二相数量过多而降低合金塑性。共晶中的第二相不溶于铝基固溶体，又称为过剩相，其数量达到一定量可提高合金的强度和硬度。

铝硅合金系是良好的铸造合金系，可利用共晶中的硅晶体来强化合金。铝硅二元相图的共晶成分为 $\omega(Si)$ 为 11.7%，共晶温度为 578℃，共晶组织由 α 相及硅晶体组成。共晶硅呈粗针状或片状，此时共晶的强度和塑性很低。若使共晶硅细化成粒状，可以显著改善共晶组织的塑性。通常采用变质处理，加入钠盐变质剂，使共晶合金变成由 α 固溶体和细小的共晶组成的亚共晶组织，共晶中硅相呈细粒状。经变质后，Al - Si 相图上的共晶温度下降到 564℃，共晶成分变为 $\omega(Si)=14\%$。

铝铈系铝端也是共晶型相图，共晶成分为 $\omega(Ce)=10\%$，含铈量低，共品温度为 638℃，共晶组织由 α 固溶体和 $A1_4Ce$ 相组成，$A1_4Ce$ 起过剩相强化作用。铝铈合金有较高的高温强度和良好的铸造工艺性能。

4. 细化组织强化

许多铝合金组织都是由 α 固溶体和过剩相组成的。若能细化铝合金的组织，包括细化 α

固溶体或细化过剩相，就可使合金得到强化。

由于铸造铝合金组织比较粗大，所以实际生产中常常利用变质处理的方法来细化合金组织。变质处理是在浇注前在熔融的铝合金中加入占合金重量2%～3%的变质剂（常用钠盐混合物：2/3NaF+1/3NaCl），以增加结晶核心，使组织细化。经过变质处理的铝合金可得到细小均匀的共晶体加初生α固溶体组织，从而显著地提高铝合金的强度及塑性。

5. 铝合金中的微量合金相

铝合金中添加微量元素钛、锆和稀土金属，可形成难熔金属间化合物，在合金结晶过程中起非自发形核核心作用，细化晶粒，产生细晶强化。如添加微量钛，可产生高熔点的$TiAl_3$相，由液体中析出，高温下合金非常稳定，在随后包晶反应中$TiAl_3$作为α相结晶的非自发核心。与钛同一族的锆和铝生成Al_3Zr，也起同样作用，阻止晶粒粗化。

锰和铬加入铝合金中能形成$MnAl_6$和$Al_{12}Mg_2Cr$，可以作为细化晶粒的第二相。微量稀土金属在铝合金中可形成Al_4RE金属间化合物，如Al-Ce合金中生成Al_4Ce相作为微量，相起细化晶粒作用。

TiB_2和TiC_x粒子是更为有效的细化铝合金的微量合金相，特别是TiC_x粒的效果更强，抗细化衰退能力更好。通常在熔体中以加入Al-Ti-B或Al-Ti-C中间合金的方式加入TiB_2和TiC_x微量相。

6. 铝合金中的微量元素

氢是铝和铝合金中的有害元素，在铝和铝合金凝固时，氢以原子态析出并集合成分子，产生内压力，导致疏松、针孔和晶间裂纹等氢致缺陷出现。稀土元素与氢的亲和力比铝大，加入适量稀土金属，在高温熔融中与氢发生作用形成稀土金属氢化物，如LaH_2、CeH_2、LaH_3等，其中一小部分上浮，大部分分散在熔体中，大大减少了熔体中自由氢的含量，降低了氢致缺陷。一般稀土金属加入量ω(RE)=0.1%～0.3%。

稀土金属也能起脱氧和脱硫作用，降低铝及铝合金中的夹杂物含量，起净化作用。稀土金属与硅、铁等杂质元素形成化合物，降低这些杂质的固溶量，从而降低了铝的电阻率，对提高铝导线的质量有重要作用。稀土金属与非金属元素作用生成高熔点化合物，以弥散状态分布于基体中。

稀土金属降低液态铝合金的表面张力，提高其流动性，从而改善铝合金的铸造性能。稀土金属能细化铝合金的铸态组织，细化晶粒，提高了铝合金的热塑性，特别是合金元素含量高的铝合金的热塑性。

应用案例

合金与纯金属相比，具有硬度大、熔点低、耐腐蚀性能好等特点。而使用铝合金，除了以上优点外，还有密度小的优势，可以减少动车的能量消耗。因此，高铁列车车体用铝合金材料而不用纯铝的原因是铝合金质轻而坚硬。

工业铝型材是高铁产业的重要组成部分，也就是高铁车皮的主要材料。

铝型材是高铁实现轻量化最好的材料。铝合金的密度大约是钢材密度的三分之一，而添加一定元素形成的合金具有比钢合金更高的强度。因此在强度刚性满足高铁车厢安全要求的同时，使用铝合金可以大大减轻高铁列车车厢的自重。一般而言，一个高铁车厢使用的铝合金有10吨左右，整个车身的重量要比全部使用钢材减轻30%～50%。

铝合金具有优良的耐火性和耐电弧性。虽然铝的熔点要低于钢的熔点，但车体的耐火耐电弧性不仅和材料的熔点相关，还与材料的导热性相关。铝合金材料与钢铁相比具有优良的导热性，其散热性比钢要好。

铝合金具有更强的耐腐蚀性，其表面易形成一层致密的氧化膜，在大气中具有很好的抗氧能力。因此铝合金比钢质车体具有更好的耐腐蚀性，特别是车体不易涂覆的部位。同时铝合金表面可以化学着色、上漆、喷涂，通过这些方法可进一步提高铝构件的耐腐性。

铝合金有着优秀的塑性。随着大型中空、复杂断面铝塑材的开发应用，铝材焊接技术的不断进步，铝合金车辆制造技术日趋成熟铝合金件的易于更换，不需除锈，适用于各种表面处理，便于维护，还可以回收的特点，是制造工艺大大简化，制造所需工作量也较钢质车体大大减少。从长期来看，铝合金价格适中。铝材价格较高，使得车辆制造成本增加，但由于铝合金使得车辆轻量化，车辆的轻量化带来了运能的增加，耗能的减少，维修的费用降低。有资料显示，交通工具的重量每减少10%，燃料可节约8%。在报废回收时，铝型材产品可以实现100%回收，回收铝型材循环再用可以减少95%的能源消耗。

基于上述优点，早在20世纪50年代，世界上较发达的一些国家就开始采用铝型材来制造铁路车辆，包括美国、加拿大、日本、俄罗斯、德国和法国等国，目前国内高铁列车车厢已大量使用铝合金材料。业内专家指出，时速300公里以上的高速列车车体必须采用轻量化的铝合金材料，350公里以上的列车车厢除底盘外全部使用铝型材。目前中国铁路客运专线动车组采用的CRHI、CRH2、CRH3、CRH5四种类型中，除CRHI型车体采用的是不锈钢材外，其余3种动车组车体均为铝合金材质。

项目三　钛及钛合金

问题引入

随着科技的进步,交通运输领域对速度的需求越来越大,并且更加注重能源的利用率,这就使得对车辆、机车、飞机及火箭的减重越来越重要。普通金属材料由于本身性能限制,无法做到在保证强度的基础上减轻重量。这时就需要开发出新型的结构材料,钛及钛合金就是一种具有重量轻、强度高、耐高温、耐腐蚀以及良好低温韧性等优点的理想金属材料,有着非常广泛的应用前景。

钛及钛合金发展至今,已有50多年历史,由于它具有很高的比强度和耐蚀性,是世界各国大力发展的轻金属材料。世界市场每年需求5万～6万吨钛及钛合金。美国是最大的消费国。

世界钛产量中约80%用于航空和宇航工业。例如美国的B-1轰炸机的机体结构材料中,钛合金约占21%,主要用于制造机身、机翼、蒙皮和承力构件。F-15战斗机的机体结构材料,钛合金用量达7000千克,约占结构重量的34%。波音757客机的结构件,钛合金约占5%,用量达3640千克。麦克唐纳·道格拉斯(Mc-Donnell-DounLas)公司生产的DC10飞机,钛合金用量达5500千克,占结构重量的10%以上。在化学和一般工程领域的钛用量:美国约占其产量的15%,欧洲约占40%。由于钛及其合金的优异抗蚀性能,良好的力学性能,以及合格的组织相容性,使它用于制作假体装置等生物材料。

飞机用钛合金,首先在美国F-86机及法国秃鹰Ⅱ号等飞机上,可以减轻结构质量,提高结构可靠性、改善飞机机动性和延长使用寿命。我国在飞机上采用钛合金是从J7上开始的,用于发动机舱的隔热结构。从20世纪80年代开始,开始用于J8Ⅱ受力构件,减轻机身重量,机身用钛合金提高到3.97%。

精密铸造-热等静压技术的联合使用,使精密钛铸件成功地用于飞机喷气发动机的框架和进气罩、发动机叶片等部件,需求量以20%的年增长速率增加。

由于钛及钛合金具有优异的性能,各国都在大力发展生产。因而钛及钛合金世界市场竞争激烈,各国都在努力提高质量、降低成本,一些老的技术已被淘汰,欧洲已不再生产海绵钛。与此同时,钛合金的发展却在大力进行,美国注重宇航用钛合金及其他各方面应用,同时开发新的应用领域;日本则注重发展非宇航领域用新型钛合金,如耐蚀合金等。

目前制约钛及钛合金发展的主要因素是加工条件复杂,成本较高,因此在航空航天领域应用较为普遍,汽车、机车等领域也在快速发展。所以我们要了解钛及钛合金的区别、分类以及牌号表示方法。

问题分析

一、纯钛

纯钛呈银白色,资源丰富,熔点1668℃,密度为4.5g/cm^3。纯钛的强度低、塑型好,同时可以利用压力加工制成细丝或者薄片。与铝相似，钛也可与氧、氮结合在材料表面形成一层致密的化学稳定很高的氧化物和氮化物薄膜，阻止了内部继续发生氧化。因而钛具有良好的耐腐蚀性能，在海水等腐蚀性环境中的抗腐蚀能力比铝合金、不锈钢及镍合金更高。

工业用的纯钛牌号表示方法为：TA＋顺序号，其中顺序号越大，表示杂质越多，强度相对高但塑性变差。例如，TA2 表示 2 号工业纯钛。（见表 3－9 所列）

表 3－9　工业纯钛的牌号及应用

牌　号	抗拉强度（MPa）	伸长率（%）	应　用
TA1	300～500	30～40	适用于在 350℃以下工作，强度要求不高的各类板类零件和锻件、冲压件、飞机骨架、发动机部件、耐腐蚀阀门及管道等
TA2	450～600	25～30	
TA3	550～700	25	

二、钛合金

为了提高纯钛在室温时的强度以及高温时的耐热性能，通常会加入铬、铝、钼、锰、钒、锆、铁等合金加强元素，从而得到各种不同类型的钛合金。根据使用状态组织结构不同，工业钛合金可分为 α 型钛合金、β 型钛合金和（α＋β）型钛合金。

工业钛合金的牌号用“T＋合金类别代号＋顺序号”表示。T 是“钛”字汉语拼音首字母，合金类别代号分别用 A、B、C 表示 α 型、β 型、（α＋β）型钛合金。例如，TA5 表示 5 号 α 型钛合金；TB2 表示 2 号 β 型钛合金；TC10 表示 10 号（α＋β）型钛合金。

实际使用中，α 型钛合金一般用于制造使用温度低于 500℃的零件，例如航空发动机压气机叶片和管道、飞船的高压低温容器以及导弹的燃料缸等；β 型钛合金用来制造使用温度在 350℃以下的紧固件和结构零件，例如航空航天结构件以及压气机叶片、轴等；（α＋β）型钛合金目前应用最为广泛，适合使用温度不高于 400℃和低温下的结构零件，例如火箭发动机外壳、导弹的液氢燃料箱部件等。

我国的钛金属矿产资源丰富，已探明存储量在世界前列，目前已经形成了比较完善的钛金属工业生产体系。（见表 3－10 所列）

表 3－10　常用钛合金的牌号、特点及应用

类　别	牌号	性能特点	应　用
α 型钛合金	TA5 TA6 TA7	具有较高的高温强度、抗氧化性及良好的焊接性能；硬度低、不能进行热处理强化	在 500℃以下工作的零件如导弹燃料罐、飞机骨架及蒙皮、超音速飞机的涡轮机匣等
β 型钛合金	TB1 TB2	具有较高的强度、可以进行热处理强化、具有优良的冲压性能	在 350℃以下工作的零件如轮盘、压气机叶片、飞机构件等
（α＋β）型钛合金	TC1 TC2 TC4 TC10	具有强度高、塑性好、低温韧性好、具有良好的抗海水腐蚀能力	长期在 400℃以下工作的冲压件和焊接件，具有一定高温强度的发动机零件、在低温下使用的火箭液氢燃料箱等

1. 钛的特性

(1)钛的基本性质

① 钛存在两种同素异构体α及β。α－Ti在882℃以下稳定;β－Ti稳定于882℃～熔点1678℃,具有体心立方结构。

② 钛的体积质量小($4.51g/cm^3$),比强度高,熔点高,塑性好。虽然其强度随温度升高而下降,但其比强度高的特性仍可保持到550℃～600℃。与高强合金相比,相同强度水平可降低重量40%以上,因此在宇航上有巨大应用潜力。

③ 具有优良的耐蚀性,在室温下就能很快生成一层具有极好保护性的钝化层(TiO_2)。它仅有纳米尺度,室温下长大极慢。许多介质中,钛的耐蚀性极高,但在还原性介质中差一些,可以通过合金化改善。

④ 钛的低温性能很好,在液氮温度下仍有良好的机械性能,强度高而仍保持有良好的塑性及韧性。

⑤ 弹性模量较低(120GPa),约为铁的54%。

⑥ 导热系数及线胀系数均较低。其导热系数比铁低4.5倍,使用时易产生温度梯度及热应力,但线胀系数低可补偿因导热系数低带来的热应力问题。

(2)钛冶炼

钛的冶炼提取技术是钛业界广泛关注的问题。1910年亨特(Hunter)首次用钠还原$TiCl_4$制取了纯钛;1940年卢森堡的W. J. 克劳尔(Kroll)用镁还原$TiCl_4$制得了纯钛。随着钛冶炼技术的不断发展,各种不同的海绵钛生产方法不断推出。发展至今,传统的FFC剑桥法、Kroll法等方法固然工艺成熟、质量稳定,但是存在制造成本高,矿石利用率低的缺陷,严重制约了该方法生产的产品在民用领域的应用。为降低成本,提高回收率,先后开发了美国ADMA公司的改进型克劳尔法、阿姆斯特朗法、SRI法等。由ADMA公司开发的改进型Kroll方法,通过向$TiCl_4$溶液中添加NaCl来提高钛粉末的产量。另外,可以通过加入H_2直接制备氢化钛粉末。阿姆斯特朗法是一种以Na还原$TiCl_4$制备钛合金粉末的化学方法。这一技术的核心是把$TiCl_4$蒸汽喷射到流动的钠流中去,通过反应生成纯的钛金属。采用这种工艺生产的钛粉及钛合金粉,经分析其化学成分和性能指标已超过了ASTMCP一级钛粉的技术规范,2008年已经形成年产20000吨以上的生产能力。SRI法由SRI国际有限公司研发,是一种采用流化床技术,通入H_2,还原$TiCl_4$制备钛粉末的方法。目前,该方法仍处在实验室研发阶段。

由于近年来钛及钛合金的市场需求大幅增长,国际海绵钛生产公司或扩大生产规模,或重新恢复生产来增强海绵钛的生产能力。目前海绵钛主要生产厂家包括美国的Timet、ATI,日本的住友钛和东邦钛,俄罗斯、乌克兰、哈萨克斯坦的三家钛镁联合企业和中国的遵义钛厂。据统计,2008年世界海绵钛产能达到20万吨。专家估计目前世界钛及钛合金的生产能力已超过消费需求量的2～2.5倍(包括海绵钛及钛合金熔炼能力)。

2. 钛合金物理冶金基础

(1)钛合金二元相图

以钛为基的二元合金相图大致可分为四类:(如图3－8所示)

① 合金元素与 α－Ti 及 β－Ti 形成连续固溶体，锆、铪等元素的性质与 Ti 极相近，原子半径差别也不大，因此可以形成连续固溶体。

② 合金元素与 β－Ti 形成连续固溶体，而与 α－Ti 只形成有限固溶体，这类元素扩大 β 相区，缩小 α 相区，降低 β 相→α 相的相变温度，称为 β 相稳定元素。钛在周期表中的近邻，如钒、铌、钽、铼、钼属于这一类，它们也是 bcc 结构，原子尺寸也相差不大。

③ 此类合金元素与 α－Ti 及 β－Ti 都形成有限固溶体，β 相会发生共析分解。这类元素有铬、钴、钨、锰、铁、镍、铜、银、金、钯、铂等。它们使 β 相转变温度下降，所以也属于稳定 β 相元素。

④ 合金元素与 α－Ti 及 β－Ti 都形成有限固溶体，但 α 相由包析反应生成，使 β 相转变温度升高，因而是 α 相稳定元素。主要元素有铝、硼、氧、氮、碳、钪、镓、镧、铈、钆、钕、锗等。

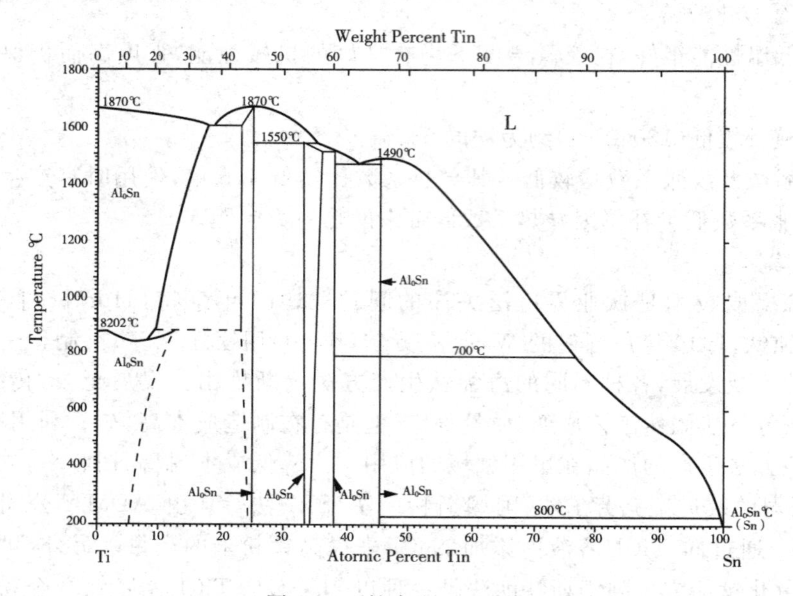

图 3－8　钛合金二元相图

(2)主要合金元素与相的形成

现有钛合金中的主要合金元素有钒、钼、铌、铬、铜、锰、铝、锆、锡及钽等，可以分为三类：

第一类是 α 相稳定元素，能提高 α→β 相转变温度。铝是最常见的、最有效的 α 强化元素，能有效提高低温和高温(550℃以下)的强度，同时铝的密度小，因此铝是钛合金中的一个基本合金元素。

第二类合金元素(锡、锆)等能有效强化 α 相，它们在 α－Ti 及 β－Ti 中均有大的固溶度，但对 α 相与 β 相之间的转变温度影响较小，故有中性强化元素之称。它们的强化作用也可保持到较高温度。

第三类是 β 相稳定元素，一般是降低 β 相转变温度。它又可以分为两小类：

① 是产生 β 相共析分解的元素，如铬、锰、铁、铜、镍、钴、钨等。随温度降低，β 相会发生共析分解，析出 α 相及金属间化合物相。

② 这类元素包括钼、钒、铌、钽等，二元相图上不产生 β 相共析分解，但慢冷时析出 α 相，

快冷时有 α 马氏体相变。随着合金元素含量达到临界值，快冷使 β 相成为室温稳定相。

(3)气体杂质元素的作用

α－Ti 有很多滑移面，因此，纯钛的塑性好，但钛的机械性能与其气体、杂质(包括氧、氮、碳、氢、铁及硅等)含量有密切关系。氧是稳定 α 相元素，可提高 α→β 相变温度。氧在 α 相中的溶解度 ω(O)高达 14.5%，占据八面体间隙位置，产生点阵畸变，起强化作用而不利于塑性。因此，利用含氧量的不同可得到几种不同强度及加工性能组合的商业用纯钛。一般含氧量均较高，ω(O)达 0.1%～0.2%。

氮与氧类似，是强稳定 α 相元素，溶解度达 6.5%～7.4%(质量)，也是存在于间隙位置，形成间隙固溶体。它强烈提高强度而降低塑性，当 ω(N)为 0.2%时已可发生脆性断裂。所以含氮量不能太高，但实际合金的 ω(N)也有 0.03%～0.06%水平。

氢是稳定 β 相元素。在 335℃下，氢在 α－Ti 的溶解度为 0.18%，并随温度降低而迅速下降，故 α 相钛合金很易发生氢脆，发生脆化原因是生成 TiH_2 氢化物，因此，具有 α 相及 α＋β 组织的 Ti 合金要求含氢量低。一般采用真空冶炼，使含氢量较低。

碳在 α－Ti，包析温度时的溶解度 ω(C)＝0.48%。溶解度随温度下降而降低，当碳的质量分数小于 0.1%时，为钛(碳)间隙固溶体；当碳的质量分数大于 0.1%时，析出碳化物。碳在钛合金中的作用视合金元素不同而异。

应用案例

钛合金分类

钛合金可以根据成分和室温基本组织特点分类，分为 α、α＋β、β 型合金及钛铝金属间化合物(Ti_xAl，此处 x＝1 或 3)四类。表 3－11 列出了四类典型钛合金及特点。

表 3－11　四类典型钛合金及特点

类　别	典型合金	特　点
α	Ti－5Al－2.5Sn Ti－6Al－2Sn－4Zr－2Mo	强韧性一般，焊接性能好抗氧化强，蠕变强度较高较少，应用在高尔夫球杆杆头制造上
α＋β	Ti－6Al－4V Ti－6Al－2Sn－4Zr－6Mo	强韧性中上，可热化处理强，可焊疲劳性能好，多应用于铸造刊头如铁杆、球道木等
β	Ti－13V－11CR－3Al Sp700 Ti－15Va－3Cr－3Al－3Ni	强度高，热处理强化能力强可锻性及冷成型性能好可适用多种焊接方式
TixAl	Ti3Al(α2)及 TiAl(Y0)	使用温度渴望达到 900 度，但室温塑韧性差

知识拓展

一、磁性材料

1. 金属及合金磁性概述

磁性材料是利用材料的磁性特点，在一定空间中建立磁场或者改变磁场分布状态的一类功能材料。工程实际中使用的磁性材料有金属磁性材料和铁氧体陶瓷材料两类。其中，金属磁性材料以合金为主，一般称为磁性合金。

磁性材料通常分为软磁材料（矫顽力 H_c 低于 100A/m）、硬磁材料（H_c 高于 10^4 A/m）和半硬磁材料（H_c 介于 100A/m 与 10^4 A/m 之间）。软磁材料主要应用于任何包括磁感应变化的场合。硬磁材料是在经受外磁场后能保持大量剩磁的磁性材料，主要用于提供磁场。

磁性材料的应用很广泛，电机的定子和转子，变压器及继电器的铁心、轭铁，以及各种通讯、传感、记录仪器中的软磁元器件等，是用软磁材料来制造的。硬磁材料作为恒定磁场的场源，大量用于各种电工仪表、扬声器、永磁电机、电视、录音机、录像机、雷达、核磁共振仪、磁选机、磁水器以及儿童玩具中。此外，计算机内存的记忆磁芯，用于信息存储的磁带、磁盘，都是用磁性材料制成的。将磁性材料制成微粒，与界面活性剂及载液共同制成可流动的磁性液体（称作磁流体），有多种特殊用途，如对运动的机械部位进行密封，效果良好。

※金属及合金的磁性

物质的磁性一般用其磁化强度随磁场的变化规律来表征。所有物质的磁性，主要来源于电子。电子是带电粒子，其空间运动（或称轨道运动）与自旋运动使其具有轨道磁矩和自旋磁矩。一个原子或离子的磁矩，就是其中所有电子的这两种磁矩合成的结果。它是物质磁性的基本单元，并一般性地称作“原子磁矩”。物质的宏观磁化强度是单位物质（一般取堆位体积，有时也用单位质量）中所有原子磁矩之和。

原子或离子中一个全部被电子填满的亚电子层，其中的电子磁矩互相抵消。因而只需将未填满的亚电子层中的电子磁矩进行合成，就得到该物质的原子磁矩。原子磁矩不为零的物质，才可能具有强磁性，即具有较高的磁化强度。强磁性是磁性材料的必要条件，目前为止，所有磁性材料的磁性主要来源于其中的 3d 过渡族金属的磁性，即未填满的 3d 亚电子层的磁矩；此外，镧系元素（又称稀土元素）中未填满的 4f 亚电子层的磁矩，在某些磁性材料中也起着重要作用。

原于磁矩只是电子因自旋运动而具有的自旋磁矩的合成结果。

物质具有强磁性的另一个必要条件是，不为零的原子磁矩要平行排列起来，称为自发磁化。其内在原因是电子间的交换作用使原子磁矩平行排列时的能量最低。

2. 软磁合金

(1)铁基软磁合金

对软磁合金的性能，一般有以下共性要求：

第一，矫顽力低、磁导率高。软磁材料使用时，通常处于外磁场（如通电线圈的磁场）中，其磁化状态及随之建立的磁场受外磁场控制。易被磁化，可保证其元器件具有高灵敏度，适合于弱磁场下信息转化及处理的要求。

第二，损耗低。大多数软磁合金在交流电磁场中使用。随之而来的功率损耗（铁损），是在强磁场和高频电磁场中使用的合金的主要性能指标之一。降低铁损，既可减少能量浪费，又能延长仪器使用寿命，简化冷却系统等。另外，软磁合金的饱和磁感应强度高，可减少合金用量；合金组织结构稳定、磁性能对外界干扰因素敏感程度低，能提高元器件的稳定性。从材料生产制备角度，要求软磁合金易于加工成形，生产过程简单、成本低。此外，具体的应用场合，对软磁合金还有特殊性能要求。

软磁合金被磁化的难易程度，通常用磁导率 μ 表征，$\mu=B/H$，H 与 B 分别表示磁场强度和磁性合金的磁感应强度。磁导率 μ 与真空磁导率 μ_0 之比称作相对磁导率。相对磁导率比其他的表达方法的使用频率高，为磁性材料方面的专业人员所普遍接受。下文中均使用相对磁导率，并且就以 μ 表示。

磁性材料的磁导率与磁场相关，是磁化状态的函数。对不同材料进行比较时，常用起始磁导率 μ_i 和最大磁导率 μ_m，它们是表征软磁材料磁导率的主要性能指标。另一个用于表征磁化难易程度的量，是一定磁场下合金的磁感，如 B_{10} 表示合金在磁场为 10A/cm 时的磁感值。

软磁合金的应用可追溯到 19 世纪，与电力工业的发展相辅相成。二战以后，又与电子工业的发展密切相关。1885 年，艾文发表了纯铁磁性的研究结果，被视为软磁材料的诞生。同年，威斯汀豪斯发明了交流发电及电力传输方法。19 世纪末，哈德菲德(Hadfield)成功地冶炼出 Fe－Si 合金，对电力工业的发展起到关键性的促进作用。时至今日，该合金仍为用量最大的软磁合金，处于无法被替代的地位。

软磁合金可分为铁系合金(低碳钢、工业纯铁、Fe－Si 合金)、Fe－Ni 系合金和 Fe－Co 系合金。70 年代以后，软磁合金的发展主要以非晶态和纳米晶软磁合金为代表。其中的基本成分是铁、镍、钴三个具有铁磁性的Ⅷ族元素(又称铁族元素)。

铁基软磁材料，是指以铁为主要组成元素的软磁合金(这里不包括非晶态的新型铁基软磁合金)，主要有工业纯铁、铁硅合金(硅钢)、铁铝合金、铁硅铝合金。这类软磁合金发展早，至今仍占主导地位。

这些材料多是通过熔炼铸造、粉末冶金、薄膜工艺等方法制取。新的磁芯材料有 6.5% 硅钢板、非晶材料、纳米晶材料、金属-非金属纳米粒状材料等。2000 年全球金属软磁产值 151 亿美元，占整个软磁材料产值的 72%；软磁铁氧体的产值为 15 亿美元，占整个软磁材料产值的 7%左右。

20 世纪 60 年代开发了熔体急冷方法生产出非晶态合金，具有优异的软磁性，其 Fe－Si－B系具有高 B_s，可用于电力变压器；Co－Fe－Si－B 系非晶具有高频下高的磁导率，低的铁损可用开于开关电源，当进行磁路热处理后，成为高密度磁记录介质。

日本山内清隆等在 Fe－Si－B 系非晶合金中添加 Cu 和特殊的元素(如 Nb、Zr 等)，制成了 $Fe_{73.5}Cu_1M_3Si_{13.5}B_9$ 非晶合金，其中 M 为 Ti、V、Cr、Mn、Zr、Nb、Mo、Hf、Ta、W 等。经过在 Tc 以上进行热处理进行晶化，结果发现加 Cu、Nb 非晶化后形成纳米晶粒的纳米材料，使软磁材料的范围大大扩展了，可以制成卷绕铁心用作各种电源扼流圈、高频变压器、加速器铁心、电流传感器等。

工业纯铁作为软磁材料，突出特点是：饱和磁感高(室温下达 2.16T)，资源丰富、价格低廉；其电阻率低，室温下 $\rho=10\mu\Omega\cdot cm$。它主要用于直流场中，如直流电机和电磁铁的铁心及轭铁等。用作软磁材料的工业纯铁是 DT3～DT8 共 6 个品种。国产电工纯铁的磁性能分成普通级、高级、特级和超级 4 个等级，最大磁导率 μ_m 分别达到 6000、7000、9000、12000 以上。

(2)Fe－Ni 基软磁合金

该软磁合金系是 ω(Ni)＝30%～90%的 Fe－Ni 二元合金，以及在此基础上添加少量钼、铜、铬、钨、铌等元素的多元软磁合金的总称。Fe－Ni 合金作为软磁材料是 1913 年由埃尔门首先发现的，至今已形成品种繁多的一个庞大合金家族，可大致分为以下几类：

Fe－Ni 系软磁合金的多样性是通过改变镍含量、加入不同含量的第三组元、进行磁场热处理、控制晶粒取向等方法得到的。这些因素改变合金的内禀磁特性、组织结构及其他性能（强度、硬度、电阻率等），从而影响材料的使用性能，使之适应多种的要求。

典型的 Fe－Ni 系软磁合金如下：

① 高导磁合金（坡莫合金，permalloy）

双重处理抑制了合金的有序转变，从而使合金在该镍含量下磁晶各向异性常数和磁致伸缩系数同时接近于零，该合金就是所谓的高导磁合金，称为坡莫合金，它是最早研究并使用的高导磁合金，典型性能：$\mu_i=10000$，$\mu_m=100000$。

今天的高导磁合金 ω(Ni)为 76%～82%，并都添加有合金元素成为三元或多元坡莫合金，以改进二元合金的不足。常用的合金元素包括钼、铜、铬、锰、硅等。代表性的多元坡莫合金包括 Fe－Ni－Mo（钼坡莫）、Fe－Ni－Mo－Cu 等合金。Fe－Ni79－Mo4 合金是目前广泛使用的高导磁合金，而 Fe－Ni79－Mo5 合金的磁导率达到更高水平（$\mu_m=1000000$），被称作超坡莫合金。

高导磁合金的矫顽力很低，一般在 4A/m 以下。此时，杂质及应力等方面因素的影响也变得非常显著，必须予以充分注意。一般要选用较高纯度的原料；性能要求高的合金需采用真空感应炉代替普通情况下的非真空炉来冶炼；高导磁合金冷轧薄带一般要在高温1100℃～1200℃，甚至到 1300℃下在氢气中进行长达数小时的退火处理。保温后控制冷速至 300℃左右出炉空冷，冷速的控制至关重要。使用时应避免冲击、振动及其他力的作用。典型高导磁合金的性能见表 3－12 所列。高导磁合金常用于对低磁场下磁导率要求高的交流弱磁场中，如电讯、仪器仪表中的互感器、音频变压器、磁头、磁屏蔽等。

表 3－12 典型高导磁合金的性能

合 金	主要成分 ω%	μ_i	μ_m	H_c/(A/m)	B_s/T	T_c/ ℃	ρ/($\mu\Omega\cdot$cm)
78 坡莫合金	78.5Ni	8000	100000	4.0	1.08	600	16
4－79 坡莫合金	79Ni,4Mo	20000	100000	4.0	0.87	460	55
超坡莫合金	79Ni,5Mo	100000	1000000	0.16	0.79	400	60
1040 合金	72Ni,3Mo,14Cu	40000	100000	1.6	0.60	290	56

② 矩磁合金

矩磁合金的剩磁比 B_r/B_s 一般高于 0.85。在 Fe－Ni 系软磁合金中，ω(Ni)为 50%和 80%的合金通过晶粒取向方法，ω(Ni)为 34%及 65%的合金通过磁感生各向异性方法，分别获得了矩磁特性。

晶体织构与矩磁合金。Fe－Ni50 合金经过 98%～99%压下量的冷轧后，得到变形织构，在 1050℃～1100℃进行再结晶退火。具有这种晶粒取向的合金，轧向及其垂直方向均为易磁化方向，该方向的磁滞回线为矩形，剩磁比达 90%以上。退火温度高于 1200℃时，发生二次再结晶，立方织构破坏而失去矩磁性。

磁场热处理与感生磁各向异性磁场热处理又称磁退火，是指将磁性合金在略低于其居里点的温度下，在足以使其磁化饱和的磁场中进行的保温处理。许多磁性合金经磁场热处理后，显现出以外磁场方向为易磁化轴的单轴各向异性。这就是感生磁各向异性。处理前后合金的磁性发生很大变化：易磁化轴方向上的磁滞回线呈矩形，最大磁导率也大幅度升高。同时，垂直于易磁化轴方向上，磁化曲线为平缓的直线。在较大的磁场范围内，磁导率基本恒定。具有明显磁场热处理效果的软磁合金，未经处理时，其磁滞回线往往呈蜂腰状，最大磁导率较低。

③ 恒导磁合金

这类合金的磁化曲线在一定宽度的磁场范围内近似为直线，剩磁很低。当合金具有单轴各向异性，晶粒的易磁化方向平行排列时，与之垂直的难磁化方向上的磁化过程以原子磁矩转动方式进行，得到的磁化曲线接近直线，合金因而具有恒导磁特性。Fe－Ni65 合金通过横向磁场热处理，使纵向成为难磁化方向。合金在该方向上具有优异的恒导磁特性，具有矩磁性的 Fe－Ni50 合金，再经过 50％变形量的轧制后，出现新的感生各向异性，轧向成为难磁化方向，转变成恒导磁性。这是一种著名的恒导磁合金，称为 Isoperm。恒导磁合金主要用于恒电感器中。

④ 中饱和磁感、中导磁合金

ω(Ni)在 50％左右的 Fe－Ni 合金，是该合金系中饱和磁感高($B_s \geqslant 1.5T$)、磁导率也比较高的合金。为了保持其较高的磁感，应尽量少加合金元素。因而 Fe－Ni50 合金是 Fe－Ni 系软磁合金中至今唯一的实用纯二元合金。出于提高电阻率的考虑，有时也加入少量的铬、锰等。这类合金可用于中等强度的交流电磁场中。

⑤ 耐磨高导磁合金(硬坡莫合金)

通常高导磁合金比较软，加入铌、钼或进一步加入少量钛、铝等合金元素，通过固溶强化，及弥散细小的析出相 $Ni_3(Al,Ti)$的沉淀强化，提高合金硬度。析出相颗粒尺寸远低于畴壁厚度，对合金中畴壁移动的阻力较低，合金仍保持高的磁导率。硬坡莫合金主要用作录音录像、磁盘及数字磁带机的磁头铁心材料。

⑥ 磁温度补偿合金

该软磁合金中 ω(Ni)在 30％～33％，其居里点略高于室温。合金的饱和磁感在室温附近随温度升高线性地急剧下降。将这类合金制成磁导体，并联于主磁回路。温度升高时，作为磁源的硬磁材 B 降低。补偿合金构成的磁回路中，因合金 B_s下降，导通的分流磁通降低，可保证主磁回路中的磁通量不变。其目的是实现主磁回路中间隙磁场的强度恒定。

⑦ Fe－Ni36 软磁合金

该合金的电阻率异常高($\rho \approx 70\mu\Omega \cdot cm$)，耐蚀性良好。另外因含镍量较低，合金价格比较低(镍与铁的价格比大约是 10∶1)。该软磁合金特别适用于环境中有腐蚀性介质的场合。其不足之处是居里点低，$T_c \approx 230℃$。

(3)非晶态及纳米晶软磁合金材料

60 年代，杜威兹等人首先通过液态熔融金属高速冷却(冷速达 $10^6 K/s$)成功地获得了非晶态合金(amorphous alloy)，为合金材料开辟了全新的领域。进入 70 年代，制备技术大大提高，用熔体旋辊急冷方法已能批量生产非晶薄带。经历了近30年的研究与开发，今天的非晶态合金已经在许多方面得到广泛应用。其中，应用最早、最成熟、最广泛、用量最大的就属非晶态软磁合金了。80年代后期，对非晶态的Fe－Cu－M－Si－B(M＝Mo，Nb，W，Ta)和Fe－M－B(M＝Zr，Nb，Hf)合金进行晶化退火处理时，得到了以纳米尺寸的晶态相颗粒为主要组成相的纳米晶软磁合金(nanocrystalline alloy)。它们的软磁性能与非晶合金相当，二者共同成为软磁合金家族的新成员。

3. 永磁(硬磁)合金

永磁材料是一类经过外加强磁场磁化再去掉外磁场以后能够长期保留较高剩余磁性，并能经受不太强的外加磁场及其他环境因素(如温度和振动等)干扰的强磁材料。

硬磁材料通常经过一次性磁化后单独使用，建立磁场。硬磁合金广泛应用于各种仪器仪表中，作为恒定磁场源。与电流建立磁场相比，通过省掉导体的电阻热而节约了能源。

对硬磁合金的性能要求主要是保证它所建立的磁场足够强，稳定性高，受环境温度(在一定范围内)波动、时间推移等因素的影响小。

硬磁材料最重要的性能指标是它的最大磁能积，用$(BH)_m$表示，是材料的退磁曲线上磁能积$(B_m \cdot H_m)$的最大值(通常取其绝对值)。硬磁合金应具有高的最大磁能积$(BH)_m$。

硬磁材料的主要性能指标还包括剩磁B_r、矫顽力H_c以及关系到材料磁性能热稳定性的居里点T_c等。优良的硬磁材料，三个性能指标都应具有较高的数值。

人类在很早以前就已开始使用天然磁石(Fe_3O_4)。硬磁合金材料的发展，始于19世纪80年代，以含钨、铬的高碳合金钢硬磁的制成为标志。今天，这类淬火马氏体型磁钢已极少用作硬磁材料，仅作为半硬磁材料使用。

20世纪30年代，人们研制成功了A1nico硬磁合金。该合金在经历了磁场热处理、定向凝固等制造技术上的重大进步后，其$(BH)_m$已达到100kJ/m^{3}水平，至今仍是一类重要的实用硬磁合金，主要用于对磁性的热稳定性要求高的场合。

60年代，人们发现了以$SmCo_5$为代表的稀土钴硬磁合金，一般称为1∶5型稀土永磁，或第一代稀土永磁。$SmCo_5$永磁的$(BH)_m$为160 kJ/m^3。进入70年代，人们又开发出稀土与钴的2∶17型金属间化合物R_2Co_{17}作为永磁合金，使$(BH)_m$再上新合阶，达到240 kJ/m^{3}的水平，被称为第二代稀土永磁。

1983年，稀土永磁的研究又取得新的突破。以Nd－Fe－B合金为代表的第三代稀土永磁问世。其$(BH)_m$高达444 kJ/m^3，成为当今世界上性能最高的硬磁材料。具有体积小、质量轻和磁性强的特点，是迄今为止性能价格比最佳的磁体，可应用于微波通信、音像、仪器仪表、电机工程、计算机磁分离、汽车、发电机、医疗器械、悬浮列车等。

进入90年代，发现了一种新型的纳米级晶粒尺寸的硬磁材料。它由自身为软磁性和硬磁性两种截然不同的磁性相组成，依靠跨越相界的交换作用，整体上表现出硬磁性特征。

此外，还有一些其他的硬磁材料也在不同时期得到研究开发。如具有较好的塑性、可通过塑性加工成形的硬磁合金(又称变形永磁)，先后有Fe－Co－Mn、Fe－Co－V、Fe－Co－W等70年代开发的Fe－Cr－Co－变形永磁合金，磁性能达到较高水平。它与Fe－Co－M(M＝V，Mo，W)及Fe－Mn构成今天实用变形永磁合金的主体。

二、电性合金

1. 金属及合金电性能概述

今天，我们时时刻刻都离不开电力能源，电子技术也渗透到工作与日常生活的各个方面。电力工业、电子技术都离不开相关的材料，金属材料占据着重要位置。这就是所谓的电性合金材料。因而，电性合金与国民经济及我们的日常生活紧密地联系在一起。

电性合金，既包括导电合金（含超导合金）、精密电阻合金、电热合金等具有特殊导电性（主要以电阻率表征）的合金，也包括具有显著热电效应的金属及合金组成的热电偶材料。此外，电性合金还包括：电阻温度计材料，其电阻随温度变化的特性被利用于测温，如铂、铜、铂铑、铑铁等；电接点材料（又称电触头材料）及焊接材料，用于各种电路的连接及开关接触部位，使得连接部位的电阻值稳定，从而保证电路的稳定性；电阻对变形敏感的合金材料可制成电阻应变片，是测量微小变形量的重要工具。

※一般金属材料的导电性

金属及合金材料中，原子的外层电子公有化，形成能带。电子未将能带填满，使得费米能级的电子态密度比较大，这种电子态特征保证了金属及合金具有良好的导电性。金属材料的电阻，源自于微观组织结构的不完整性。所有破坏材料内晶格势场空间分布周期性的因素，都将对参与导电的公有化电子的运动产生散射，使电子受电场加速产生的定向运动受到影响，从而减弱其导电作用，形成电阻。

纯金属的导电性最高。当加入其他元素后，电阻率增大，导电性降低。处于固溶状态的合金元素的影响，一般情况下可表达成：$\Delta\rho=Ax(1-x)$

在合金元素加入量较少时，电阻率的升高近似地正比于其摩尔分数 x。系数 A 反映了合金元素影响的强弱。它随合金元素的原子与基体原子的半径差及化合价差的增大而增大。通过合金化，可以较大幅度地改变（特别是提高）金属材料的电阻率。

金属及合金的导电性随温度的变化，是导电材料性能优劣的重要评价依据，一般用电阻温度系数（TCR）表征。它是指单位温度变化造成的电阻率的相对变化，通常用一定温度范围内的平均相对变化量来表示（以 293K 作为参考温度 T_0）：

一般纯金属的电阻率低，温度系数 TCR 比较高。过渡族金属一般为 10^{-2}，其他纯金属约为 4×10^{-3}。精密电阻合金的 TCR 要求至少比纯金属低两个数量级，一般在 $\pm20\times10^{-6}$ 范围内。一般而言，金属及合金的电阻率随温度升高而升高。

降低金属材料 TCR 有两种途径：提高电阻率 ρ_{T0} 如加入固溶合金元素；降低电阻率随温度的变化率，选择残余电阻率温度系数为负值的合金元素并适当控制其含量。

2. 导电合金

导电金属及合金用于电流传输，可分为强电流和弱电流的传输两种。在强电流的传输中，主要目标是减少因焦耳热导致的电能损耗，即要求合金的电阻率低。此外，要求材料具有较高的强度，如高压架空传输电线，强度高，可以减少支撑架的数量。用于弱电流传输的导电材料，主要是各种控制、测量仪器仪表中的导线。这类材料的主要性能要求是具有良好的导电性，此外应具有较好的抗氧化、腐蚀能力，较高的强度，良好的焊接性等。在微电子集成电路中，为保证与半导体基体材料的匹配连接，还需有与之相近的热膨胀系数。

金属及合金材料具有良好的导电性，因而在导电材料方面占据绝对主导地位。室温下导电性最好的是银，其次是铜和铝。纯银的价格高、硬度低，很少单独作为导电材料。实际中大量应用的导电合金是铝及其合金与铜及其合金。前者特点是密度低、价廉，后者的导电性更好但价格略高。纯金属的导电性比较好，而少量加入其他元素形成合金，可有效地改善材料的强度、耐蚀性、耐磨性等。对导电合金的热膨胀系数有特殊要求时，铁镍合金发挥着重要作用，不过其导电性略低一些。超导材料的导电性显著高于一般金属材料，其电阻率几乎为0。今天，主要的实用超导合金是铌钛、铌锡合金。

3. 精密电阻合金

精密电阻合金是电阻值的温度系数（*TCR*）小并且长期稳定的合金。作为电路的基本组成元件，电阻值稳定，直接提高仪器的精度及可靠性。另外，该类合金的电阻随温度变化的线性度要好，对铜的热电势低；从易于生产使用的角度出发，希望加工性能良好，抗腐蚀，抗氧化、耐磨，易于焊接等。此外，电阻率处于不同范围的精密电阻合金，可适应不同的需要。

精密电阻合金主要有Cu-Mn、Cu-Ni、Ni-Cr、Fe-Cr-Al及贵金属合金。而60年代发展起来的非晶态合金。作为精密电阻合金显示了良好的性能。

（1）Cu-Mn系合金

Cu-Mn系精密电阻合金是向铜中加入锰，并且在此基础上再加入少量第三乃至第四合金元素组成的合金。

Cu-Mn二元合金在$\omega(Mn)<20\%$时，保持单相状态。锰使合金电阻率较单纯的铜有大幅度提高，使电阻温度系数降低。其中，电阻温度系数α在$\omega(Mn)=11\%$左右达到最低，锰含量继续增加时会回升；锰导致合金对铜的热电势E_{Cu}增大，当$\omega(Mn)>10\%$以后增大很迅速。

实际使用的Cu-Mn系精密电阻合金，$\omega(Mn)$一般不超过13%，并再加入少量的镍、铝、硅、锡、锗、镓、铁等改善性能。作用是降低热电势E_{Cu}、提高电阻率及抗蚀性、进一步改善电阻温度系数。

（2）Cu-Ni系合金

铜与镍均为面心立方结构，其合金均为单相固溶体，合金的电阻率温度系数的最高值出现在两元素摩尔分数各为50%的成分下，符合一般规律。合金的电阻率温度系数的最低值出现在$\omega(Ni)=40\%$左右。一般Cu-Ni系合金，都选择在电阻率温度系数最低、电阻率接近最高值的成分范围附近，即铜含量略高于镍。康铜是典型代表。

Cu-Ni合金中加入少量的锰、铁、钴、硅、铍，可使电阻温度系数进一步降低直至0，有提高耐热性等作用。

Cu-Ni系合金的特点是：电阻线性好，可在较宽的温度范围使用，最高使用温度为400℃，耐蚀性、耐热性较好；不足之处是对铜的热电势高，通常限用于交流。

（3）Cr-Ni系合金

Cr-Ni系精密电阻合金是在Cr20Ni80电热合金基础上改良而得的。其突出特点是电阻率高，ρ可达$1.3\mu\Omega\cdot m$。此外，它的电阻率随温度变化的线性非常好，$\beta<0.05\times10^{-6}/K^{-2}$。

合金中铬的质量分数一般在20%左右，使二元合金的电阻率温度系数降至最低。继续提高其含量，可使电阻率进一步升高，对铜的热电势也继续降低。对电热合金的改良，主要是向二元合金中又添加了新的合金元素，包括少量的铝、铜、锰、铁、钼、硅、钇等。新加入的合金元素一般都使电阻率提高，其温度系数降低，对铜的热电势下降，从而提高合金的性能。除锰外，其他元素的质量分数不超过4%。

Karma 合金是 Cr－Ni 系合金精密电阻合金的代表之一。其中，ω(Fe)与 ω(Al)各为2%～3%，ω(Mn)为1.5%～2.5%，还有少量的稀土(Y)。

Cr－Ni 系精密电阻合金的不足之处是其长期稳定性较差，另外焊接性也不好。

(4)Fe－Cr－Al 合金

Fe－Cr－Al 合金是60年代发展起来的精密电阻合金。与 Fe－Cr－Al 电热合金有密切联系。它的特点与 Cr－Ni 合金相同，电阻率较高。成本低是该合金的优势，相对于 Fe－Cr－Al 电热合金而言，其改进主要是铝、铬含量的选取及严格控制，另外加入少量的钴、钛、锆、钒、钼等以改进性能。合金的缺点是，性能对铝、铬含量比较敏感，对铜的热电势较高。另外，Fe－Cr－Al 合金的加工和焊接性能差。

(5)贵金属系各金及其他精密电阻合金

贵金属精密电阻合金包括贵金属铂、银、金与其他元素组成的精密电阻合金。主要特点是抗氧化、抗腐蚀能力强，通过其表面与其他导体实现良好的电接触。受价格因素影响，只用于特殊需要场合。

人们还研究过多种其他的合金来作为精密电阻材料。如锰基合金，其突出特点是电阻率非常高，在1.8～2.2$\mu\Omega\cdot$m；钛基合金(以铝为主要合金化元素)的电阻率也达到与锰基合金相当的水平，而它的密度低，具有良好的抗氧化、抗腐蚀能力。

(6)非晶态精密电阻合金

在非晶态合金的研究中，人们发现其导电性与晶态合金的规律有很大区别。首先，非晶态合金的电阻率都显著高于晶态合金，一般都在1$\mu\Omega\cdot$m以上。非晶态合金的电阻率值，在300K与4.2K下几乎相同，即 $R_{300K}/R_{4.2K}\approx1$，而晶态金属此值要高得多，相差数百、甚至上千倍。非晶态合金的电阻温度系数较低，并且可为正，也可是负值。这些特性，为它作为精密电阻合金提供了非常有利的条件。非晶态合金的缺点在于它处于亚稳态而造成性能长期稳定性较差，使用温度较低等。此外，目前非晶态合金制备方法仅能制造薄膜，也限制了它在许多场合的应用。

有两种途径可改变这类材料的电阻温度系数。第一是改变合金成分。如，处于非晶态的合金$(\mathrm{Ni0.5Pd0.5})_{1-x}\mathrm{P}_x$，$x\leqslant23$时，*TCR* 为正；而 $x\geqslant25$ 的合金的 *TCR* 实验值为负。改变合金 *TCR* 的另一种方法是对非晶态合金进行适当的热处理，可以使其 *TCR* 值发生变化。原因是热处理过程中发生晶化。对于非晶态下 *TCR* 为负的合金，两者的作用相互抵消，使得整体合金的 *TCR* 能够调整到0。这种获得零 *TCR* 的机制仅限于非晶态下 *TCR* 为负的合金。

三、热膨胀及弹性合金

1. 热膨胀合金

热胀冷缩是金属材料的共性。热膨胀特性一般用体胀系数 β_T 或线胀系数 α_T 表示，其定义分别是：$\beta_T=\frac{1}{V}\cdot\frac{\mathrm{d}V}{\mathrm{d}T}$；$\alpha_T=\frac{1}{l}\cdot\frac{\mathrm{d}l}{\mathrm{d}T}$

式中，V、l 分别为材料的体积、长度；T 为温度。

金属材料的热膨胀特性主要取决于其化学组成。具有立方与六方点阵类型结构的纯金属熔化前的体积膨胀总量一般约为 6%，线膨胀总量约为 2%。因而金属的熔点越高，热膨胀系数越低：熔点最高的钨(3653K)，$\alpha_{293K}=4.6\times10^{-6}$K；铝的熔点仅为 933K，$\alpha_{293K}=23.6\times10^{-6}$K。合金材料的热膨胀系数，近似地等于各组元的热膨胀系数按其含量进行加权平均的结果，可能存在一定程度的有规律的偏差。

金属及合金的热膨胀，与温度密切相关。温度为 0K 时，膨胀系数为 0，随温度升高而增大。

热膨胀性质有一定特殊性的金属及合金材料，构成一类功能材料——膨胀合金，包括低膨胀、定膨胀和高膨胀合金三种。膨胀合金的特殊膨胀性能，许多情况下都是偏离正常热膨胀规律的，是利用“反常”膨胀特征获得的。

(1)低膨胀合金

Fe－Ni36 因瓦合金的热膨胀系数在一个较宽的镍含量区间内均低于正常热膨胀值。当 ω(Ni)约为 36%时，合金的热膨胀系数达到最低值，这就是因瓦合金。

因瓦合金是单相固溶体，处于亚稳态，其晶体结构属于面心立方点阵。低温下会发生马氏体相变，对热膨胀性能产生严重不利影响，必须避免。当 ω(Ni)高于 35%时，合金的马氏体转变开始温度 T_M 低于－100℃，可以确保可靠性。因瓦合金呈铁磁性，居里点 Tc 为 232℃。合金中 ω(Ni)增加将使 Tc 迅速提高。

Fe－Ni36 合金的因瓦效应，源自其磁致伸缩效应。该合金在自发磁化至饱和的过程中体积要发生明显的膨胀，其磁致伸缩系数为异常高的正值。当温度升高时，合金的自发磁化减弱，体积必然收缩，相应的，热膨胀系数 α_M 为负。这种收缩与合金的正常热膨胀($\alpha_T^{!}>0$)相互抵消。随温度改变发生的这两种尺寸变化共同决定合金的热膨胀系数，即 $\alpha_T=\alpha_M+\alpha_T^{!}$。

因瓦合金的热膨胀特性受到合金状态的影响。冷加工使 α_T 降低，甚至变成负值。但是，合金处于这种状态下性能不稳定，一般都要回火使合金充分再结晶。通常还要进行人工时效老化处理，使组织充分稳定。

Fe－Ni36 因瓦合金中碳为杂质，含量需严格控制。因为它会引起时效析出碳化物，使合金组织发生变化，影响合金性能的稳定性。

Fe－Ni36 因瓦合金的热加工性能差，易开裂，加入少量锰、硅可明显改善；合金切削时粘刀比较严重，加入少量硒〔ω(Se)＝0.1%～0.25%〕，可明显改善其切削性。成为易切因瓦。不过这些合金元素都使热膨胀系数有所增大。

(2)定膨胀合金

定膨胀合金按用途可分为封接材料和结构材料两种。作为封接材料，要求合金在封接温度至元器件最低使用温度的区间内，平均热膨胀系数与对接材料差别很小(≤10%)，降低接触面上的应力，实现匹配封接。由于合金发生相变时通常有体积突变，因而定膨胀合金在使用过程中一般不允许发生相变。此外，定膨胀合金的性能要求还涉及它的导热、导电、机械性能及加工性能等多方面。

定膨胀合金主要有两类。一类是借助因瓦反常热膨胀达到特定热膨胀系数要求的合金，主要是 Fe－Ni 和 Fe－Ni－Co 合金系定膨胀合金；另一类是高熔点金属及合金，利用它们的低膨胀系数达到特定膨胀性能要求。

2. 弹性合金

精密合金的一类，用于制作精密仪器仪表中弹性敏感元件、储能元件和频率元件等弹性元件以及用于制造压力传感器（测量飞机的空速、高度、升降速度、油压和气压）。弹性合金除了具有良好的弹性性能外，还具有无磁性、微塑性变形抗力高、硬度高、电阻率低、弹性模量温度系数低和内耗小等性能。

弹性是材料在外力作用下发生弹性变形，改变其形状和大小，并且在外力去除后恢复受力前的形状、尺寸的特性。弹性（英文 elastic）一词源于希腊，17 世纪英国科学家玻意耳（R. Boyle）赋予其科学意义并用到物理学中。弹性是各种工程材料的一项重要的物理性能（或列为力学性能），是材料科学的研究领域之一。这种特性通常用杨氏弹性模量 E 及剪切弹性模量 G 分别表征受正应力和切应力作用时的弹性。金属材料弹性的一般特征是：在弹性范围内，应力与应变近似为线性比例关系，即弹性模量（E、G）近似为常数；金属材料的弹性变形过程，被塑性变形的开始所中断，一般的最大变形量不超过 1%，更高应变量下的特征因而观察不到。实际的金属材料在不同程度上有滞弹性，即应变的变化在时间上落后于应力。具体表现为弹性滞后、应力松弛，以及材料受到循环应力的作用时产生内耗。金属弹性的本质是材料内原子结合能。

金属材料的弹性模量受多方面因素的影响。单一合金相的弹性模量主要取决于其化学组成及晶体结构。合金材料的弹性模量与其相组成有关。影响合金中相组成及相对量的工艺因素都可能引起合金弹性模量的变化。相对于金属材料的许多性质而言，它的弹性模量是组织不敏感量。

绝大多数的金属材料是晶态的。单晶体不同晶体学方向上原子排列方式不同，因而弹性模量具有明显的各向异性，体现在单晶材料及具有明显织构的多晶材料中。多晶材料往往因晶粒取向的随机性在宏观上表现为各向同性。

作为一类功能材料，弹性合金在弹性方面具有一定的特殊性。主要包括高弹性合金、恒弹性合金。前者具有高弹性极限、滞弹性效应低、耐热性好和能在较高温度下工作的特点，主要有特殊高弹性合金、铁基弹性合金和铜基弹性合金。高弹性合金可用于制造膜盒、膜片、弹簧片、高应力弹簧、发条等。

恒弹性合金在一定温度范围内弹性模量几乎不随温度变化而变化，或称艾林瓦（Elinvar）合金。这种合金在 0～40℃ 的温度内，其弹性模量温度系数几乎为零。用艾林瓦合金制成的手表游丝，免去了原来的补偿件，使手表的走时误差减少 1/4。恒弹性合金主要用来制造高精度的控制测量设备的敏感元件，如膜盒、气压表盒、压力传感器，以及精密弹簧、游丝、音叉、延迟线等。

此外，铜基弹性合金应用也很普遍，这类合金的特点是无磁和导电良好。锡磷青铜主要用于导电性能良好的弹簧接触片或其他弹簧、精密仪表中的耐磨和抗磁弹性元件等。铍青铜用于制造重要的弹簧和弹性元件，由于其弹性模量低，而弹性极限又相对的高，故在制作膜片、膜盒、波纹管及微型开关方面，得到广泛应用。弹性合金一般都在真空中冶炼，半成品或成品元件亦多在真空或保护气氛中进行热处理。

(1)高弹性合金

高弹性合金的基本要求是具有较高的弹性极限、断裂强度以及比较高的弹性模量 E，一般要求 $E \geqslant 140\text{GPa}$。此外，根据具体需要往往还要求合金具有某些特殊性能，如低内耗、弱弹性后效、高疲劳强度、高耐磨性，以及弱磁性、高抗腐蚀能力等。实际中大量应用的高弹性合金可分为铜基、铁基、镍基和钴基合金等 4 类。

(2)恒弹性合金

一般金属及合金的弹性模量 E 随温度升高而降低，恒弹性合金在一定温度范围内 E 基本恒定，又称艾林瓦合金(Elinvar)。

依据弹性机理，恒弹性合金可分为铁磁性恒弹性合金、反铁磁性恒弹性合金和顺磁性恒弹性合金。铁磁性恒弹性合金是人们最早研究、应用，并且至今仍在大量使用的恒弹性材料。主要有 Fe－Ni 系合金，如 Fe－Ni30－Crl2、Ni42CrTi；Co－Fe 系合金，如 Co－Fe－V－Ni、Co－Fe－Mo－Ni、Co－Fe－W－Ni、Co－Fe－Mn－Ni 艾林瓦。反铁磁性恒弹性合金主要是 FeMn 基、锰基和铬基合金。顺磁性恒弹性合金主要包括铌基合金，如 Nb－Zr、Nb－Ti 合金及钯基合金。

弹性模量表征原子间结合力的大小。普通金属由于原子间结合力随温度增加而减小，弹性模量亦随温度升高而减小，如图 3－9 中的 AD 曲线所示，这是正常弹性行为。在铁磁性恒弹性合金中，存在很大的自发体积磁致伸缩而使弹性模量减小，这种现象称 ΔE 效应。如果一种合金在居里温度 T_c 以下，随着温度升高，合金的铁磁性逐渐减弱，ΔE 效应随之减小。如图(弹性模量同温度变化的关系)所示 AD 曲线上的 B_1、B_2、B_3 将分别变到 B_1'、B_2'、B_3'，即可以获得在某一温度范围内接近水平的弹性模量-温度特性曲线，也就获得了恒弹性。

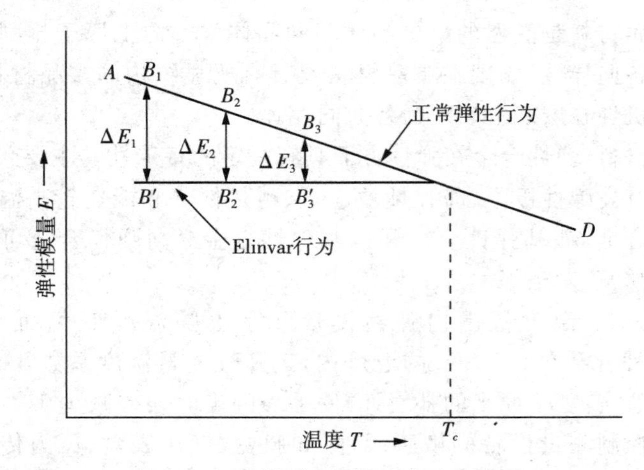

图 3－9　弹性模量同温度变化的关系

获取恒弹性的途径目前主要有两种：第一种是利用铁磁性及反铁磁性材料(处于磁有序状态)的“弹性模量损失”现象，或 ΔE 效应；第二种途径是利用某些合金弹性模量自身随温度变化的反常性。

四、形状记忆合金

1. 合金的形状记忆效应

一般金属及合金材料承受作用力超过其屈服强度时，发生永久性的塑性变形。某些特殊合金在较低温度下受力发生塑性变形后，经过加热，又恢复到受力前的形状，即塑性变形因受热消失，如图 3－10 所示。在该变形和温度变化过程中，合金似乎对初始形状有记忆性，故称这种特性为形状记忆效应，或“SME”(shape memory effect)。具有形状记忆效应的合金，就是形状记忆合金，或“SMA”(shape memory alloy)。

早在 20 世纪 30 年代，格莱宁格等人就在 Cu－Zn 合金中观察到形状记忆现象。作为一类重要的功能材料，形状记忆合金的广泛研究与开发工作始于 1963 年。这一年比勒等人发现 Ti－Ni 合金具有良好的形状记忆效应，进行了比较深入研究。70 年代，人们发现了铜基形状记忆合金(Cu－Al－Ni)。80 年代中，又在铁基合金(Fe－Mn－Si)中发现了形状记忆效应，从而大大推动了形状记忆合金的研究开发工作。至今，人们已经发现了 20 多个合金系，共 100 余种合金具有形状记忆效应。其中，具有比较优异的综合应用性能的合金，主要是上面提到的 Ti－Ni 合金、铜基合金和铁基合金。

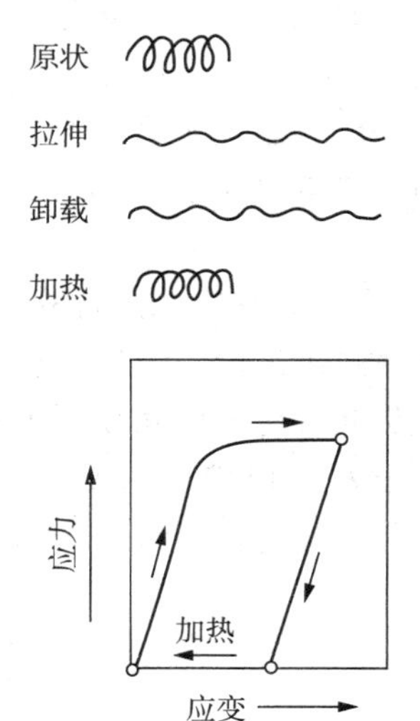

图 3－10　形状记忆效应示意图

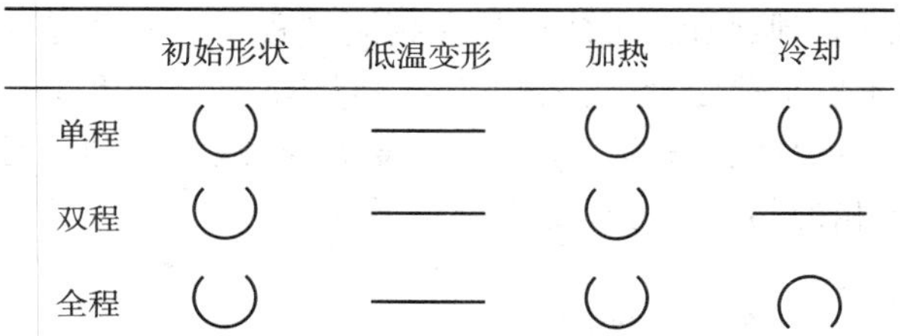

	初始形状	低温变形	加热	冷却
单程	◡	—	◡	◡
双程	◡	—	◡	—
全程	◡	—	◡	◠

图 3－11　三种形状记忆效应示意图

合金的形状记忆可分成单程、双程和全程形状记忆三种，(如图 3－12 所示)单程形状记忆是指合金在较低温度下加工变形后，加热时恢复加工前的原有形状，再冷却时此形状保持不变；双程形状记忆合金经低温加工变形，加热时回复原形，再冷却时形状又回到低温下加工后的形状；全程形状记忆合金在实现双程形状记忆过程后，继续冷却，会在相反的方向上再现高温下的初始形状。

(1)形状记忆效应的基本原理

合金的形状记忆效应，是与合金中发生马氏体相变密切相关的。目前所有形状记忆合金，具有记忆特征的形状变化都是在马氏体相变过程中发生的。马氏体相变是一种无原子扩散的相变。冷却时，较高温下稳定的母相到新相(马氏体相)结构转变过程中，发生切变，微观上发生较大的剪切变形。母相与马氏体相的界面共格或半共格，存在着非常严格的晶体位相对应关系。温度再回升，马氏体发生逆相变，即经历逆向切变后回到母相，此时合金可能恢复原有形状。形状记忆效应是以马氏体相变及其逆相变过程中母相与马氏体相的晶体学可逆性为依据的。

为了保证相变时晶体学的可逆性，中间不能发生其他相变过程。温度升高过程中马氏体向高温母相的转变，经常发生一系列的新相形核长大过程，因而使得逆转变不可能与马氏体转变具有晶体学上的可逆性。这些合金不可能具有形状记忆效应，如碳钢。

目前人们所发现的形状记忆合金，多数发生热弹性马氏体相变。它是马氏体相变的4种类型之一。其特点是，相变时形成的马氏体片，随温度的降低(升高)，通过两相界面的移动长大(缩小)。其尺寸由强度决定，随温度的变化具有“弹性”特征。这种既无其他相变参与，又通过两相界面移动进行相变的过程中，母相与马氏体相保持着严格的晶体学可逆。不过，这种晶体学的可逆性并不是在所有发生马氏体相变的合金中都能得到保证的。比如，碳钢中的马氏体，加热时通常发生回火，使得相变过程不可逆，因而不可能出现形状记忆现象。

形状记忆合金的形状记忆过程为：合金的母相在降温过程中，自温度低于 Ms 起发生马氏体相变，该过程中无大量的宏观变形。在低于马氏体转变完成温度以下，对合金施加应力，马氏体通过变体界面移动，发生塑性变形，变形量可达数个百分点；温度再升高至马氏体逆转变终了温度 A_f 以上，马氏体逆向转变回到母相，合金低温下的“塑性变形”消失，于是恢复原始形状。

具有形状记忆效应的合金，较高温度下稳定的母相多数是有序相。有序相的母相，其自由能低，相变的潜热小，温度滞后小，有利于马氏体相变以热弹性方式实现。有序结构提高了母相的屈服强度，可使母相在相变过程中有效地避免因周围发生的马氏体相变引发塑性变形，不发生稳定化。另外，有序结构在一定程度上减少了合金发生切变时的变形“自由度”，或者说减少滑移及孪生的切变方向，从而有利于马氏体相变及其逆相变过程中母相与马氏体相的晶体学方面的完全可逆性。

第四章　金属材料的性能

现代工业、农业、国防和科学技术都离不开工程材料，虽然近些年来非金属材料发展迅速，但金属材料由于具有加工过程和使用过程中所需要的各种优越的性能，因此在这些部门中仍获得广泛的应用。

金属材料的性能是金属应用的重要依据，包括工艺性能和使用性能。金属材料的工艺性能是金属材料在制造机械零件和工具的过程中，适应各种冷、热加工的性能，也就是金属材料采用某种加工方法制成成品的难易程度。它包括铸造性能、锻造性能、焊接性能、热处理性能和切削加工性能等。金属材料的使用性能是金属材料在使用条件下所表现出来的性能，它包括物理性能、化学性能和力学性能。金属材料的物理性能是金属固有的属性，包括密度、熔点、导热性、导电性、热膨胀性和磁性等。金属材料的化学性能是金属在化学介质作用下所表现出来的性能，包括耐腐蚀性、抗氧化性和化学稳定性等。金属材料的力学性能又称机械性能，是指金属材料在力的作用下所表现出来的性能，包括强度、塑性、硬度、冲击韧性及疲劳强度等。

金属材料的使用性能主要表现为力学性能或机械性能，它反映了金属材料在各种外力(或载荷)作用下抵抗变形和破坏的能力。一般在机械设备及工具的设计、制造过程中，力学性能是选用金属材料的重要依据，而且对各种加工工艺也有重要影响，因此熟悉和掌握金属材料的力学性能是非常重要的。

项目一　强　度

背景介绍

机械零件在正常使用过程中，有时会出现变形甚至断裂的情况，这是因为机械零件的强度较低。金属材料的强度越高，所承受的载荷就越大。为避免机械零件在使用过程中出现断裂或者变形的情况，在使用前首先要确定机械零件的强度是否能够满足使用要求。

问题引入

金属材料在静态拉应力下表现出哪些性能？强度是金属材料抵抗永久变形和断裂的能力，如何测定及有哪些衡量指标？

问题分析

一、金属材料承受的载荷与应力

1. 载荷

金属材料在加工及使用过程中所受的外力称为载荷，也称负载或负荷。根据载荷作用性质的不同，可以分为如下三种。

(1)静载荷

指大小不变或变化很慢的载荷。如机床的床头箱对床身的压力、钢索的拉力、梁的弯矩、轴的扭矩和剪切力等。

(2)冲击载荷

指大小在短时间内变化的载荷。如空气锤锤头下落时锤杆所承受的载荷，冲压时冲床对冲模的冲击作用等。

(3)交变载荷

指大小、方向发生周期性或非周期性变化的载荷。如齿轮、曲轴、弹簧等零件所承受的大小与方向是随时间而变化的载荷等。

机械零件在加工过程或使用过程中，都要受到不同形式的外力的作用。根据作用形式不同，载荷又可分为拉伸载荷、压缩载荷、弯曲载荷、剪切载荷和扭转载荷等，如图 4 - 1 所示。

金属材料受载荷作用后，形状和尺寸发生变化称为变形。变形按卸除载荷后能否完全消失，分为弹性变形和塑性变形。

材料在载荷作用下发生变形，而当载荷卸除后，变形也完全消失，这种随载荷的卸除而消失的变形称为弹性变形，如弹簧在正常工作时的拉长与恢复就是弹性变形。

当作用在材料上的载荷超过某一限度时，卸除载荷，大部分变形随之消失(弹性变形部分)，但还是留下了不能消失的部分变形，这种不随载荷的去除而消失的变形称为塑性变形，也叫永久变形或残留变形。如将圆钢锻造成齿轮毛坯的变形。

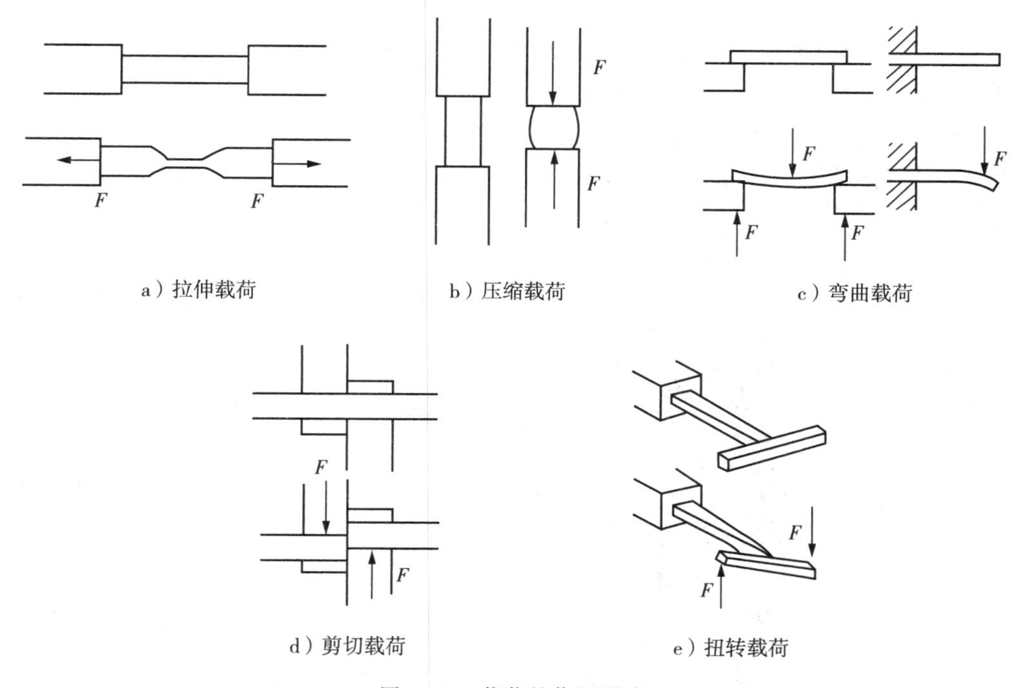

a）拉伸载荷　　b）压缩载荷　　c）弯曲载荷

d）剪切载荷　　e）扭转载荷

图 4－1　载荷的作用形式

2. 内力和应力

无论何种固体材料，其内部原子之间都存在相互平衡的原子结合力的相互作用。当材料受外力作用时，原来的平衡状态受到破坏，为了保持自身形状尺寸不变，在材料内部作用着与外力相对抗的力，称为内力。内力的大小与外力相等，方向则与外力相反，即和外力保持平衡。单位面积上的内力称为应力。金属受拉伸荷载或压缩荷载时，其横截面积上的应力按下式计算：

$$\sigma=\frac{F}{S}$$

式中：σ——应力（MPa）；

F——外力（N）；

S——横截面积（mm^2）。

必须指出，应力往往不是均匀地分布在截面上的，如果零件截面有突变（如有孔或沟槽等存在），在其附近的一定范围内应力会显著升高，这种应力局部增大的现象称为应力集中。显然，应力集中对零件的安全使用是不利的。

二、强度与拉伸试验

1. 强度

强度是指金属材料在静载荷作用下，抵抗塑性变形或断裂的能力。强度的大小通常用应力来表示。

根据载荷作用方式不同，强度可分为抗拉强度、抗压强度、抗弯强度、抗剪强度和抗扭强度等五种。一般情况下以抗拉强度作为最基本的强度指标。

2. 拉伸试验方法

金属的抗拉强度是通过拉伸试验测定的。拉伸试验是在拉伸试验机（图 4－2）上进行的，其方法是用静拉力对标准试样进行轴向拉伸，同时连续测量力和相应的伸长量，直至试样断裂。拉伸试验方法简单，测量数据准确，因此，拉伸试验是工程上采用最广泛的力学性能试验方法之一。

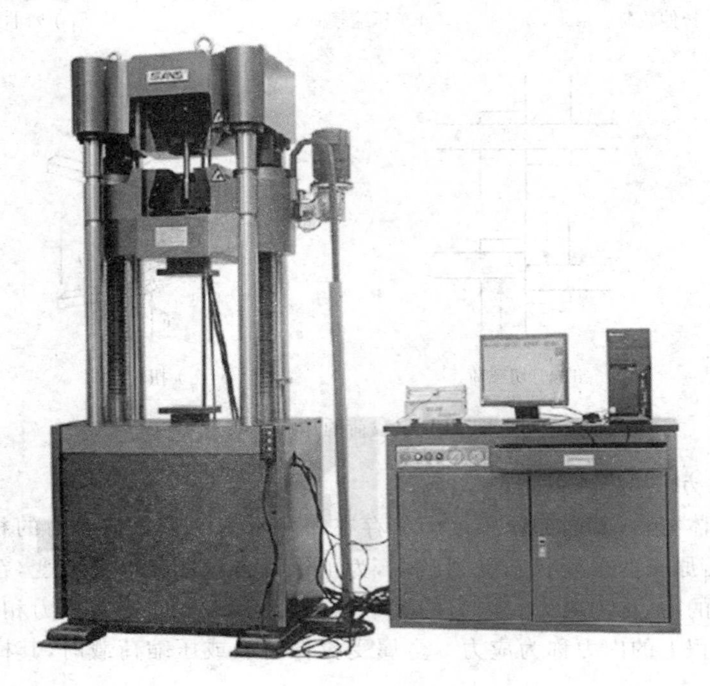

图 4－2　拉伸试验机

（1）拉伸试样

拉伸试验是一种破坏性试验，所以，拉伸试验时，通常不直接采用机械零件做试验，而是用与制造机械零件的相同材料制成的标准试样进行试验。为了使测定出来的强度指标具有可比性，拉伸试样必须按照国家标准制作。拉伸试样一般有圆形和矩形两类，图 4－3 所示为圆形拉伸试样，其中 a）为标准试样拉断前的状态，b）为标准试样拉断后的状态；d_0 为标准试样的原始直径，d_1 为试样断口处的直径；l_0 为标准试样的原始标距，l_1 为拉断试样对接后测出的标距长度。圆形拉伸试样一般又分为长试样（$l_0=10d_0$）和短试样（$l_0=5d_0$）两种。

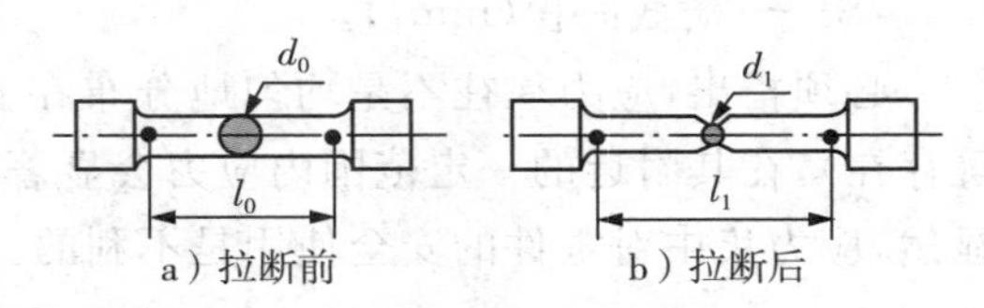

图 4－3　圆形拉伸试样

（2）试验步骤

① 将试样两端部分分别夹持在如图 4－4 所示拉伸试验机的上下夹头中。

② 对试样缓慢施加轴向拉伸力 F，使试样沿其轴向伸长。

③ 随着拉伸力 F 的缓慢增大，试样的有效伸长量 Δl 不断增加，直至试样断裂。如图 4－5 所示给出了几种常见金属材料试样拉断后的情况。

④ 观察、记录试验结果，并对试验结果进行分析。

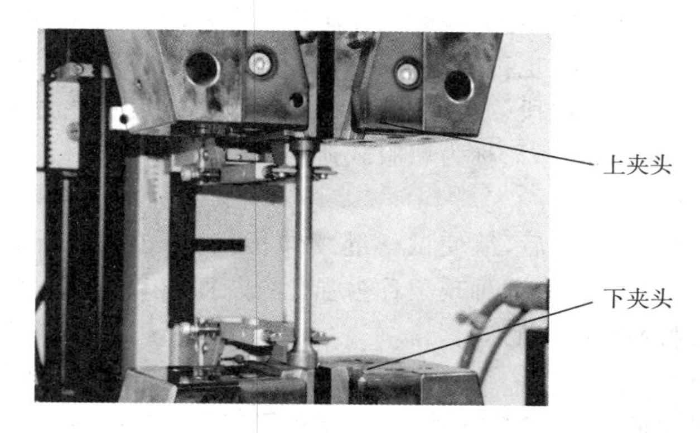

图 4－4 装夹试样

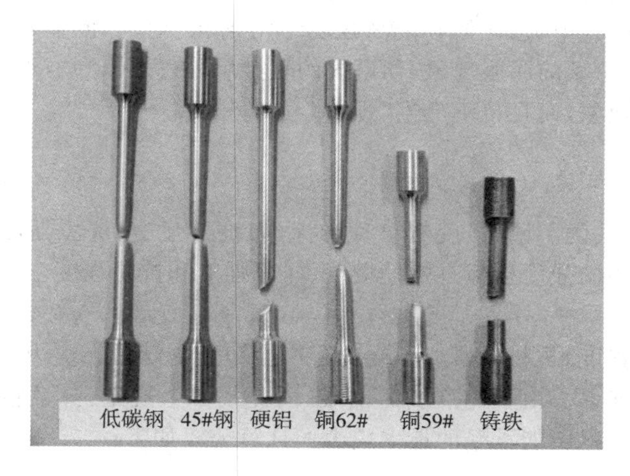

图 4－5 试样拉断

3. 拉伸曲线

衡量抗拉强度的指标是在拉伸试验过程中测得拉伸曲线，再由拉伸曲线通过计算获得。在拉伸试验过程中，试验机自动以拉伸力 F 为纵坐标，以伸长量 Δl 为横坐标，画出一条拉力 F 与伸长量 Δl 的关系曲线，称为拉伸曲线。图 4－6 所示为低碳钢的拉伸曲线示意图。根据拉伸曲线，低碳钢试样的拉伸过程可分为以下几个阶段：

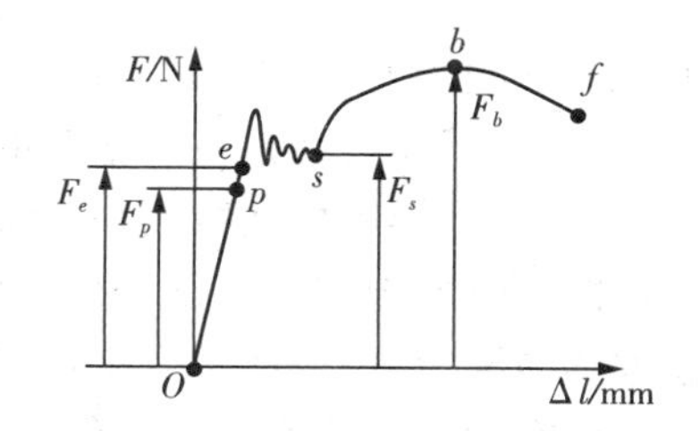

图 4－6 低碳钢拉伸曲线示意图

(1) 弹性变形阶段(Oe)

在拉伸试验时，当给材料施加载荷后，试样产生伸长变形。若载荷不超过 F_e，则卸载后试样立即恢复原状，这种随载荷的作用而产生、随载荷的去除而消失的变形称为弹性变形。

在 Op 阶段，载荷和变形量呈线性关系。当施加力超过比例伸长力 F_p后，力和变形不呈线性关系，直至最大弹性伸长力 F_e。F_e为试样能恢复到原始形状和尺寸的最大拉伸力，一般来说 F_p与 F_e非常接近。

(2)屈服阶段(es)

若载荷超过 F_e时，则卸载后试样的变形不能完全消失，保留一部分残余变形，这种不能恢复的残余变形称为塑性变形，也称为永久变形。当载荷达到 F_s时，试样开始产生明显的塑性变形，在曲线上出现了水平线段(或水平的锯齿形线段)，即表示外力不增加试样仍继续发生塑性伸长，这种现象称为屈服，F_s称为屈服载荷。

(3)强化阶段(sb)

在屈服阶段以后，即 s 点以后，欲使试样继续伸长，载荷必须不断增加。随着塑性变形增加，试样变形抗力也逐渐增加，这种现象称为强化(或称加工硬化)。此阶段变形是均匀发生的，F_b为拉伸试验时的最大载荷。

(4)颈缩阶段(bf)

当载荷增加到最大值 F_b后，试样开始局部截面积缩小，出现“颈缩”现象，变形主要集中在颈部。由于试样截面积逐渐减小，故载荷也逐步降低，当达到 f 点时试样发生断裂。

屈服现象在低碳钢、中碳钢、低合金高强度结构钢和一些有色金属材料中可以观察到。但有些金属材料没有明显的屈服现象，如退火的轻金属、退火及调质的合金钢等。有些脆性材料，不仅没有屈服现象，而且也不产生“颈缩”，如铸铁等。

三、强度指标

根据外力作用方式的不同，强度有多种指标，如抗拉强度、抗压强度、抗弯强度、抗剪强度和抗扭强度等，常用的强度指标有弹性极限、屈服强度和抗拉强度。

1. 弹性极限

弹性极限(弹性强度)是材料所能承受的不产生塑性变形最大应力。应力超过弹性极限后，便开始产生塑性变形。由于此点实测困难，因此技术上规定，弹性极限是在产生极微小塑性变形的前提下，材料所能承受的最大应力。计算公式如下：

$$\sigma_e=\frac{F_e}{S_0}$$

式中：σ_e——弹性极限(MPa)；

F_e——试样达到弹性极限时的载荷(N)；

S_0——试样原始横截面积(mm^2)。

弹性极限的物理意义是表征金属在开始产生极微小塑性变形时的抗力，它是对成分、组织极敏感的性能，可以通过合金化、热处理及冷热加工方法在很大范围内变化。对于在工作中不允许有微量塑性变形的零件，设计时弹性变形则是选材的依据。

2. 屈服强度

金属材料产生屈服时的应力称为屈服强度，用符号 σ_s表示，计算公式如下：

$$\sigma_s=\frac{F_s}{S_0}$$

式中：F_s——试样屈服时的载荷(N)；

S_0——试样原始横截面积(mm^2)。

屈服强度分为上屈服强度和下屈服强度。上屈服强度指试样发生屈服而力首次下降前的最大应力。下屈服强度指在屈服期间，不计初始瞬时效应时的最小应力。

对于没有明显屈服现象的脆性材料，可用规定残余延伸应力表示，符号为 $\sigma_{0.2}$。残余延伸强度表示试样卸除载荷后，其标距部分的残余伸长率达到 0.2%时的应力，也称为屈服强度。计算公式如下：

$$\sigma_{0.2}=\frac{F_{0.2}}{S_0}$$

式中：$\sigma_{0.2}$——规定残余延伸应力(MPa)；

$F_{0.2}$——残余伸长率达 0.2%时的载荷(N)；

S_0——试样原始横截面积(mm^2)。

屈服强度 σ_s 和规定残余延伸应力 $\sigma_{0.2}$ 都是衡量金属材料塑性变形抗力的指标。机械零件在工作时如受力过大，则因过量的塑性变形而失效。当零件工作时所受的应力，低于材料的屈服强度或规定残余延伸应力，则不会产生过量的塑性变形。材料的屈服强度或规定残余延伸应力越高，允许的工作应力也越高，则零件的截面尺寸及自身质量就可以减少。因此，材料的屈服强度或规定残余延伸应力是机械零件设计的主要依据，也是评定金属材料性能的重要指标。

3. 抗拉强度

金属材料在拉断前所能承受的最大应力，称为抗拉强度或强度极限，用符号 σ_b 表示，计算公式如下：

$$\sigma_b=\frac{F_b}{S_0}$$

式中：σ_b——抗拉强度(MPa)；

F_b——试样拉断前承受的最大载荷(N)；

S_0——试样原始横截面积(mm^2)。

零件在工作中所承受的应力不允许超过抗拉强度，否则会产生断裂。可见抗拉强度指标也是机械零件设计时的重要依据之一，同时也是评定金属材料强度的重要指标。通常把屈服强度和抗拉强度的比值称为屈强比，其值越高，则强度的利用率越高。屈强比越小，则工程结构的可靠性越高，也就是万一超载也不至于马上断裂。但屈强比小，材料强度有效利用率也低，一般以 0.75 为宜。

知识链接：

一、刚度

材料在受力时抵抗弹性变形的能力称为刚度，它表示材料弹性变形的难易程度。材料刚度的大小通常用弹性模量 E 来评价。

弹性模量 E 是指材料在弹性状态下的应力与应变的比值，计算公式如下：

$$E=\frac{\sigma}{\varepsilon}$$

式中：σ_b——抗拉强度(MPa)；

ε——应变，即单位长度的伸长量，$\varepsilon=\frac{\Delta l}{l_0}$。

弹性模量 E 表征材料产生单位弹性变形所需要的应力，反映了材料产生弹性变形的难易度，在工程上称为材料的刚度。弹性模量 E 值越大，则材料的刚度越大，材料抵抗弹性变形能力就越大，即零件或构件保持其原有形状和尺寸的能力也越大。

在设计机械零件时，如果要求零件刚度大时，应选用具有较高弹性模量的材料。一般来说，钢铁材料的弹性模量较大，所以，对要求刚度大的零件，通常选用钢铁材料。例如，车床主轴应有足够的刚度，如果主轴刚度不足，车刀进刀量较大时，车床主轴的弹性变形就会大，从而影响零件的加工精度。

对于在弹性范围内要求对能量有较大吸收能力的零件(如弹簧等)，可以选择软弹簧材料如铍青铜、磷青铜等制造，使其具有较高的弹性极限和低的弹性模量。常见金属材料的弹性模量见表 4－1 所列。

表 4－1　常见金属材料的弹性模量

金　属	弹性模量 E/MPa	切变模量 G/MPa
铁	214000	84000
镍	210000	84000
钛	118000	44670
铝	72000	27000
铜	1320000	49270
镁	45000	18000

应用案例　高压开关螺栓断裂原因

某公司送检两个螺栓，规格为 M8×110－12.9，螺栓在服役期间在螺纹部位发生断裂。

一、检测

1. 宏观

断裂螺栓的外观形貌如图 4－7(分别记为 1 号和 2 号)所示。螺栓表面经发黑处理。

1 号螺栓断在距尾部 16 牙处，2 号断在 14 牙处。两个螺栓的断裂部位均有明显的缩颈变形。缩颈最小处，1 号为 φ7.2mm，2 号为 φ7.5mm。1 号和 2 号螺栓伸长分别为 1.06mm 和 2.56mm(图 4－8)。此外，两个螺栓均有程度不同的弯曲变形，在螺栓光杆部位的一侧表面有明显的挤压痕迹。

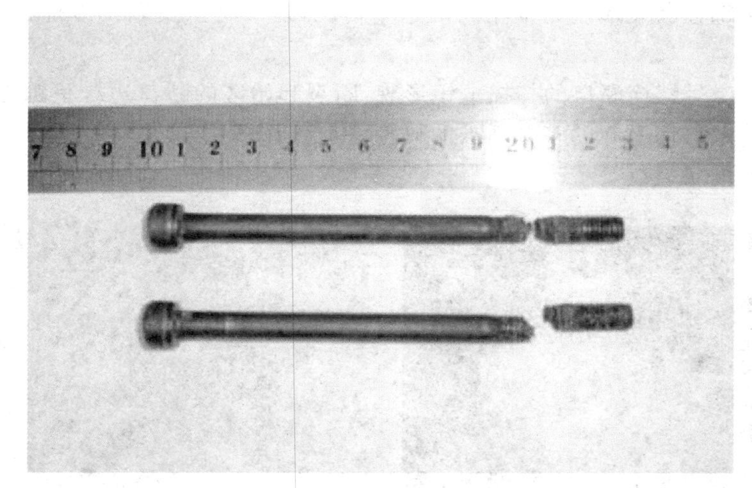

图 4－7　断裂螺栓外观

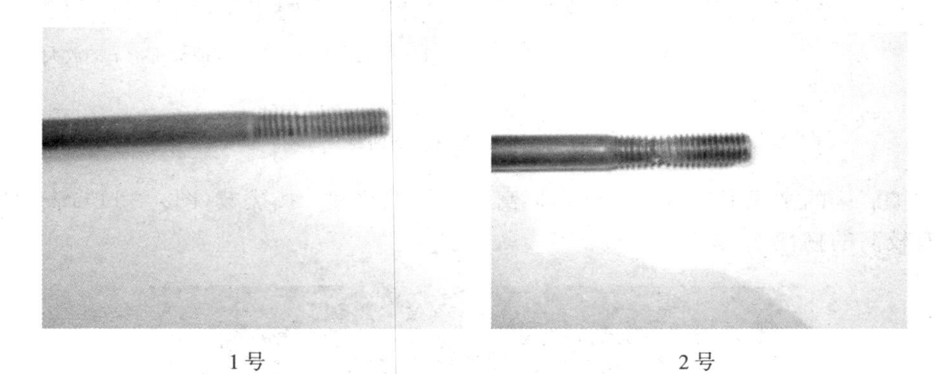

1号　　　　2号

图 4－8　两个断裂螺栓的变形

2. 断口螺纹表面

断口的低倍体视形貌如图 4－9 所示。两个断口的断裂形貌完全相同，断裂起始区均在螺纹一侧的牙底（图中箭头所指），裂纹扩展撕裂棱线呈河流状，河流的上游即为断裂起始区。

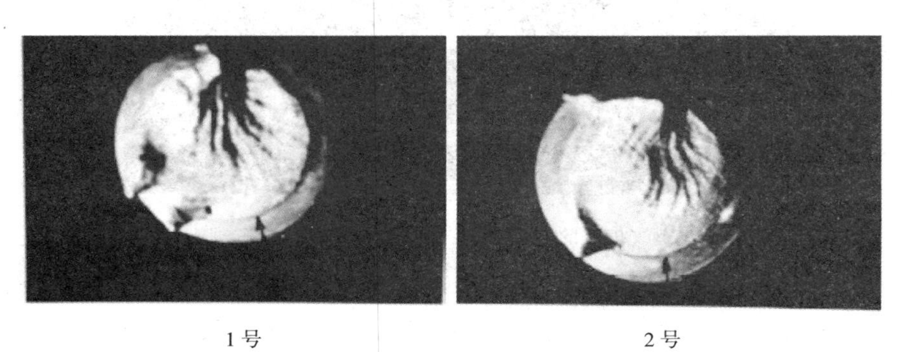

1号　　　　2号

图 4－9　螺栓断口的低倍形貌（箭头所指为断裂起始区）

考虑到两个螺栓断裂形貌完全相同的这一情况，以下将主要以 1 号螺栓作为代表进行分析。

图 4－10 为 1 号螺栓断口的扫描电镜形貌，断裂起始区的断口边缘呈锯齿状花样（箭头所指），这是条状缺口而引起的多源断裂的典型特征。在图 4－10b）中可清晰地看到断裂起始区牙底存在的网状裂纹。

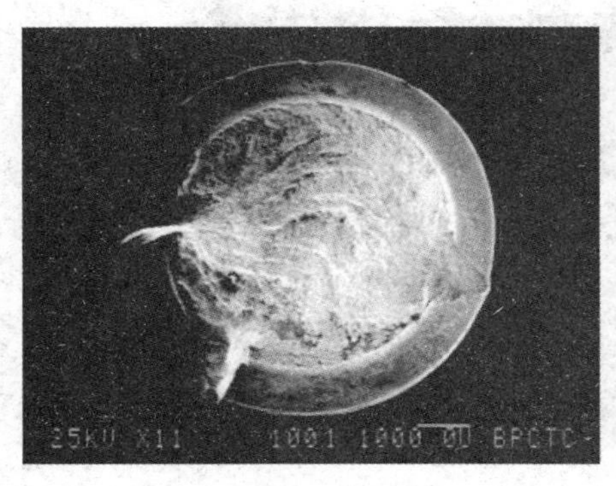

a）断口低倍形貌

b）断裂起始区（图a 中箭头所指）的放大

图 4－10　1 号螺栓断口扫描电镜形貌

A 区为牙底裂纹；B 区为断口

裂纹扩展区的微观形貌特征为细小韧窝＋少量准解理＋撕裂棱（图 4－11），表明螺栓基体材料有较高的韧性。

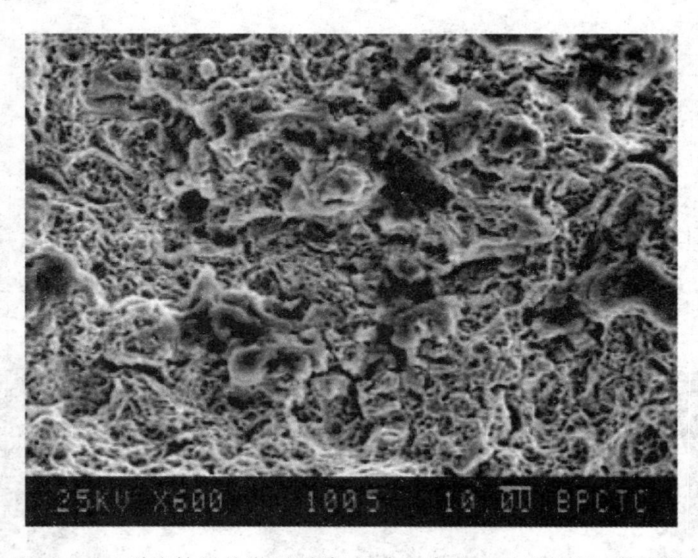

图 4－11　裂纹扩展的微观形貌：细小韧窝＋少量准解理＋撕裂棱

在邻近断口的 2 个牙底可看到粗大周向裂纹（图 4－12），而在远离断口的牙底没有这类裂纹，显然，这种粗大裂纹并不是螺栓原有的，而是和这两个牙服役中产生过量塑性变形有关。

另外，我们在很多齿牙的表面，无论是邻近断口的牙，还是远离断口的牙，都观察到网状

图 4-12 邻近断口的齿牙的牙底因过量塑性变形而形成的裂纹(箭头所指)

裂纹(图 4-13),无疑这是螺栓所原有的。

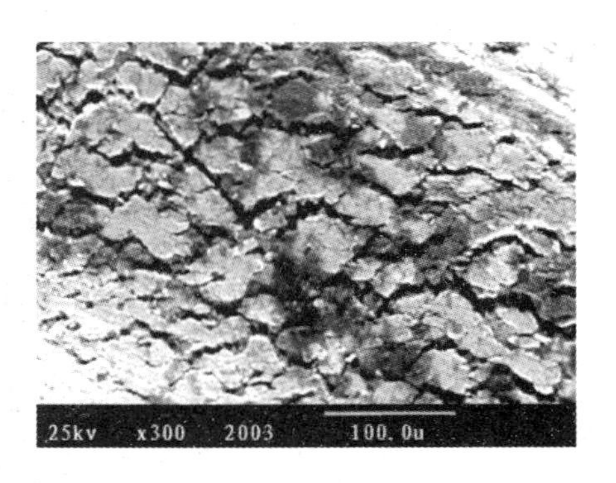

图 4-13 远离断口的齿牙的牙底网状裂纹(右图为左图的放大)

3. 硬度

1 号螺栓的硬度为 40.5HRC,2 号螺栓为 41.5HRC。

二、分析

检测结果表明,两个螺栓的硬度(40.5HRC 和 41.5HRC)均符合 GB/T 3098.1—2000 所规定的值(39～44HRC),金相组织为良好的调质索氏体组织。一般来说,在正常的受力条件下,螺栓不应当断裂。而导致螺栓断裂的原因可从以下三个方面来分析:

1. 屈服

两个螺栓存在 1.06mm 和 2.56 mm 的残余伸长,在断裂部位出现了 0.5～0.8mm 的缩颈,说明螺栓已经过载。过载力的来源包括拧紧时的预紧力和工作外力等,这些外力的合力导致螺栓承受的应力超过了材料的屈服极限而破坏。

2. 弯曲

两个螺栓均有一定的弯曲变形,说明螺栓在装配时受到附加弯曲力矩的作用,导致螺栓偏载,局部应力提高乃至使材料屈服。这点可从螺栓光杆部位一侧存在明显的挤压痕迹得到证明。

3．牙底网状裂纹

螺栓牙底存在的网状裂纹将直接影响到它的断裂强度，尤其是对高强度螺栓而言，表面裂纹所产生的应力集中程度更为强烈，裂纹也更容易失稳扩展。网状裂纹形成的原因可能是螺栓发黑过程中腐蚀的结果。

三、结论

1．螺栓断裂的主要原因是过载，导致螺栓产生屈服缩颈而后断裂。装配时预紧力过大，装配歪斜而产生的附加弯曲应力等是过载的主要原因。

2．螺栓牙底因腐蚀而形成的网状裂纹加速了螺栓的断裂。

项目二　塑　性

背景介绍

塑性是指金属材料在载荷作用下断裂前发生不可逆永久变形的能力。设计零件时，不但要选择材料，提出强度要求，以进行强度计算，同时还要提出对材料塑性的要求。如汽车齿轮箱的传动轴，选用中碳钢调质处理，要求 $\sigma_{0.2}$ 为 400～500MPa，同时还要求断后伸长率 δ 不小于 6%。这里对塑性的要求是出于安全考虑。零件工作过程中，难免偶然过载，或者集中部分的应力水平超过材料屈服强度，这时，材料如果具有一定的塑性，则可用局部塑性变形松弛或缓冲集中应力，避免断裂，保证安全。

问题引入

塑性是金属材料在断裂前发生的不可逆永久变形的能力，有哪些指标来衡量金属材料塑性的大小？

问题分析

一、断后伸长率

拉伸试样在进行拉伸试验时，在力的作用下产生塑性变形，原始试样中的标距会不断伸长。试样拉断后的标距伸长量与原始标距的百分比称为断后伸长率，用符号 δ 表示。

$$\delta=\frac{l_1-l_0}{l_0}\times 100\%$$

式中：l_1——试样拉断后的标距长度(mm)；

l_0——试样的原始标距长度(mm)。

必须说明，同一种材料的试样长短不同，测得的断后伸长率是不同的。材料的断后伸长率是随标距的增加而减少的。由于拉伸试样分为长试样和短试样，使用长试样测定的断后伸长率用符号 δ_{10} 表示，使用短试样测定的断后伸长率用符号 δ_5 表示。因此，同一种材料的断后伸长率 δ_{10} 和 δ_5 数值是不相等的，一般短试样 δ_5 值大于长试样 δ_{10} 值。

二、断面收缩率

断面收缩率是指试样拉断后颈缩处横截面积的最大缩减量与原始横截面积的百分比。断面收缩率用符号 ψ 表示。

$$\psi=\frac{S_0-S_1}{S_0}\times 100\%$$

式中：S_1——试样断口处的横截面积(mm^2)；

S_0——试样原始横截面积(mm^2)。

金属材料塑性的大小,对零件的加工和使用具有重要的实际意义。伸长率和断面收缩率越大,表明材料的塑性越好,一般认为 $\psi<5\%$的材料为脆性材料。

材料具备一定的塑性才能进行各种成型加工,如冷冲压、锻造、轧制等。钢的塑性较好,能通过锻造成型。铸铁的伸长率几乎为零,塑性很差,所以不能进行塑性变形加工。另外,具有一定塑性的零件,偶尔过载时由于能发生一定量的塑性变形而不至于立即断裂,在一定程度上保证了零件的工作安全性,因此对于重要的结构零件要求必须具备一定的塑性。塑性并不是越大越好,一般来说,各种零件对塑性的要求有一定的限度。例如,钢材的塑性过大,一般它的强度会降低,这不但会降低钢制零件的使用寿命,而且在同样受力的情况下会加大零件的自身重量,浪费材料。

知识链接

提高金属塑性的主要途径有以下几个方面。

1. 尽量减少金属材料中杂质元素的含量

减少金属材料中杂质元素的含量,对提高金属塑性将起到一定的作用。如杂质元素 P、S 在金属中属于有害杂质,它们能降低金属的塑性。金属材料本身化学成分的含量直接影响着金属材料的机械性能。

2. 合理控制加入金属材料中合金元素的含量

钢中加入合金元素的主要目的是使钢具有更优异的性能,对于结构材料来说,最主要是为了提高其机械性能,即既要有高的强度,又要保证材料具有足够的塑性。然而材料的强度和塑性通常是一对矛盾体,增加强度往往要牺牲材料的塑性,反之亦然。合金元素加入钢中主要表现为塑性降低、变形抗力提高,所以这就需要把合金元素控制在一定的范围,使其满足生产中对金属材料塑性和强度的要求。

3. 提高金属材料中成介和组织的均匀性

提高金属材料中成分和组织的均匀性,能提高金属材料的塑性。合金铸锭的化学成分和组织通常很不均匀,若在变形前进行高温扩散退火,则能起到均匀化的作用,从而提高塑性。

4. 合理选择变形温度和变形速度

合金钢的始锻温度通常比同碳分的碳钢低,而终锻温度则较高,其始、终锻锻造温度差一般仅为 100～200℃。若加热温度选择过高,则易使晶界处的低熔点物质熔化,对有些铁素体钢其晶粒有过分长大的危险;而变形温度选择过低时,则会使再结晶不能充分进行,这一切都会导致金属塑性的降低,引起锻造时的开裂,因此必须合理选择变形温度。对于具有速度敏感性的材料,要注意合理选择变形速度。

5. 减少金属材料变形时的不均匀性

金属不均匀变形会使塑性降低,促使裂纹产生。为此可采用各种措施,减少不均匀变形的程度。可使用适宜的润滑剂以减少外摩擦的有害影响,如钢热挤压时可用玻璃润滑剂,以减少金属内、外层向外流动的不均匀性,从而防止表面周期性裂纹的产生;低塑性材料墩粗时可用软金属垫代替润滑剂,同样可减少鼓形程度、防止侧面裂纹产生。确定合理的变形工艺条件亦可减少不均匀变形。

综上所述，严格控制金属材料本身化学成分的含量，提高化学成分和组织的均匀性，选择合理的变形温度和速度，减少金属材料在变形中的不均匀，这些都能有效地提高金属的塑性。

综合拓展

横向力对列车车轮踏面表层材料塑性变形的影响

轮轨间的横向作用力会导致车轮踏面表层材料的塑性变形和塑性流动，并且导致车轮踏面出现某些特定形式的损伤。这种损伤形式主要表现为车轮踏面材料在横向力的作用下向轮对外侧流动，并在踏面的边界倒角处形成延伸物，从而使踏面在某些区域被碾宽。当出现这种损伤时，往往需要对车轮踏面进行镟修以保证列车运行的安全性。研究横向力作用下车轮表层材料的塑性变形和塑性流动对列车的安全运行具有重要的意义。

先了解列车车轮的受力情况，如图 4 - 14 所示。列车车轮在运行过程中通常受到 3 个力的作用：竖直方向上的力 F_P、圆周方向的力 F_T 和 1 个沿轴向的力 F_L。其中垂向力 F_P 主要来自于列车重量，其方向为竖直向上，数值存在一定的波动；沿滚动方向的力 F_T 主要来自于牵引力和制动力，其方向随着运行工况的改变而发生变化，当列车加速时其与列车运行方向相同，而制动时则与运行方向相反；沿轴向的力 F_L 主要来自于曲线通过和蛇行现象产生的横向力，其同样随着运行工况的改变而变化，其中曲线半径对横向力的影响最为明显。

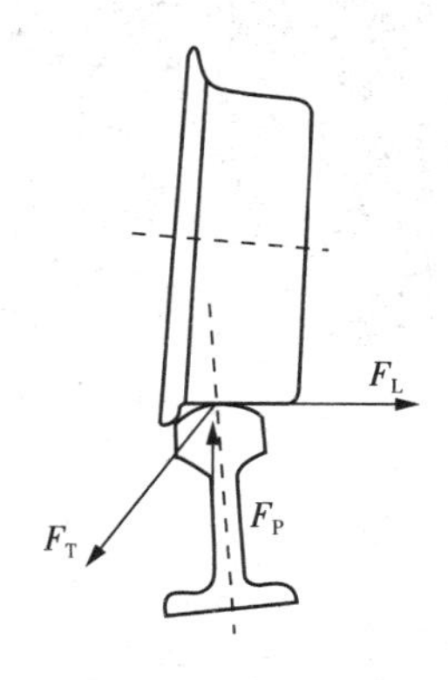

图 4 - 14　列车车轮的受力情况

当这 3 个作用力的大小超过一定的极限值时，会使车轮材料发生严重的塑性变形，并在列车车轮踏面形成一定的损伤。过大的垂向力将使车轮出现压溃等损伤；车轮踏面表层材料在圆周方向力的作用下沿滚动方向流动，并且导致各种疲劳损伤现象的发生；车轮踏面表层材料在横向力的作用下将沿着轴向流动，同样导致严重的车轮损伤。

试验采用 JD - 1 型轮轨模拟试验机。在试验中将模拟列车车轮的试件称为模拟车轮，模拟实际钢轨的试件称为模拟钢轨。

图 4 - 15 为试验后 4 个模拟车轮磨痕的宏观形貌，图中标有 Δ 的区域为接触区域，黑色箭头表示横向力的方向。可以看出：4 个试件均发生了明显的磨损，接触区相比于非接触区显得粗糙；图中白色箭头所指的位置存在材料堆积迹象，而在接触区域的另一侧则不存在明显的材料堆积迹象。

为详细观察图 4 - 15 中接触区域与非接触区域交界处的塑性变形情况，取 3 模拟车轮进行进一步的观察分析。将 3 模拟车轮进行金相处理后利用扫描电子显微镜分别观察接触区域的 2 个边界，其结果如图 4 - 16 所示。可以看出：图 4 - 15 所示的材料堆积迹象实质上是塑性变形导致的材料堆积（图 4 - 16a)），在轮轨接触区域的模拟车轮踏面近表层发生了严重的塑性变形，塑性变形的方向与横向作用力的方向一致，由接触区域指向非接触区域，材料非堆积侧中接触区域与非接触区域则几乎处于同一高度（图 4 - 16b)），且在近表层只存在非常轻微的塑性变形，这说明模拟车轮在横向力的作用下，表层材料发生了塑性变形并沿着横向力的方向产生了塑性流动，最后堆积在了接触区的边界处。由此可见，对车轮材料而言，横向力作用下的塑性变形是产生材料流动的直接原因。

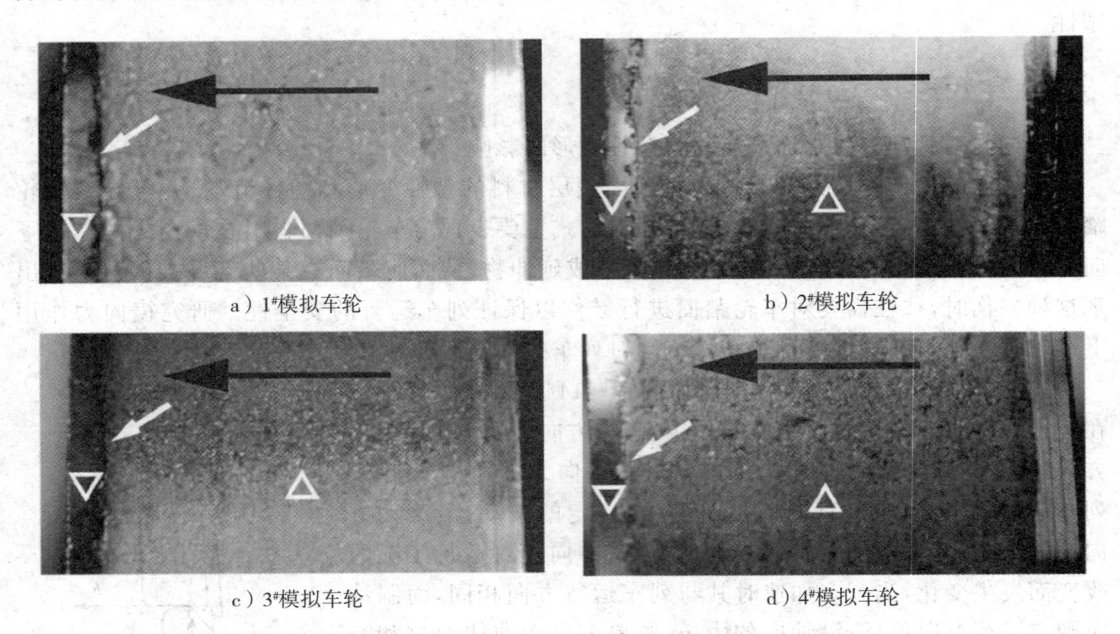

图 4－15　试验后不同模拟车轮磨痕的宏观形貌

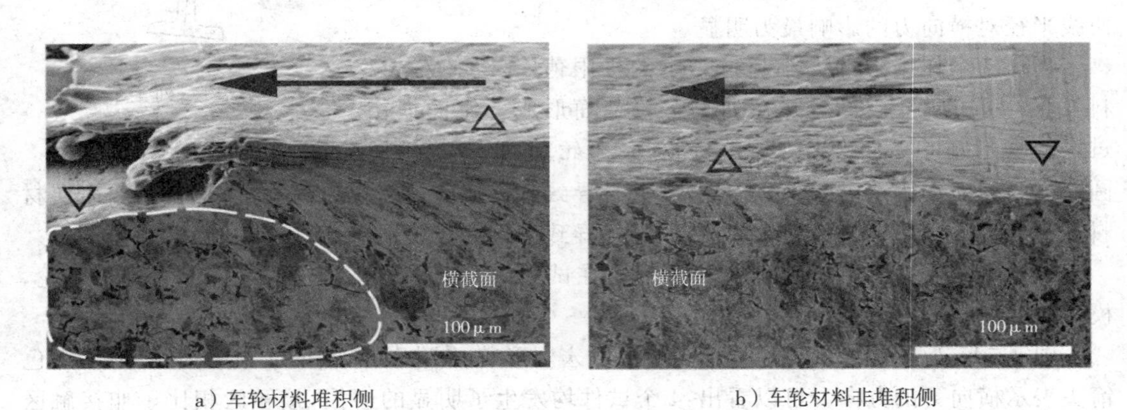

图 4－16　模拟车轮横截面的扫描电子显微镜形貌

项目三　硬度

背景介绍

硬度是金属材料抵抗局部变形，特别是塑性变形、压痕或划痕的能力，是衡量金属材料软硬的指标。一般材料越硬，其耐磨性就越好。机械制造业所用的刀具、模具和机械零件等，都应具备一定的硬度，才能保证其使用性能和寿命。

硬度是在硬度试验设备上测定的，其试验方法简便、迅速，不需要破坏试件，设备也比较简单，而且对大多数金属材料，可以从硬度值估出材料的近似抗拉强度和耐磨性。此外，硬度与材料的冷成型性、切削加工性、可焊性等工艺性能之间也存在着一定联系，可作为制定加工工艺时的参考。因此，硬度试验在实际生产中广泛应用。

材料的硬度值是按一定方法测出的数据，不同方法在不同条件下测量的硬度值，因含义不同，其数据也不同，因此一般不能进行相互比较。根据载荷的性质及测量方法的不同可分为布氏硬度、洛氏硬度和维氏硬度等。

问题引入

布氏硬度、洛氏硬度和维氏硬度都属于压痕硬度，三者在原理上有何区别？

问题分析

一、布氏硬度

1. 布氏硬度的测试原理

布氏硬度试验法是用直径为 D 的球体（钢球或硬质合金球）以相应的试验力 F 压入试样表面，保持规定时间后卸除试验力，然后测量被测试金属表面上所形成的压痕平均直径 d（如图 4－17 所示），由此计算压痕的表面积，进而求出压痕在单位面积上所承受的平均压力值，即被测试金属的布氏硬度值，用符号 HBS(HBW)表示，计算公式如下：

$$\mathrm{HBS(HBW)}=\frac{F}{S}=0.102\times\frac{2F}{\pi D\left(D-\sqrt{D^2-d^2}\right)}$$

式中：HBS(HBW)——用钢球或硬质合金球试验时的布氏硬度值；

F——试验力(N)；

S——球面压痕表面积(mm^2)；

D——球体直径(mm)；

d——压痕平均直径(mm)。

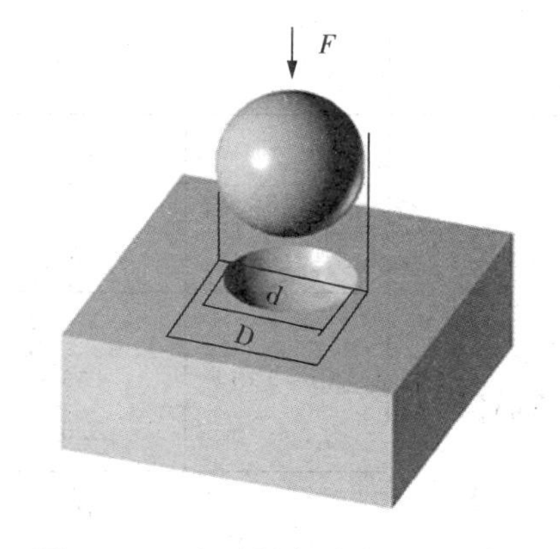

图 4－17　布氏硬度试验原理示意图

从上式中可以看出，当试验力 F、球体直径 D 一定时，硬度值只与压痕直径 d 的大小有关。d 越大，压痕面积越大，则布氏硬度值越小；反之，d 越小，硬度值越大。

2. 布氏硬度的表示方法

布氏硬度的表示符号为 HBS 和 HBW 两种。压头为淬火钢球时用 HBS 表示，一般适用于测量软灰铸铁、有色金属等布氏硬度值在 450 以下的材料。压头为硬质合金时，则用 HBW 表示，适用于布氏硬度值在 650 以下的材料。符号 HBS 或 HBW 之前的数字为硬度值，符号后面按以下顺序用数字表示试验条件：①球体直径；②试验力；③试验力保持的时间(10～15s 不标注)。

例如，270 HBS10/1000/30 表示用直径 10mm 的钢球，在 9807N(1000kgf)的试验力作用下，保持 30s 时测得的布氏硬度值为 270。490 HBW5/750 表示用直径 5mm 的硬质合金球，在 7355N(750kgf)的试验力作用下，保持 10～15s 测得的布氏硬度值为 490。

3. 布氏硬度试验条件的选择

由于金属材料有软有硬，被测工件有薄有厚，尺寸有大有小，如果只采用一种标准的试验载荷 F 和压头直径 D，就会出现对某些材料和工件不适应的现象。因此，国标规定了常用布氏硬度试验规范。在进行布氏硬度试验时，可根据被测试金属材料的种类、硬度范围和试样厚度，选用不同的压头直径 D、施加载荷 F 和载荷保持时间，建立 F 和 D 的某种选配关系，以保证布氏硬度的可比性，见表 4-2 所列。

表 4-2　布氏硬度试验规范

材料种类	布氏硬度使用范围/HBS	球直径 D/mm	$0.102F/D^2$	试验力 F/N	试验力作用时间/s	注
钢、铸件	≥140	10 5 2.5	30	2940 7355 1839	10	压痕中心距试样边缘距离不应小于压痕平均直径的2.5倍。 两相邻压痕中心距离不应小于压痕平均直径的4倍。 试样厚度至少应为压痕深度的10倍。试验后，试样支撑面应无可见变形痕迹
	<140	10 5 2.5	10	9807 2452 613	10～15	
非铁金属材料	≥130	10 5 2.5	30	29420 7355 1839	30	
	35～130	10 5 2.5	10	9807 2452 613	30	
	<35	10 5 2.5	2.5	2452 613 153	60	

二、洛氏硬度

洛氏硬度试验法是目前工厂中应用比较广泛的试验方法。洛氏硬度试验原理是以锥角为120°的金刚石圆锥体或直径为1.588mm的淬火钢球，压入试样表面。试验时，先加初试验力，然后加主试验力，压入试样表面之后，去除主试验力，在保留初试验力的情况下，根据试样残余压痕深度增量来衡量试样的硬度大小。硬度高的材料其残余压痕深度增量小。

在图4－2中，0—0位置为金刚石压头还没有和试样接触时的原始位置。当加上初始试验力 F_0 后，压头压入试样中，深度为 h_0，处于1—1位置，此位置为测量压痕深度的起点，再加主试验力 F_1，使压头又压入试样的深度为 h_1，处于2—2位置，然后去除主试验力，保持初始试验力。压头因材料有弹性恢复到图中3—3位置。因此，压头受主载荷作用实际压入试件表面产生塑性变形的压痕深度为 h。

洛氏硬度值HR是用洛氏硬度相应标尺刻度满量程值与残余压痕深度增量之差计算的硬度值，其计算公式为：

$$HR=K-\frac{h}{0.002}=K-e$$

式中：K——常数，用金刚石圆锥体压头进行试验时 K 为100，用钢球压头进行试验时，K 为130；

h——压痕深度；

e——残余压痕深度增量（指硬度试验中，在卸除主试验力并保持初始试验力的条件下测量的深度方向塑性变形量），用0.002mm为单位。

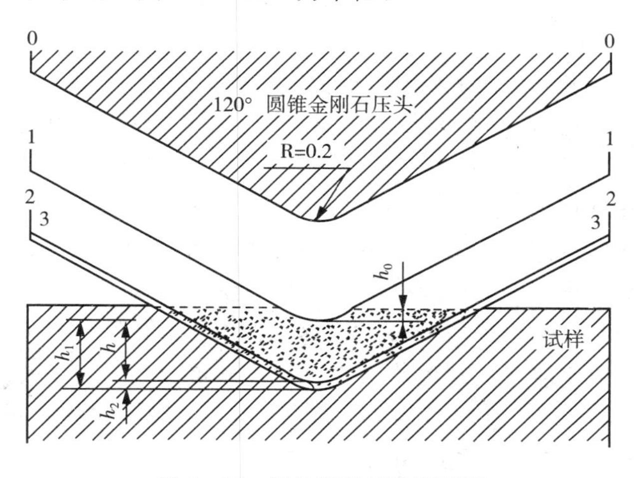

图4－18　洛氏硬度试验原理图

在实际测试时，可从硬度计的指示盘上直接读出洛氏硬度值的大小。为了适应不同材料的硬度测定需要，洛氏硬度计采用不同的压头和载荷对应不同的硬度标尺。每种标尺由一个专用字母表示，标注在HR后面，分别为HRA、HRB、HRC。需要注意的是，这三种不同标尺都是洛氏硬度值，但彼此之间没有直接的换算关系。测定的硬度数值写在符号HR

的前面，HR后面写使用的标尺，如50 HRC表示用“C”标尺测定的洛氏硬度值为50。三种洛氏硬度标尺的试验条件和适用范围见表4-3所列。

表4-3 常用洛氏硬度标尺的试验条件和适用范围

硬度标尺	压头类型	总试验力/N	硬度值有效范围	应用举例
HRA	120°金刚石圆锥体	588.4	20～85HRA	碳化物、硬质合金、表面淬火钢
HRB	ϕ1.5875mm钢球	980.7	20～100HRB	软钢、退火钢、有色金属
HRC	120°金刚石圆锥体	1471	20～70HRC	淬火钢、调质钢

三、维氏硬度

洛氏硬度试验虽可采用不同的标尺来测定由软到硬金属材料的硬度，但不同标尺的硬度值是不连续的，没有直接的可比性，使用上很不方便。为了能在同一种硬度尺度上测定由极软到极硬金属材料的硬度值，特制定了维氏硬度试验法。

维氏硬度试验原理基本上和布氏硬度试验相同，如图4-19所示，将相对面夹角为136°的正四棱锥体金刚石压头以选定的试验力F压入试样表面，经规定保持时间后卸除试验力，测量压痕对角线的平均长度d来计算硬度，进而计算出压痕的表面积S，最后求出压痕表面积上平均压力(F/S)，以此作为被测试金属的硬度，用符号HV表示。其计算公式如下

$$HV=0.1891\frac{F}{d^2}$$

式中：F——试验力(N)；

d——压痕两对角线长度的平均值(mm)。

在实际工作中，维度硬度值同布氏硬度一样，不用计算，而是根据压痕对角线长度，从表中直接查出。

维氏硬度试验所用的试验力可根据试件的大小、厚薄等条件进行选择，常用试验力在49.03～980.7N变动，而小载荷维氏硬度试验力范围为1.96～49.03N，显微维氏硬度试验力范围为9.807×10^{-2}～1.96N。试验力选用原则是根据材料硬度及硬化层或试样厚度来定。维氏硬度可测定5～1000HV。

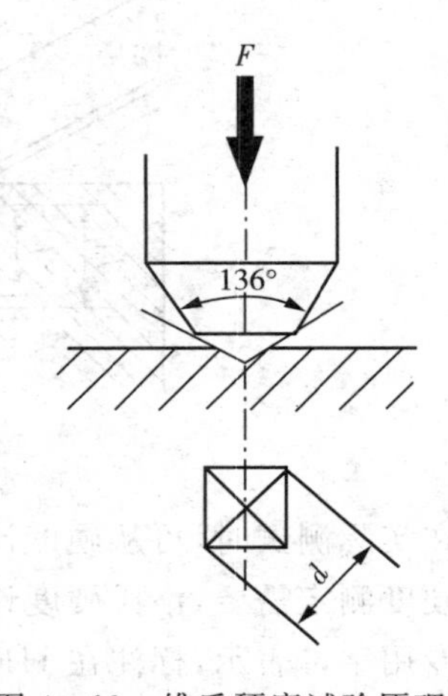

图4-19 维氏硬度试验原理图

维氏硬度值表示方法与布氏硬度相同，硬度数值写在符号的前面，试验条件写在符号的后面。对于钢和铸铁若试验力保持时间为10～15s时，可以不标出。

例如：640HV30表示用294.2N(30kgf)试验力，保持10～15s测定的维氏硬度值为640。640HV30/20表示用294.2N(30kgf)试验力，保持20s测定的维氏硬度值

为 640。

维氏硬度试验法广泛应用在精密工业和材料科学研究中，维氏硬度试验时对试件表面质量要求较高，测试方法较繁，但因可加的试验力小，压入深度较浅，故可测量较薄或表面硬度值较大的材料的硬度及很软到很硬的各种金属材料的硬度，且连续性好、准确性高。

知识链接

布氏硬度、洛氏硬度和维氏硬度优缺点

1. 布氏硬度试验的优缺点

(1)优点

试验时使用的压头直径较大，在试样表面上留下压痕也较大，测得的硬度值也较准确。

(2)缺点

① 对金属表面的损伤较大，不易测试太薄工件的硬度，也不适于测定成品件的硬度；

② 操作时间较长，对不同材料需要用不同压头和试验力，压痕测量较费时。

2. 洛氏硬度试验优缺点：

(1)优点

① 操作简单迅速，效率高，直接从指示器上可读出硬度值；

② 压痕小，故可直接测量成品或较薄工件的硬度；

③ 对于 HRA 和 HRC 采用金刚石压头，可测量高硬度薄层和深层的材料。

(2)缺点：由于压痕小，测得的数值不够准确，通常要在试样不同部位测定四次以上，取其平均值为该材料的硬度值。

3. 维氏硬度试验优缺点：

(1)优点

① 与布氏、洛氏硬度试验比较，维氏硬度试验不存在试验力与压头直径有一定比例关系的约束；

② 不存在压头变形问题；

③ 压痕轮廓清晰，采用对角线长度计量，精确可靠，硬度值误差较小。

(2)缺点

其硬度值需要先测量对角线长度，然后经计算或查表确定，故效率不如洛氏硬度试验高。

应用案例

显微硬度技术

如果用小的载荷把硬度测试的范围缩小到显微尺度以内就称为显微硬度。显微硬度是金相分析中常用的测试手段之一。它和一般硬度测定的原理及方法一样，只是加在锥形金刚石压头上的负荷极小，从数克到数百克，因此在试样上所留的压痕也极微小，压痕对角线一般只有几个微米到几十个微米，这么小的压痕必须用金相显微镜才能测量。因而使得评定某一相或结构组分的硬度成为可能，进而为组织分析或性能分析提供依据。

显微硬度测试采用的压入法类型，所标志的硬度值实质上是金属表面抵抗因外力压入所引起的塑性变形的抗力的大小。测量显微硬度的压头是个极小的金刚石锥体，重0.05～0.06g，镶在压头的顶尖上。显微硬度压头按几何形状分为两种类型：一种是锥面夹角为136°的正方锥体压头，又称维氏(Vikers)锥体，压痕形状如图 4－19a)所示，且 $d_1=d_2$。它的应用较为广泛，在我国、苏联及其他欧洲各国均采用这一类型的压头，另一种是菱面锥体压头，又称克诺伯(Knoop)型压头。压痕形状如图 4－19b)所示，且 $7d_1=d_2$ 此类压头在美国使用较为普遍。

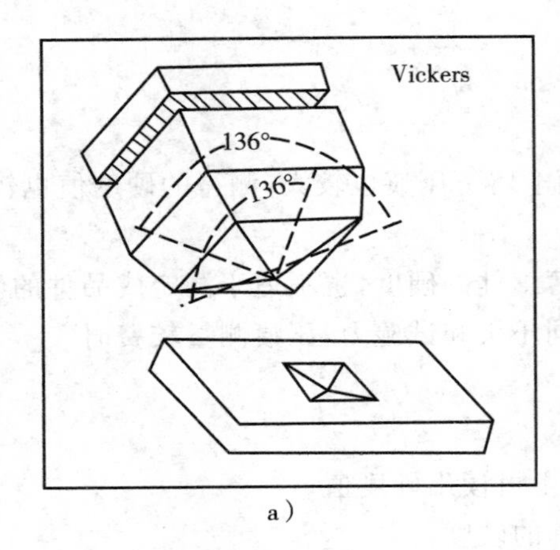

a)

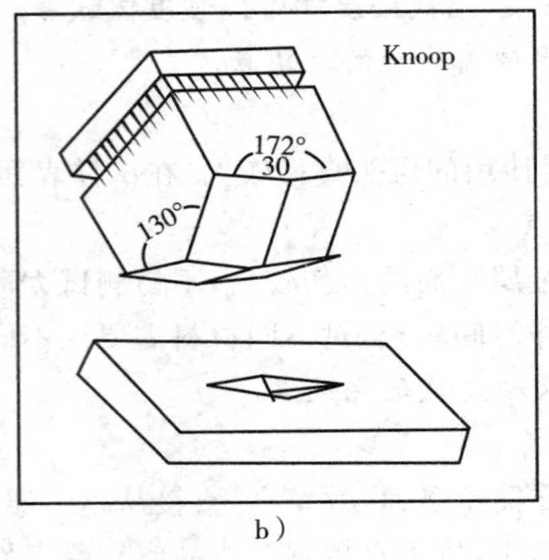

b)

图 4－3－3　维氏、努氏压头几何形状

显微硬度值(HV)以单位压痕凹陷面积所承受的负荷作硬度值的计量指标，单位是：kg/mm²。压痕面积的计算方法随压头几何形状不同而异，硬度值与压痕对角线之间的关系可以通过几何关系推导出来。

(1)维氏显微硬度值

$$HV=\frac{P}{A}=\frac{2P\sin\frac{\alpha}{2}}{d^2}$$

式中：A 是压痕面积，P 是负荷(g)，α 是维氏锥体的夹角，d 是压痕对角线长(μm)。

当 $\alpha=136°$时，则：

$$HV=1854.4\frac{P}{d^2}$$

压痕深度约为 d/7。

(2)克诺伯型显微硬度值

$$HK=\frac{P}{A_P}=\frac{P}{\frac{1}{2}L\cdot W}$$

式中：A_P是压痕的投影面积(μm^2)，P 是负荷(g)，L 是压痕长对角线长度(μm)，W 是压痕短对角线长度(μm)。

当 $W=0.14056L$ 时，

$$HK=14230\frac{P}{L^2}$$

压痕深度为 $L/30$。

计算显微硬度值，首先应当测量显微硬度压痕的对角线长度；测量压痕的对角线长度时，维氏压痕是两个对角线的平均值，努氏压痕是只测量长对角线的长度。显微硬度值的表达方式是：400HV0.1 或 400HK0.1。其中，HV(HK)代表显微硬度，0.1 代表载荷大小，400 代表显微硬度值，保荷时间在 15～20s，如果不是 15～20s，需要标明：400HV0.1/30，说明保荷时间是 30s。

综合拓展

铁路轮轨硬度匹配

轮轨是一对摩擦副，影响车轮与钢轨耐磨性最重要的因素是硬度。如图 4－20 显示硬度对车轮和钢轨摩擦的影响。当车轮硬度大于钢轨，车轮接触钢轨时，车轮表面的变形小，而钢轨的变形大，车轮“嵌入”钢轨中，如图 4－20a)左所示。在这种情况下车轮与钢轨接触面是曲面，因此，轮轨不易打滑。当车轮硬度小于钢轨时，车轮接触钢轨时，钢轨表面的变形小，而车轮的变形大，车轮接触面被压平，如图 4－20b)右所示。在这种情况下车轮与钢轨接触面接近平面，车轮与钢轨只能靠表面的粗糙程度来防止打滑，因此，轮轨容易打滑。

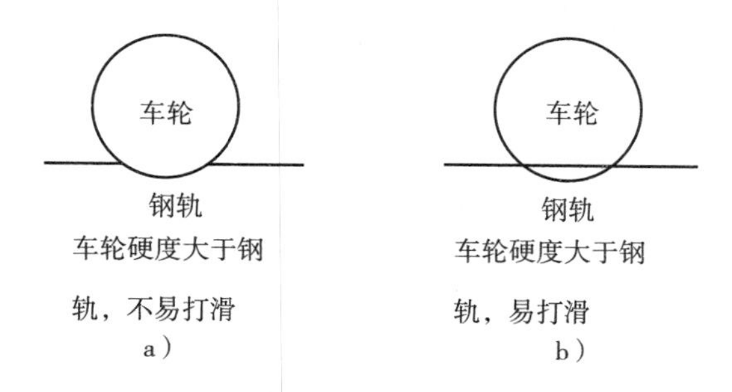

图 4－20　车轮与钢轨接触方式对打滑影响

除了设计合理的轮轨几何形面外，不同运输条件下轮轨硬度的合理匹配对提高轮轨的综合使用寿命具有十分重要的作用。多年来，世界各国的科研工作者就轮轨硬度匹配对轮轨磨耗的影响进行了大量的实验研究。世界各国铁路的轮轨材料硬度匹配技术路线各不相同。日本车轮硬度高于钢轨硬度，轮轨硬度比超过 1.2∶1；欧洲高速铁路轮轨硬度相当，轮轨硬度比接近 1∶1，但从目前情况来看，欧洲国家致力于提高车轮硬度解决车轮磨耗等问题。

我国高速铁路广泛铺设 U71MnG 热轧钢轨，轨面硬度为 260～300HB(实际硬度 270～280HB，断后伸长率 13%～15%)，高速客货混运铁路铺设 U75VG 热轧钢轨，轨面硬度为 280～320HB(实际硬度 295～310HB，断后伸长率 11%～13%)。

我国高速动车组主要采用进口车轮，以进口欧洲的 ER8 车轮为主，少量采用欧洲 ER9 车轮、鲁奇尼开发的 ER8C 车轮、日本 SSW－Q3R 车轮。

在时速 200～300km 高速铁路上运行的动车组，其中 CRH1 型动车组的车轮材质为 ER9，车轮硬度大于 255 HB；早期的 CRH2 型动车组的车轮材质为 SSW－Q3R，车轮硬度为 311～363 HB（实际硬度≥320 HB）；CRH3 型动车组的车轮材质为 ER8，轮硬度大于 245 HB（实际硬度≥260HB）；CRH5 型动车组的车轮材质为 ER8C，轮轮硬度为 260～302HB。

我国高速铁路的运营特点是曲线半径大、运行距离长、轮轨接触点比较集中。高速线路运营结果表明，直线钢轨的垂直磨耗很少，每年或每 15 Mt 通过总重的钢轨自然磨耗（扣除钢轨打磨的影响）小于 0.1mm；钢轨踏面加工硬化不显著，3a（45Mt 通过总重）约为 10%。城际铁路的小半径曲线线路的钢轨侧面磨耗严重，如沪宁城际铁路，在半径为 1 000m 的曲线线路上，每年或 20Mt 通过总重的钢轨侧磨量为 1.4～1.7 mm，车轮存在凹磨和不均匀磨耗等问题。与欧洲国家相比维修周期短，运营维护成本高。根据试验研究，建议适当提高车轮的硬度，即通过提高轮轨硬度比解决车轮磨耗较大的问题，车轮与 U71MnG 钢轨的硬度比控制在 1∶1 以上。

项目四　冲击韧性

背景介绍

金属材料的强度、塑性和硬度等力学性能是在静载荷作用下测得的。而许多机械零件在工作中,往往要受到冲击载荷的作用,如铁路车辆的车钩、内燃机车上的活塞销、锻锤的锤杆等。在选用制造这类零件的材料时,用静载荷作用下的力学性能指标(强度、塑性、硬度)来衡量是不安全的,必须考虑材料抵抗冲击载荷的能力。金属材料抵抗冲击载荷作用下而不破坏的能力称为冲击韧性。冲击韧性的判据常用冲击吸收功来表示,冲击吸收功是规定形状和尺寸的试样在冲击试验力一次作用下折断时吸收的功。目前,常用一次摆锤冲击试验,小能量多次冲击试验来测定金属材料的冲击吸收功。

问题引入

金属在断裂前吸收变形能量的性能称为韧性。生产中常用一次冲断金属试样的冲击试验测定冲击吸收功来确定金属的韧性。韧脆转变温度是衡量金属材料冷脆倾向的重要指标。选择金属材料时应如何确定其韧脆转变温度?

问题分析

一、冲击试样

冲击试验是一种动态力学试验。为了使试验结果不受其他因素影响,必须采用标准试样。冲击试样要根据国家标准制作,如图 4-21 所示,常用的试样有 10mm×10mm×55mm 的 U 形缺口和 V 形缺口试样。

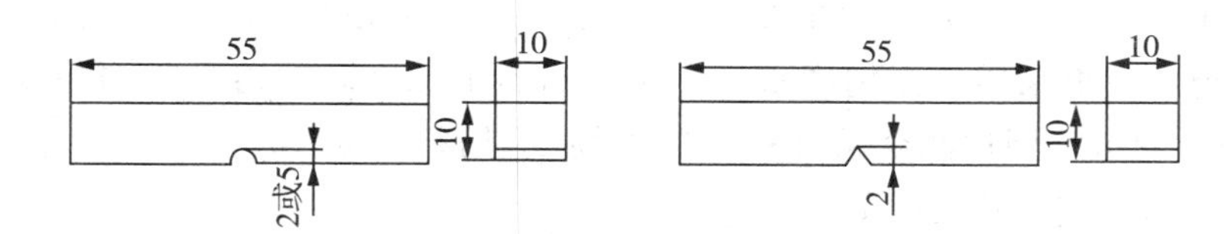

图 4-21　冲击试样

在试样上开缺口的目的是:在缺口附近造成应力集中,使塑性变形局限在缺口附近,并保证在缺口处发生破裂,以便正确测定材料承受冲击载荷的能力。同一种材料的试样缺口愈深、愈尖锐,冲击吸收功愈小,材料表现脆性愈显著。V 形缺口试样比 U 形缺口试样更容易冲断,因而其冲击吸收功也就小。因此,不同类型的冲击试样,测定出的冲击吸收功不能直接比较。

二、试验原理

夏比冲击试验是在摆锤式冲击试验机上进行的，利用的是能量守恒原理。试验时，将被测金属的冲击试样放在冲击试验机的支座上，缺口应背对摆锤的冲击方向，如图 4－22 所示。将重量为 G 的摆锤升高到 h 高度，使其具有一定的势能 Gh，然后让摆锤自由落下，将试样冲断，并继续向另一方向升高到 h' 高度，此时摆锤具有的剩余势能为 Gh'。摆锤冲断试样所消耗的势能即是摆锤冲击试样所做的功，称为冲击吸收功，用符号 A_K（A_{KU}、A_{KV}）表示（对应试样缺口为 U 形或 V 形），其计算公式如下：

$$A_K = G(h-h')$$

式中：A_K——冲击吸收功（J）；

G——摆锤的重量（N）；

h——摆锤初始的高度（m）；

h'——冲断试样后，摆锤回升的高度（m）。

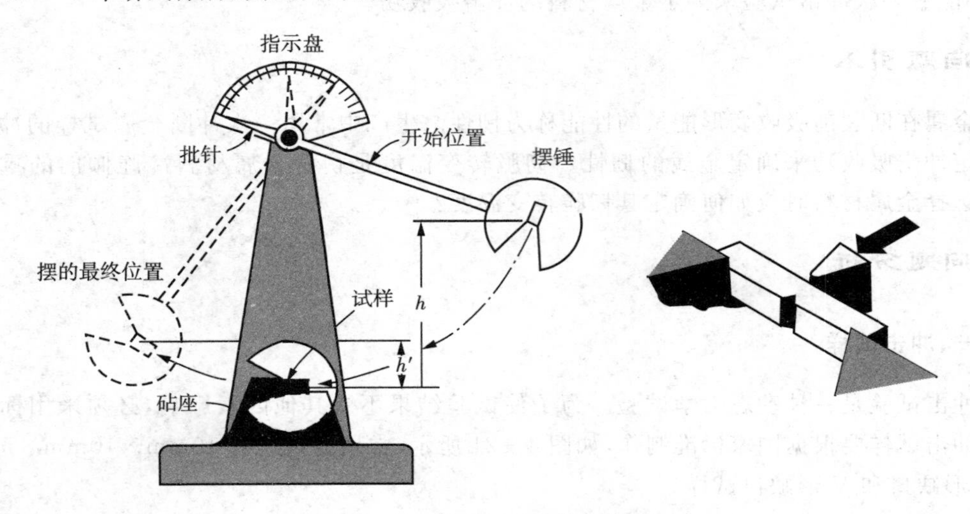

图 4－22　夏比冲击试验原理图

试验时，A_K 值可直接从试验机的刻度盘上读出。A_K 值的大小代表了被测金属材料冲击韧性的高低，但习惯上采用冲击韧度来表示金属材料的韧性。冲击吸收功除以试样缺口处的横截面积 S_0，即可得到被测金属材料的冲击韧度，用符号 α_K（α_{KU}、α_{KV}）表示（对应试样缺口为 U 形或 V 形），其计算公式如下：

$$\alpha_K = \frac{A_K}{S_0}$$

式中：A_K——冲击吸收功（J）；

α_K——冲击韧度（J/cm^2）；

S_0——试样缺口处截面积（cm^2）。

冲击韧度是冲击试样缺口处单位横截面积上的冲击吸收功。冲击韧度越大，表示材料的冲击韧性越好。同时，冲击韧度（或冲击吸收功）对组织缺陷非常敏感，它可灵敏地反映出材料的质量、宏观缺口和显微组织的差异，能有效地检验金属材料在冶炼、加工、热处理工艺等方面的质量。

三、韧脆转变温度

冲击吸收功（或冲击韧度）对温度也非常敏感，通过一系列温度下的冲击试验可测出材料的韧脆转变温度。同一种金属材料在一系列不同温度下的冲击试验中，测绘出冲击吸收功与试验温度之间的关系曲线，称为冲击吸收功-温度曲线，如图 4－23 所示。

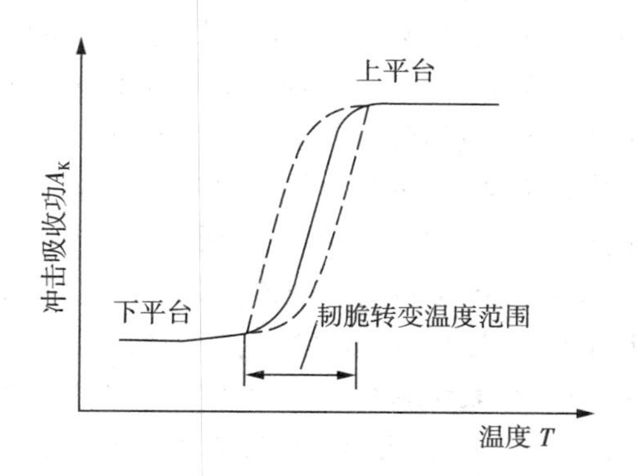

图 4－23　冲击吸收功—温度曲线

由图可知，冲击吸收功能量的变化趋势是随温度降低而降低的。当温度降至某一范围时，冲击吸收功急剧下降，金属由韧性断裂变为脆性断裂，这种现象称为冷脆转变。金属由韧性状态向脆性状态转变的温度称为韧脆转变温度。在韧脆转变温度以下，材料由韧性状态转变为脆性状态。

韧脆转变温度是衡量金属材料冷脆倾向的指标，金属材料的韧脆转变温度越低，说明其低温抗冲击性能越好。普通碳素钢的韧脆转变温度大约在－20℃，这对于在高寒地区或低温条件下工作的机械和工程结构来说非常重要，在选择金属材料时，应考虑其工作条件的最低温度必须高于金属的韧脆转变温度。

四、多次冲击试验

在实际工作中，承受冲击载荷作用的零件或工具，经过一次冲击断裂的情况很少，大多数情况是在小能量多次冲击作用下而破坏的，这种破坏是由于多次冲击损伤的积累，导致裂纹的产生与扩展的结果，与大能量一次冲击的破坏过程有本质的区别。对于这样的零件和工具已不能用冲击韧度来衡量其抵抗冲击载荷的能力，而应采用小能量多次冲击抗力指标。

小能量多次冲击试验的原理如图 4－24 所示。在一定的冲击能量下，试样在冲锤的多次冲击下断裂时，经受的冲击次数 N 就代表了金属抵抗小能量多次冲击的能力。

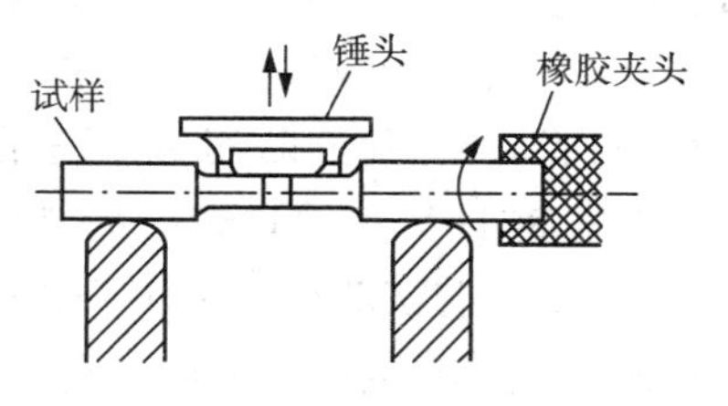

图 4－24　多次冲击试验示意图

研究结果表明，金属材料在受到冲击能量很大、冲击次数很少的冲击载荷作用时，其冲击抗力主要取决于冲击吸收功 A_K。在小能量多次冲击条件下，其冲击抗力主要取决于材料的强度和塑性两项指标。其中，小能量多次冲击的脆断，主要取决于材料的强度；能量较大次数较少冲击的脆断主要取决于材料的塑性。例如，目前广泛采用球墨铸铁制造柴油机的曲轴，其冲击吸收功仅为 12 J，塑性差（$\delta=2\%$），但强度较高（$\sigma_b=700\sim800$ MPa），使用情况较好。

知识链接

断裂韧性与冲击韧性的区别

断裂韧性：断裂韧性指材料阻止宏观裂纹失稳扩展能力的量度，也是材料抵抗脆性破坏的韧性参数。它和裂纹本身的大小、形态及外加应力大小无关。断裂韧性是材料固有的特性，只与材料本身、热处理及加工工艺有关，是应力强度因子的临界值。常用断裂前物体吸收的能量或外界对物体所做的功表示，如应力-应变曲线下的面积。韧性材料因具有大的断裂伸长值，所以有较大的断裂韧性，而脆性材料一般断裂韧性较小。

冲击韧性：冲击韧性是反映金属材料对外来冲击载荷的抵抗能力，一般由冲击韧性值 α_K 和冲击吸收功 A_K 表示，其单位分别为 J/cm² 和 J。冲击韧性表示材料在冲击载荷作用下抵抗变形和断裂的能力，其值的大小表示材料的韧性好坏。冲击韧性指标的实际意义在于揭示材料的变脆倾向。一般把 α_K 或 A_K 值低的材料称为脆性材料，α_K 或 A_K 值高的材料称为韧性材料。

应用案例

921A 钢的韧脆转变温度测定

一、试验材料与设备

试验用材料为转炉冶炼的 921A 钢板，经连铸和调质热处理。试验用仪器为 500J 摆锤式动态断裂力学冲击试验机和 NIZOO4 型断口图像分析仪，由计算机自动计算出纤维断面率。

二、试验方法

冲击试验按照 GB/T 229—1994《金属夏比缺口冲击试验方法》进行，试样尺寸为 10mm×10mm×55mm 的 V 型缺口标准试样。在 −100～−40℃做冲击试验时冷却介质采用液氮和无水乙醇，在 −100℃以下冷却介质采用液氮，用低温酒精温度计测温。试样在低温槽内保温 5min，在 nl - 500J 仪器化冲击试验机上进行冲击试验。试验选取 −40℃、−60℃、−84℃、−100℃、−150℃和 −192℃共 6 个试验温度，每一温度用 3 个试样进行测试，得出冲击吸收功/脆性断面率-温度曲线，如图 4 - 24 所示。

921A 钢的 V 型缺口试样的 A_{kv} 和脆性断面率随试验温度变化的规律如图 4 - 24 所示。冲击吸收功随着试验温度的下降而逐渐减小，而脆性断面率随着试验温度的下降而逐渐增大，过渡平缓，很难找出明显的拐点。按 GB/T 229—1994《金属夏比缺口冲击试验方法》中规定的断口形貌以脆性断面率为 50％所对应的温度记为 $FATT_{50}$，即 921A 钢的韧脆转变温度为－100℃。

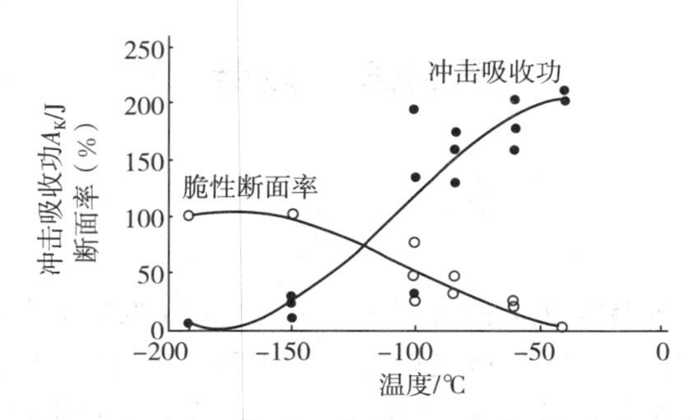

图 4－24　冲击吸收功和脆性断面率随温度变化曲线

综合拓展

低温下铁路钢轨铝热焊缝接头冲击韧性试验

铝热焊接是我国无缝铁路建设中最常采用的钢轨焊接方法之一，铺轨现场长轨条锁定焊接和裂损钢轨修复都采用铝热焊接方法。近年来，寒冷地区铁路建设大规模开展，如青藏铁路工程，其部分无缝铁路铺设在高寒冻土地区，钢轨长时间低温服役。低温使得钢轨钢材及其焊缝的脆性进一步增加，脆性断裂的倾向加大，直接影响铁路运输的安全。本试验根据 GB/T 229—1994《金属夏比缺口冲击试验方法》规定，在＋20℃、0℃、－20℃、－40℃、－60℃这 5 个温度点下对 U71Mn 和 U75V 钢轨铝热焊缝冲击试样进行冲击试验，且每种接头在每一个温度点下选用至少 3 个试样进行试验，试验测量 U71Mn 和 U75V 钢轨铝热焊缝 U 型缺口冲击试样在不同温度下的冲击功，并得到它们随温度的变化规律，如图 4－25 所示。试验在摆锤式冲击试验机上进行，标准打击能量为 300 J。

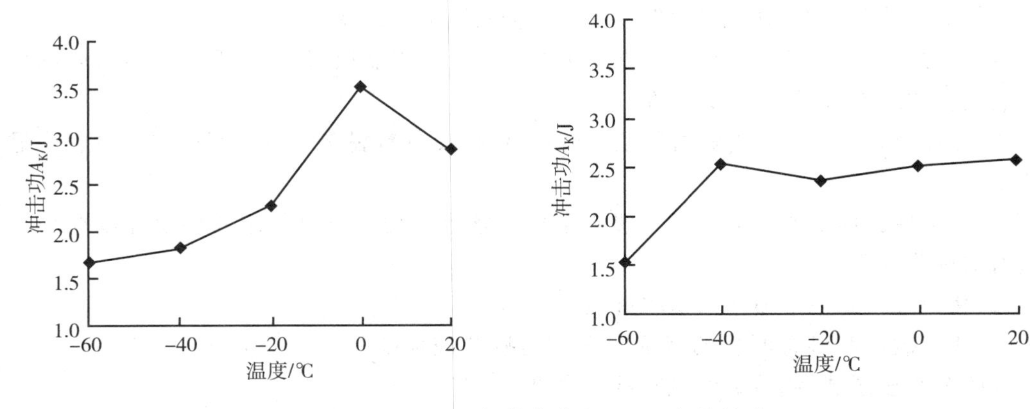

图 4－25　U71Mn 钢轨接头和 U75V 钢轨接头

U71Mn 和 U75V 铝热焊缝的冲击功随温度的变化趋势如图 4－25 所示。在＋20～－60 ℃，U71Mn 和 U75V 钢轨焊接接头的冲击功随着温度的降低总体呈现出降低的趋势，但在各个温度下，2 种钢轨铝热焊缝的冲击功都很小，最大值分别只有 3.53 J 和 2.55 J，说明 U71Mn 和 U75V 铝热焊缝的冲击韧性很差，这正是铝热焊接技术需要继续研究改进之处。

项目五　疲劳

背景介绍

在实际生产中，许多机器零件是在交变应力下工作的，如机床主轴、连杆、齿轮、弹簧、各种滚动轴承等。交变应力，是指零件所受应力的大小和方向随时间做周期性变化。例如，受力发生弯曲的轴，在转动时材料要反复受到拉应力和压应力的作用，属于对称交变应力循环。零件在交变应力作用下，当交变应力值远低于材料的屈服强度时，经长时间运行后也会发生破坏，材料在这种应力作用下发生的断裂现象称为疲劳。疲劳断裂与静载荷作用下的断裂不同，疲劳断裂往往突然发生，无论是塑性材料还是脆性材料，断裂时都不产生明显的塑性变形，具有很大的危险性，常常会造成事故。

问题引入

机械零件多数因为受交变应力作用而失效，金属材料在交变应力作用下失效表现出哪些特征？疲劳强度是衡量金属材料抗疲劳性能的重要指标。在交变应力作用下的零件选材时如何确定其循环基数和疲劳强度值？

问题分析

一、疲劳破坏的特征

尽管交变载荷有不同的类型，但疲劳破坏仍有以下共同特点：

(1)应力水平低。疲劳破坏是零件在工作应力低于强度极限，甚至低于屈服极限的情况下突然发生的断裂，往往具有突变性。

(2)脆性断裂。无论是脆性材料还是塑性材料，疲劳断裂在宏观上都表现为没有明显的塑性变形。

(3)局部性。局部的疲劳破坏一般不牵扯到整个结构。可以采用局部设计或局部工艺措施增加疲劳寿命。

(4)疲劳过程是一个损伤累积的过程。

(5)疲劳破坏断口有明显的特征。零件的疲劳破坏断口上有两个明显区域：疲劳裂纹的产生及扩展区(光滑区)和最后瞬断区(粗糙区)，瞬断区断口呈颗粒状，如图4-26所示。

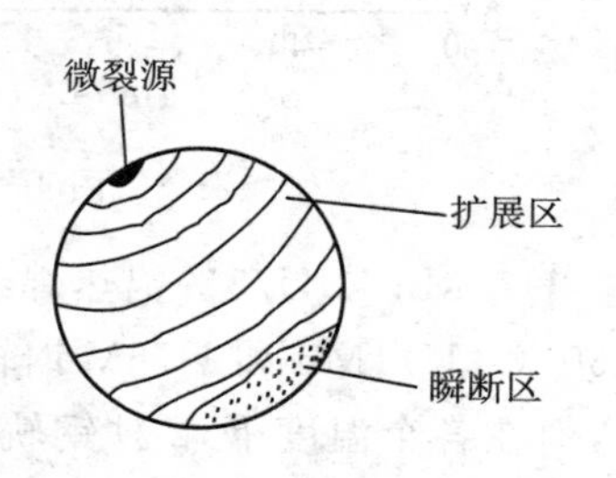

图4-26　疲劳断口示意图

疲劳断裂是在零件应力集中的局部区域开始发生的，这些区域通常存在着各种缺陷，如划痕、夹杂、软点、显微裂纹等，先形成微小的裂纹核心，即微裂源。随后在循环载荷的反复作用下，疲劳裂纹不断扩展，使零件的有效承载面积不断减少，零件所受应力不断增加，最后达到某一临界尺寸时，发生突然断裂。因此，疲劳破坏的宏观断口是由疲劳裂纹的策源地及其扩展区（光滑部分）和最后瞬断区（粗糙部分）组成的。

二、疲劳曲线和疲劳强度

疲劳曲线和疲劳强度都是通过疲劳试验测定的。疲劳试验的主要设备是疲劳试验机。疲劳试验机是模拟实际工作情况，为试件提供变动应力，绘出稳定参数的试验设备。由于实际工作情况的多样性，试验机的类型也就较多。实验室常用的是对称循环应力作用下的旋转弯曲疲劳试验机。

疲劳断裂是在循环应力作用下，经一定循环次数后发生的。在循环载荷作用下，金属所承受的循环应力 σ 和断裂时相应的应力循环周次数 N 之间的关系，可以用曲线来描述，这种曲线称为 $\sigma-N$ 疲劳曲线，如图 4－27 所示。金属承受的最大交变应力越大，则断裂时应力循环次数 N 越少。反之，则 N 越多。当应力低于一定值时，曲线与横坐标平行，表示应力低于此值时，试样可以经受无限周期循环而不破坏。因此，金属材料承受无限次应力循环而不破坏的最大应力值称为疲劳强度（疲劳极限）。对称循环应力的疲劳强度用符号 σ_{-1} 表示，如图 4－28 所示，σ_{-1} 的数值越大，金属材料抵抗疲劳破坏的能力越强。

实际上，金属材料不可能作无限次交变载荷试验。对于钢铁材料，一般规定应力循环基数为 10^7 周次；对于非铁金属，则应力循环基数规定为 10^8 周次，当不断裂的最大应力称为该材料的疲劳极限。

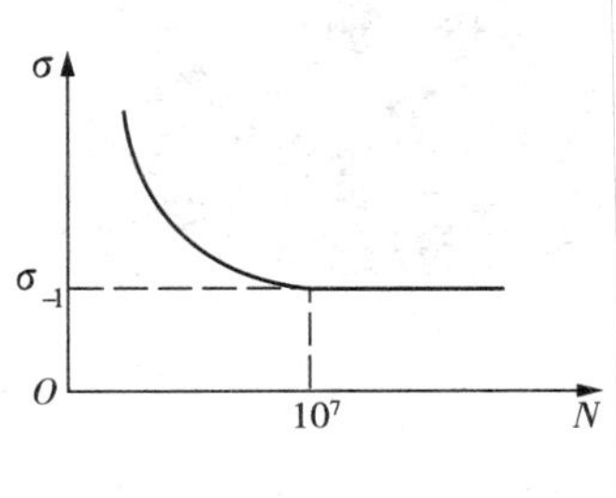

图 4－27　疲劳曲线示意图

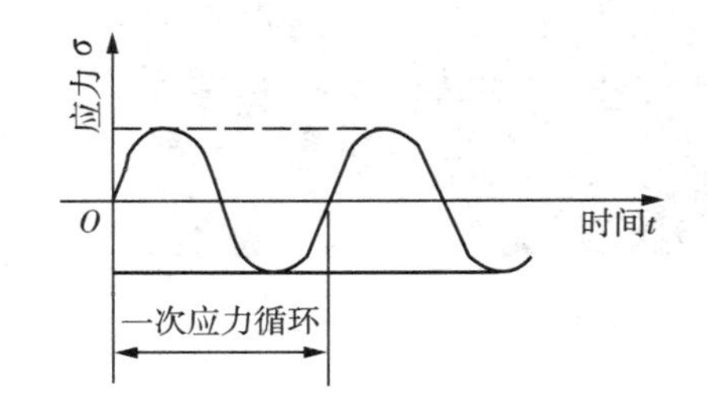

图 4－28　对称循环应力

知识链接

提高材料疲劳极限的途径

由于大部分机械零件的损伤是由疲劳造成的，消除或减少疲劳失效，对于提高零件的使用寿命有着重要的意义。金属的疲劳极限受很多因素的影响，如工作条件、材料成分及组织、零件表面状态等。改善某些因素，可以不同程度地提高材料疲劳极限，主要途径有以下几方面。

（1）设计方面：尽量使零件避免尖角、缺口、截面突变，以避免应力集中及所引起的疲劳裂纹。

（2）材料方面：通常应使晶粒细化，减少材料内部存在的夹杂物和由于热加工不当引起的缺陷，如疏松、气孔和表面氧化等。晶粒细化使晶界增多，从而对疲劳裂纹的扩展起更大的阻碍作用。

(3)机械加工方面：降低零件表面粗糙度，因为表面刀痕、碰伤和划痕等都是疲劳裂纹的策源地。

(4)零件表面强化方面：采取化学热处理、表面淬火、喷丸处理和表面涂层等，使零件表面造成压应力，以抵消或降低表面拉应力引起疲劳裂纹的可能性。

应用案例

一、高压止回阀断裂失效分析

近年来，随着国民经济发展，阀门行业发展迅速，阀门失效影响着系统的正常运行，一旦阀门失效便失去了对系统和反应的控制，后果不堪设想。且作为动设备，阀门受到的载荷随时间变化，易引起疲劳损伤和疲劳失效。

二、断口宏观特性

图 4-29　阀体的宏观断口形貌

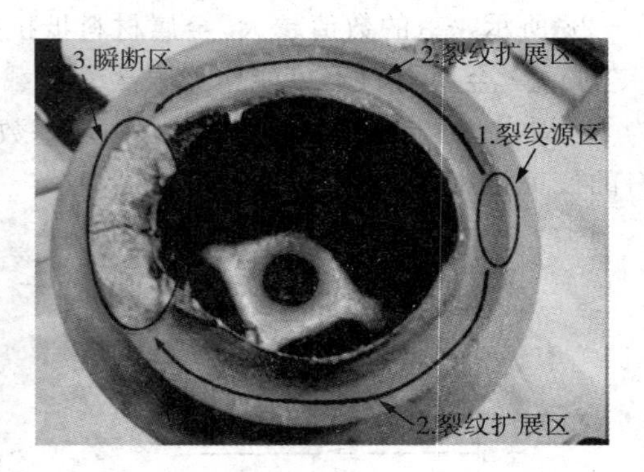

图 4-30　阀体裂纹扩展示意

阀体的宏观断口可以分为平齐光整区和粗糙区两个部分，平整区为裂纹的疲劳扩展区，表面基本光滑，疲劳扩展速率较低，表现低应力高周疲劳扩展特征；但是到了裂纹扩展区后期，断口表面逐渐粗糙并开始出现放射状台阶，裂纹扩展速度逐渐加快，出现韧性撕裂台阶，其主要原因是由于断裂部位有效承载面积逐渐缩小、应力逐渐加大所致。粗糙区为最终瞬断区，断口呈结晶状，表明材料呈脆性特征，该区面积不足整个断口的10%，表明止回阀工作应力远低于其抗拉强度，止回阀强度设计余量充裕，断口属于宏观脆性断口。(如图 4-29 所示)

疲劳裂纹在阀体外表面台阶处形成并扩展至接近阀体内表面时，裂纹扩展方向从原先垂直于阀体轴线方向转为沿着与轴线 45°方向扩展。其原因可能是随着阀体有效壁厚的减薄，材料显示出一定的塑性，发生剪切断裂。(如图 4-30 所示)

疲劳断裂的萌生之处位于阀体台阶处，存在应力集中，而应力集中是诱发疲劳裂纹形成的重要因素之一。同时，由于裂纹均沿着台阶处发展，可以确认疲劳裂纹源生成于止回阀体台阶的外表面。

综合拓展

钢轨滚动接触疲劳

轮轨列车从最初的每小时几十公里发展到现在的300km/h以上，列车的牵引、制动和运行都需要轮轨的滚动接触作用得以实现，轮轨之间的作用品质直接影响到列车运行品质和安全以及铁路运输成本。

2000年10月17日，一列高速列车以185 km /h的速度从伦敦驶往Leeds的途中，在通过曲线时发生出轨事故。整个列车11节车厢的后面8节脱轨，车上共有182人，4人死亡，70人受伤，其中有4人伤势严重。不久就查明脱轨事故是由于曲线外侧钢轨的断裂引起的。很明显最初和随后的裂纹基本上是由于钢轨已经存在的疲劳裂纹引起的。

世界各国对轮轨滚动接触疲劳进行了大量的分析研究，得出了关于接触疲劳基本一致的结论，即材料在循环应力作用下，经过一定的循环次数，产生局部永久性累积损伤，导致接触表面产生麻点、剥落甚至断裂的过程。长久以来接触疲劳被认为是受到循环载荷接触面的主要失效机制。

滚动接触疲劳(Rolling Contact Fatigue)是在一对滚动接触的接触副相接触过程中，由于接触区的循环力作用，导致材料表面或次表面形成裂纹并发展以至于材料疲劳损伤失效。钢轨和车轮的滚动接触疲劳对于世界上许多国家的铁路工业来说都是一个相当严重的问题。

到目前为止，滚动接触疲劳的损伤机理还没有形成一个统一的结论，甚至有的损伤机理还没有被完全认识，因为一般试验研究轮轨的滚动接触疲劳几乎不能完全模拟真实环境条件下的运行工况、轮轨几何型面、边界条件以及材料的弹塑性变形。因此，滚动接触疲劳裂纹到底是起源于表面还是次表面的问题依然没有一个十分确切的结论。

一般来说，疲劳裂纹的长大，应该是连续扩展或不连续扩展的一种过程。如果累积损伤先于裂纹的前沿，则在主裂纹的前面将发生反复的裂纹成核，即出现裂纹的不连续扩展；如果裂纹尖端处出现累积形变，则主裂纹的前沿线将进行连续延伸，而在其前面并无独立的裂纹成核，这就是裂纹的连续扩展。

钢轨的滚动接触疲劳一般发生在曲线外侧高轨的轨头踏面以及轨顶角处，就裂纹主要发生的区域以及根据裂纹的走向及造成对钢轨的破坏形态，可将钢轨裂纹破坏形态基本分为以下几大类：

(1)麻点剥落。裂纹由于拉压、循环载荷作用在材料表面形成，并因为裂纹形成处接触点应力集中而导致裂纹处的材料呈小颗粒麻点状脱落，形成点蚀破坏。

(2)剥离。裂纹产生以后，裂纹一般是沿着与机车前进方向一致，与轨面成小锐角方向扩展，当裂纹扩展到一定程度后，由于向心部扩展受到阻力作用而改向表面扩展，最后达到表面，形成材料的剥落，形状成薄块状。

(3)断裂。裂纹形成以后，走向与轨面成很大锐角甚至直角扩展，钢轨斜裂纹不断深入到钢轨表面以下，到达一定深度后形成纵向水平裂纹扩展，造成轨头断裂。

第五章　金属热处理强化工艺及应用

项目一　钢加热时的组织转变

背景介绍

随着科学技术的发展和生产技术要求的不断提高，工业上对钢铁材料的性能也提出了越来越高的要求。通常情况下，改善钢铁材料的性能的方法主要有两种：第一种是加入合金元素，调整钢材的化学成分，以改善其性能，即合金化的方法；第二种是通过对钢材进行热处理的方法，调整改善钢材内部组织结构。加热是热处理中必不可少的一道工序，加热质量将直接影响到随后的冷却时所获得的组织性能。现在首先要对钢在加热时的组织转变情况进行介绍。

问题引入

加热是热处理的第一道工序，加热的目的主要是使钢材内部组织奥氏体化（将工件加热至 Ac_3 或 Ac_1 以上，工件部分或全部获得奥氏体组织的操作称为奥氏体化）。工件进行奥氏体化的保温温度和保温时间称为奥氏体化温度和奥氏体化时间。奥氏体化温度和奥氏体化时间影响着工件奥氏体化的程度和所形成的奥氏体的性能特征，也就影响材料热处理加热质量，这就要了解奥氏体的形成过程及其影响因素。

问题分析

奥氏体形成

1. 钢在加热时奥氏体化温度

工件加热时奥氏体化温度一般是由 $Fe-Fe_3C$ 相图来确定的。由 $Fe-Fe_3C$ 相图可知，钢材固态组织转变温度是有相图中的 A_1 线（PSK 线）、A_3 线（GS 线）和 A_{cm} 线（ES 线）来确定的。理论上，钢的加热和冷却的过程是极其缓慢的，但实际情况却不是如此，因此，钢的组织实际转变温度与理论的临界转变温度存在一定的偏差。为了与平衡条件下的相变点（即理论值）加以区别，对实际加热温度和冷却温度重新命名，见表 5－1 所列。各临界点在相图中的位置如图 5－1 所示。

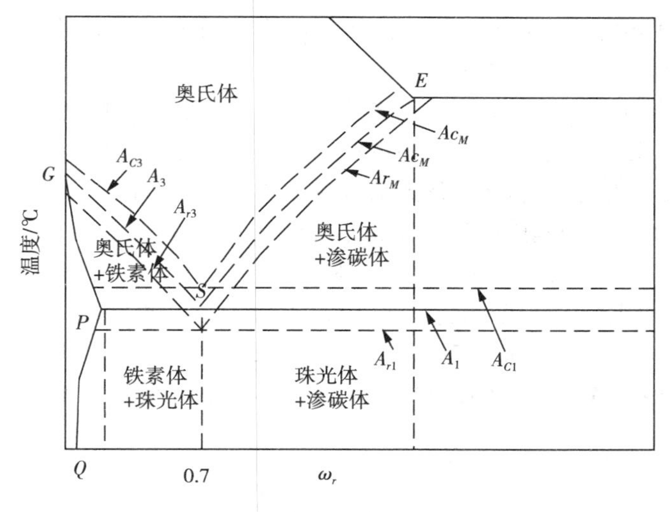

图 5-1　加热或冷却时各临界点的位置

表 5-1-1 各临界点的理论值和实际值名称

实际值 / 理论值	加热时临界点	冷却时临界点
A_1线（PSK 线）	Ac_1	Ar_1
A_3线（GS 线）	Ac_3	Ar_3
A_{cm}线（ES 线）	Ac_{cm}	Ar_{cm}

2. 钢在加热时的组织转变

下面以共析钢（w_c为 0.77%的铁碳合金）为例来介绍钢在加热时的组织转变。在实际加热条件下，加热温度达到 Ac_1或以上时，珠光体开始转变为奥氏体。组织的转变过程遵循结晶的一般规律，即成核与长大，如图 5-2 所示。

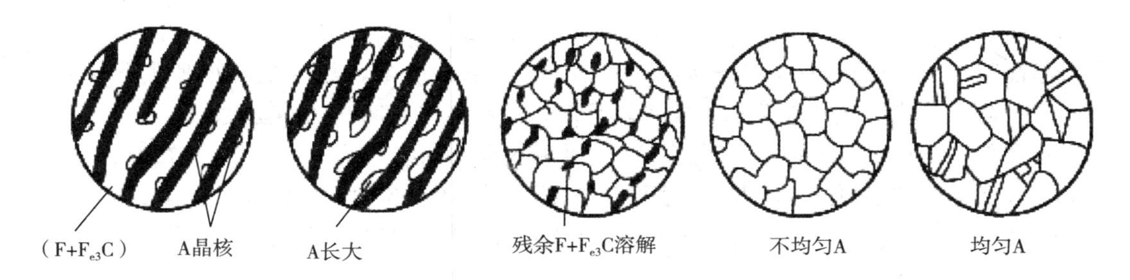

图 5-2　共析钢奥氏体化过程示意图

由图 5-2 可知，共析钢奥氏体化过程大致可分为四步：

（1）奥氏体核形成。奥氏体晶核最先在铁素体和渗碳体晶界处形成。

（2）奥氏体核长大。依靠 Fe、C 原子的不断扩散，奥氏体晶核同时向铁素体和渗碳体两个方向长大，直到铁素体消失为止。

(3)残余渗碳体溶解。随着奥氏体化时间的延长,残余的渗碳体依靠C原子的不断扩散逐渐溶入奥氏体中,直到渗碳体全部消失为止。

(4)奥氏体的均匀化。刚成型的奥氏体晶体中C的浓度时不均匀的,靠近铁素体一侧C浓度低,靠近渗碳体处C的浓度高。采用继续加热保温的手段,使得C原子继续扩散,才能使奥氏体中C浓度趋于均匀化,从而形成成分较为均匀的奥氏体。

亚共析钢和过共析钢的奥氏体化过程和共析钢类似,区别在于,在室温下,亚共析钢和过共析钢的组织中还有先共析相(渗碳体和铁素体)的存在。对亚共析钢和过共析钢进行加热处理,当被加热到Ac_1以上时,此时还有部分先共析相没有转变为奥氏体,因此需要提高加热温度以得到单一的奥氏体相。对于亚共析钢来说,需加热到Ac_3以上,先共析相中的铁素体才能转变为奥氏体;对于过共析钢来说,需加热到Ar_{cm}以上,先共析相中的渗碳体才能转变为奥氏体。

知识链接

一、影响奥氏体晶粒长大的因素

由奥氏体形成过程可知,为了能够使钢彻底相变,得到成分单一并较均匀的奥氏体组织,对钢在加热后进行适当的保温处理是必需的。但是如果保温时间不当,将会影响奥氏体组织;如果保温时间不够,钢中还会存在其他未转变成奥氏体的相;如果保温时间过长,奥氏体晶粒就会长大,形成粗大的奥氏体晶粒。

在钢热处理过程中,加热温度过高也会导致奥氏体晶粒粗大。粗大的奥氏体晶粒在后续的冷却过程中,会使得冷却后形成的相组织粗大,进而韧度下降,影响钢的力学性能。

二、钢在加热过程中常见的缺陷

钢在加热过程中,加热处理不当常引起的缺陷有:过热、过烧、氧化和脱碳等。

钢在加热过程中,由于加热温度过高或者加热时间过长导致所形成的奥氏体晶粒粗大的现象称之为过热。过热会引发钢的力学性能下降,导致冲击韧度下降,易产生淬火变形和开裂等问题。虽然过热可以通过退火或正火来补救,但是热处理过程中应该尽量避免过热。

钢在加热过程中,加热温度过高引起晶界被氧化或局部熔化的现象称之为过烧。过烧会引起晶粒粗大,导致材料脆性很大。过烧是无法补救的缺陷,因此,在热处理过程中,要严防过烧。防止过烧和过热缺陷的主要手段是严格控制加热时间和加热温度。

钢在空气中进行热处理不可避免会发生氧化和脱碳的现象。氧化现象就是钢在加热过程中和空气中的氧等形成氧化层,使得工件表面粗糙,精度降低的现象;脱碳现象就是钢表面的碳被烧掉,含量减少的现象。氧化和脱碳不仅会影响钢件表面硬度,而且会降低钢件的疲劳强度。

应用案例

在热处理过程中,需严格控制加热温度和加热时间以预防晶粒粗大、过热、过烧等现象的发生。对于氧化和脱碳现象,常采取的措施有:①在装入木炭或铁屑的铁箱中进行加热处理;②表面涂防氧化、放脱碳的涂料;③加热炉中充入经过处理的天然气、氨分解气等保护性气体;④向加热炉内通惰性气体;⑤在盐浴炉、铅浴炉中进行加热。

项目二　钢冷却时的组织转变

背景介绍

完整的热处理过程包括加热和冷却两个阶段。钢在加热过程中，组织会转变为奥氏体。钢在奥氏体化之后，需采用冷却的方法，来获得室温下平衡的组织，以满足不同的工况。

问题引入

钢在奥氏体化后，当采用不同的冷却速度进行冷却时，会转变为不同的组织，并获得不同的力学性能。同一种钢，相同的奥氏体晶体，冷却速度不同时所获得的组织差别大，力学性能也不尽相同，见表 5－2 所列，采用不同的冷却方法，同一种钢热处理后所获得力学性能有明显的力学性能。在不同工况下，所需要的力学特性不同，因此，工程人员需要了解不同冷却方法的对钢的组织结构和力学性能的影响，以在热处理后得到所需力学性能的钢满足工况要求。

表 5－2　45 钢经不同速度的冷却后力学性能对比表

冷却方法	σ_b/MPa	σ_s/MPa	δ(%)	φ(%)	HRC
随炉冷却	519	272	32.5	49	15～18
空气冷却	657～706	333	15～18	45～50	18～24
油中冷却	882	608	18～2	21～1	40～50
水中冷却	1078	706	7～8	4	52～60

问题分析

当冷却速度不一样时，奥氏体发生转变的温度不一样。当冷却速度较慢时，奥氏体转变温度在 A_1 线附近；当冷却速度较快时，奥氏体发生转变的温度在 A_1 线以下。工程上把在共析温度以下存在的奥氏体称为过冷奥氏体。生产过程中，过冷奥氏体的转变方式有两种：等温转变和连续转变，如图 5－3 所示。

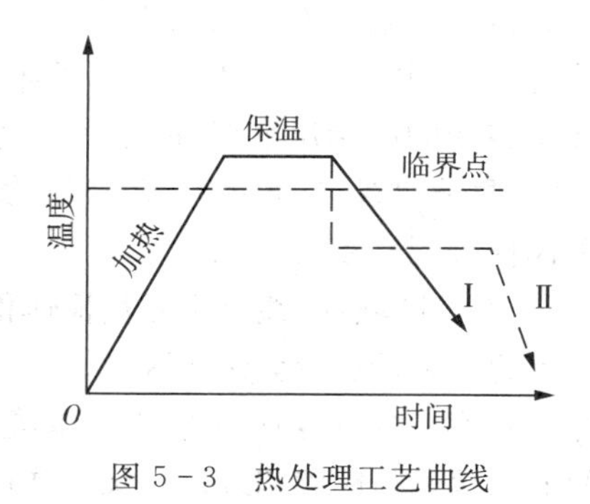

图 5－3　热处理工艺曲线

一、过冷奥氏体等温转变曲线

等温转变就是将奥氏体化的钢迅速冷却至临界温度一下某个温度，然后保温一定时间，待组织完成转变后再进行冷却的方法。

1. 转变曲线图 5－3 不同冷却方式示意图

过冷奥氏体在等温转变过程中，钢的内部必定会产生一系列的变化。以共析钢为例，通过热分析、磁性分析、金相分析和膨胀分析等方法，测出在不同温度下进行等温冷却的过冷奥氏体开始相变和结束相变的时间，并绘制出过冷奥氏体转变的温度-时间示意图，如图 5－4所示。由于曲线的形状类似于英文字母“C”，故也被称为“C”曲线。共析钢的 C 曲线图如图 5－5 所示。

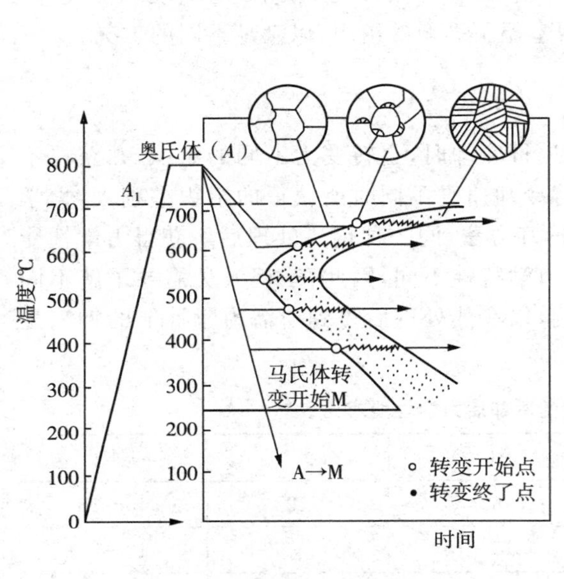

图 5－4　C 曲线测定示意图

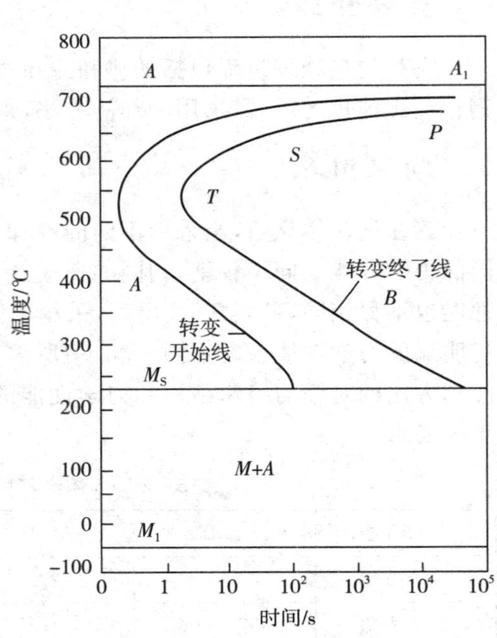

图 5－5　共析钢奥氏体等温转变图

2. 转变产物的组织和性能

分析共析钢的 C 曲线(图 5－5)可得以下信息：

① 三条水平线：A_1线——奥氏体向珠光体转变的起始温度线；M_s线——过冷奥氏体向马氏体转变的起始温度线；M_f线——过冷奥氏体向马氏体转变的终止温度线。

② 两条曲线：左边的一条“C”曲线是过冷奥氏体等温转变开始线；右边的“C”曲线是过冷奥氏体等温转变终止线。

③ 六个区域：A_1线以上是奥氏体稳定区；A_1线以下，过冷奥氏体等温转变开始线以左；M_s线以上的区域是过冷奥氏体区域；过冷奥氏体等温转变开始线和终了线之间的区域是过冷奥氏体和转变产物共存区；过冷奥氏体等温转变终了线以右的区域是转变产物区；M_s线和 M_f线之间的区域是马氏体和过冷奥氏体共存区；M_f线以下是马氏体和残余奥氏体共存区。

④ “鼻尖”特征：孕育期是指不稳定组织在等温转变时，从到达转变温度时开始至发生转变时为止所经历的时间。观察 C 曲线可知，不同温度条件下，过冷奥氏体的孕育期是不一样的。我们将转变开始线距离纵坐标最近的位置称为“鼻尖”，“鼻尖”处的过冷奥氏体孕育期最短。“鼻尖”以上，随着温度的升高，过冷奥氏体所需的孕育期增加。“鼻尖”以下，随着温度的下降，过冷奥氏体的孕育期增加。

⑤ 三种转变产物:珠光体、贝氏体、马氏体结合C曲线,接下来讨论共析钢冷却过程中三种转变过程的特点和三种转变产物对钢性能的影响。

1. 高温珠光体转变

珠光体是铁素体和渗碳体的机械混合物,碳的含量为0.77%。珠光体是过冷奥氏体高温时的转变产物。过冷奥氏体在A_1线至鼻温(共析钢约为550℃)区域间转变为珠光体。过冷奥氏体转变为珠光体的过程为C原子和Fe原子的扩散过程,珠光体的转变是一种扩散型相变。

珠光体的转变满足晶核成核和长大的相变过程,如图5-6所示。相变转变开始时,片状渗碳体晶核在奥氏体晶界处形成并通过吸收周围的C原子长大,由于渗碳体、奥氏体和铁素体含碳量的区别,铁素体的晶核依附在渗碳体周围形成,即形成珠光体晶核,并逐渐向周围奥氏体组织扩散长大。在扩散长大过程中,又有新的渗碳体晶核形成,渗碳体晶核周围又形成铁素体晶核,如此循环往复的晶核形成和长大,直到完成珠光体的转变。

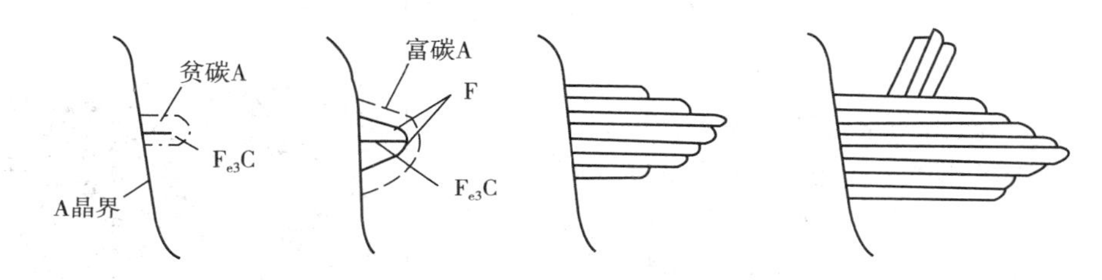

图5-6　片状珠光体形成过程示意图

对于共析钢来说,不同高温范围内所形成的片状珠光体组织本质上没区别,但力学性能不同,强度、硬度随着片层间距减小而增强。珠光体三种组织形成温度、硬度等特征见表5-3所列。珠光体三种组织结构如图5-7所示。

表5-3　不同片状珠光体组织性能对照表

组织名称	简写符号	形成温度/℃	分辨片层放大倍数	硬度(HRC)
珠光体	P	A_1～650	400倍以上	<20
索氏体	S	650～600	1000倍以上	22～53
托氏体	T	600～550	几千倍以上	35～42

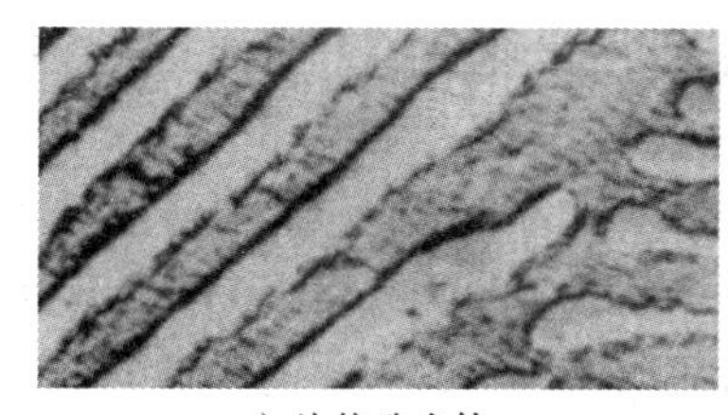

a)片状珠光体

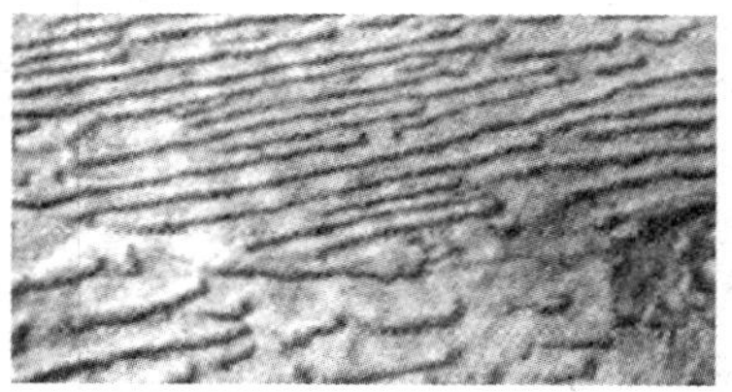

b)片状索氏体

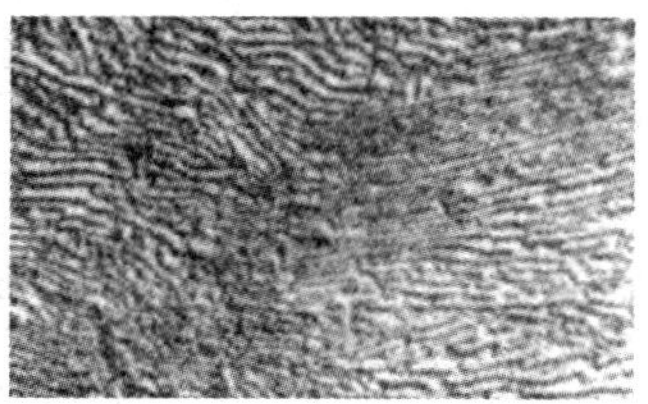

c)片状托氏体

图5-7　珠光体三种组织形式显微镜图

一般情况下过冷奥氏体转变为片状珠光体,但是存在特殊情况,过冷奥氏体转变为片状奥氏体时,在A_1线附近保温足够的时间,片状珠光体会转变为球状珠光体,如图5-8所示。在成分相同的情况下,球状珠光体的晶界比片状珠光体少,因此,球状珠光体硬度、强度较低，塑性和韧度较高。

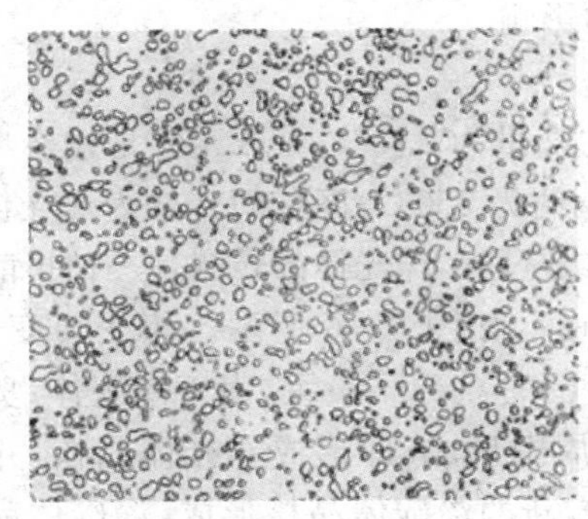

a）上贝氏体组织

b）下贝氏体组织

图 5-8　球状珠光体图

2. 中温贝氏体转变

贝氏体是由过饱和铁素体的碳化物组成的非层片状组织，是过冷奥氏体在鼻温至 M_s 线温度区间形成的产物。贝氏体的形成满足一般晶体形成的过程——成核和长大，与珠光体形成的区别在于晶核形成和长大过程中只有 C 原子的扩散。贝氏体形成过程中，由于温度的不同，会形成两种结构的组织——上贝氏体（$B_{上}$）和下贝氏体（$B_{下}$），如图 5-9 所示。两种贝氏体的形成温度和硬度特性见表 5-4 所列。

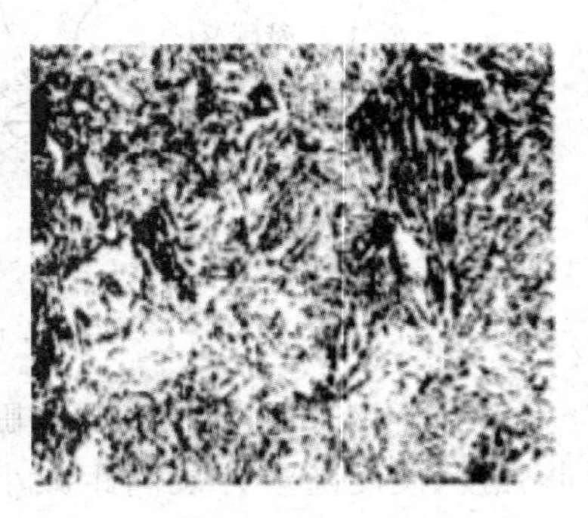

图 5-9　贝氏体光学显微组织结构

表 5-2-3　上贝氏体和下贝氏体形成温度和硬度特性表

组织名称	形成温度	硬度 HRC
上贝氏体（$B_{上}$）	鼻温～350℃	40～45
下贝氏体（$B_{下}$）	350℃～M_s 线	45～55

下贝氏体的硬度和强度比上贝氏体高，塑性和韧性也比较好，因此在生产过程中，常采用等温淬火得到下贝氏体。

3. 低温马氏体转变

马氏体是 C 在 α-Fe 中的过饱和固溶体。马氏体的转变是发生在 M_s 线以下，由于温度低，过冷奥氏体中的 C 原子和 Fe 原子不能发生扩散，只发生 γ-Fe 向 α-Fe 的晶格改组。高碳钢在淬火时容易发生变形和开裂的原因在于马氏体转变过程中，晶格体积会膨胀，钢的 C 含量越高，马氏体体积膨胀更大。

马氏体的形成也满足晶体形成的一般过程——成核和长大，但与珠光体的形成存在一些差异，主要包括：

① 降温过程中形成 M_s 线～M_f 线的温度区域是马氏体转变区间，在不断降温的过程中，

马氏体的转变也在不在发生，若冷却中断，转变随即停止。

② 高速成核和长大。当温度降至 M_s 线以下时，过冷奥氏体不需要孕育期，瞬间形成马氏体晶核，并在不断冷却过程中，晶核急速长大。

③ 马氏体转变的不完全性。常温下，过冷奥氏体不能完全转变为马氏体，未转变的过冷奥氏体称为残留奥氏体。残余奥氏体的含量与钢的C含量有关，C含量越高，残余奥氏体越多。残余奥氏体在工件后续使用过程中会继续转变为马氏体，影响工件的尺寸精度，而且残余奥氏体会影响淬火钢的耐磨性和硬度，因此对于一些高精度工件需要尽量降低残余奥氏体的含量，常采用的措施是将淬火后的工件冷却至室温后再放入零度以下的介质或环境中，最大程度的减少残余奥氏体的含量，增加钢的耐磨性和硬度，稳定尺寸。

马氏体主要有两种类型：片状马氏体和板条状马氏体，如图5-10所示。片状马氏体又称高碳马氏体，是C的质量分数大于1%的奥氏体转变后的产物，其晶体结构呈双凸透镜状，硬度高而脆性大。板条状马氏体又称低碳马氏体，是C的质量分数小于0.2%的奥氏体转变后的产物，其晶体结构呈椭圆形，具有较高的强度和硬度，较好的塑性和韧性。相较而言，板条状马氏体性能更好，在实际应用中更多。片状马氏体和板条状马氏体性能比较见表5-5所列。

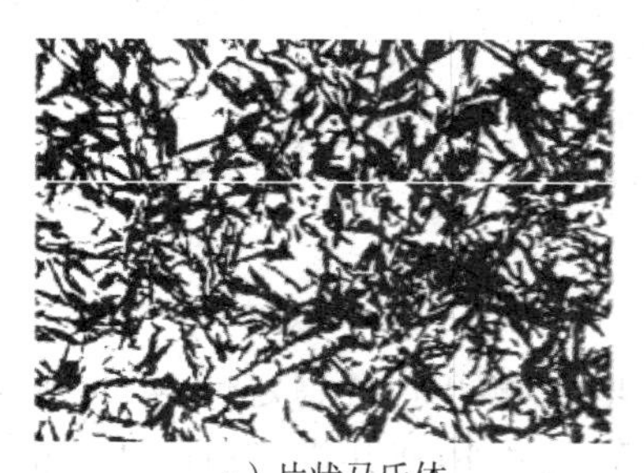
a）片状马氏体

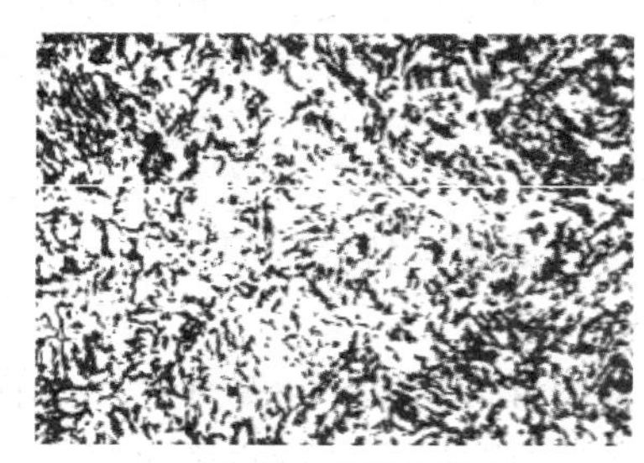
b）板条状马氏体

图5-10　马氏体显微镜下组织结构

表5-5　片状马氏体和板条状马氏体性能比较

ω_c(%)	马氏体形态	σ_b/MPa	σ_s/MPa	δ(%)	A_k/J	硬度HRC
<0.2%	板条状	1020～1530	820～1330	9～17	60～80	30～50
>1%	片状	2350	2040	1	10	66

二、过冷奥氏体连续转变曲线

在实际生产过程中，过冷奥氏体的冷却大部分都是属于连续冷却，因此，研究和了解过冷奥氏体连续冷却转变曲线是很有必要的。连续冷却不易直接分析，在生产中常用等温转变曲线近似分析连续冷却产物，现以共析钢的等温转变曲线定性分析其连续冷却情况下组织转变情况，如图5-11所示。

v_1 相当于随炉冷却速度，冷却后的产物是珠光体，硬度约170～220HBS；

v_2、v_3 相当于空气中冷却，冷却后的产物为索氏体和托氏体，硬度约为25～35HBS；

v_4 相当于油中冷却，冷却后的产物是托氏体和马氏体的混合物，硬度约为45～55HBS；

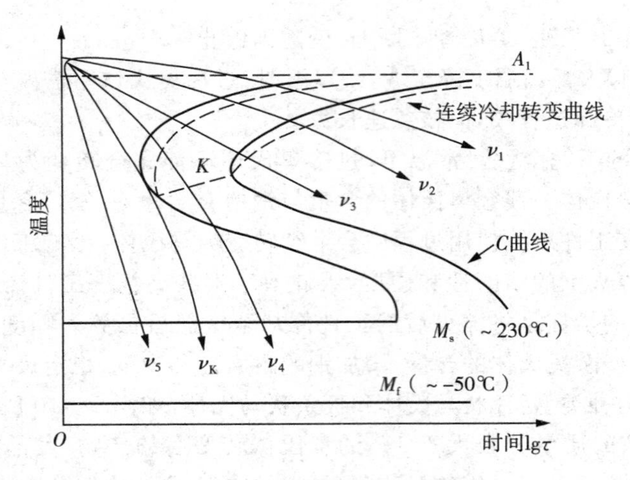

图 5-11　共析钢连续冷却曲线图

v_5 相当于水中冷却，冷却后的产物为马氏体，硬度约为 55～65HBS；

v_k 与 C 曲线鼻尖相切，是临界冷却速度，即奥氏体不发生转变而直接冷却到 M_s 线以下向马氏体转变的最小冷却速度。影响钢的临界冷却速度的主要因素是钢的化学成分。

知识链接

影响过冷奥氏体等温转变的因素

1. 碳的含量

奥氏体的稳定性随着其中溶碳量的增加而增加，奥氏体的稳定性增加，则发生转变的孕育期越长，C 曲线右移，转变速度也随之降低。除此之外，亚共析钢和过共析钢的 C 曲线中，都存在一条先析相的析出线，过冷奥氏体冷却至 A_{r3} 或 A_{cm} 时析出先析相 Fe 或二次 Fe_3C，如图 5-12 所示。

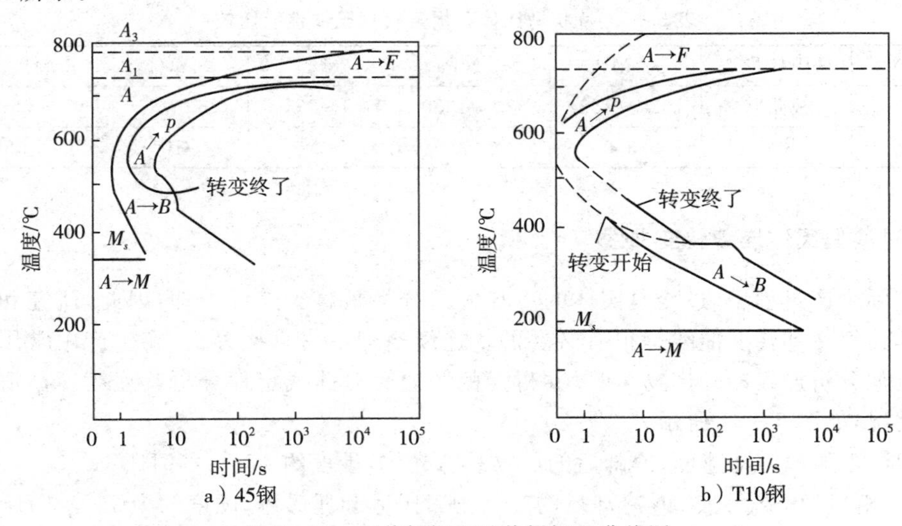

图 5-12　亚共析钢和过共析钢 C 曲线图

2. 合金元素

绝大多数溶入奥氏体中的合金元素(除 Co 外)都能增强奥氏体的稳定性,孕育期延长,C 曲线右移。若合金元素并未溶入奥氏体中,而是以碳化物的形式存在,奥氏体稳定性降低,孕育期缩短,C 曲线左移。

若奥氏体中的溶入较多的合金元素,C 曲线不仅会右移,而且形状会发生变化,较严重的会引起 C 曲线在鼻温处分开,形成两条曲线,两曲线间出现一个奥氏体稳定区域。以 Cr 元素为例说明合金元素对 C 曲线的影响,如图 5－13 所示。

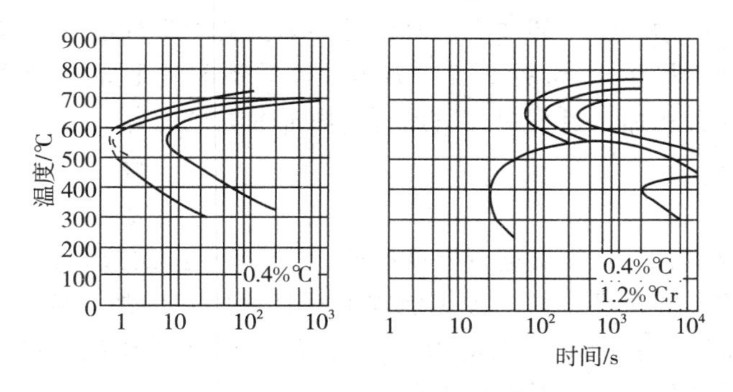

图 5－13　Cr 元素对 C 曲线的影响

3. 温度和时间

增加奥氏体转化温度或增加保温时间,奥氏体晶体晶粒粗大并更趋于均匀化,不利于奥氏体分解转化,增加了奥氏体的稳定性,使得转化孕育期增加,C 曲线右移。

项目三　钢的退火和正火

背景介绍

金属材料从毛坯到零件的整个加工过程中，要经历车、铣、刨、磨、焊、铸造等一个或几个工艺来改变材料的外形和尺寸，却并不能改变材料本身的力学性能。但是，在实际生产生活中，需要的材料性能不尽相同，材料本身的力学性能并不能满足要求，需要通过热处理的手段来改善其性能，并且在加工过程中会增加材料内部的内应力，降低材料的使用寿命。

问题引入

工件在进行切削加工前，需要进行硬度调整。工件若是太硬，则切削加工困难；反之，则易发生粘刀现象，故工件在进行切削加工前需要有良好的切削加工性能。工件在进行锻造或铸造后，可能会引起晶粒粗大或内应力过大的问题，因此需要改善晶粒结构或降低内应力，这时就需要采用热处理中的退火和正火处理。

问题分析

钢的热处理是通过加热、保温盒冷却三个步骤，使钢的内部结构组织发生变化，从而获得实际工况所需的性能的一种工艺方法。生产中常用的热处理方法包括退火和正火，其两者的相同点在于冷却后都获得珠光体组织，差别在于冷却的速度不一样。退火处理的冷却方法常采用随炉冷却，即冷却速度缓慢；正火常采用在空气中冷却的方式，由于正火的冷却速度快于退火，故正火获得的组织更细密，硬度也较高。

各种碳钢经过不同的退火和正火处理后的硬度如图 5－14 所示，适合切削加工的硬度范围用阴影部分表示。分析图 5－14 可知，钢的 C 含量高于 0.77%之后，经过一般退火处理后，硬度仍然比较高，切削性能不好，但采用球化退火后，硬度明显降低，适宜于切削加工。球化退火获得球状珠光体，之前介绍过球状珠光体的晶界较少，硬度较片状珠光体低。

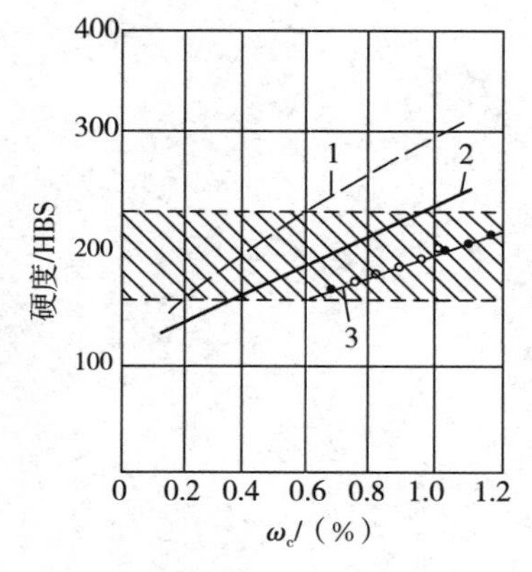

图 5－14　碳钢退火和正火后硬度值

1—正火；2—退火；3—球化退火

退火和正火处理能细化晶粒，原因在于：退火和正火处理都需将工件加热至临界温度以上使其奥氏体化。奥氏体形成过程满足一般组织形成过程——成核和长大。奥氏体晶核一般都在晶界处形成，形成的晶核越多，获得的奥氏体组织数量就越多，晶粒就越小。当工件加热至临界温度以上时，晶体组织结构开始发生转变，晶界各处都能形成晶核，晶核数量较多，故易获得细小的奥氏体晶粒，在后续冷却过程中，依然能获得细小的组织结构。晶粒细化过程如图 5－15 所示。

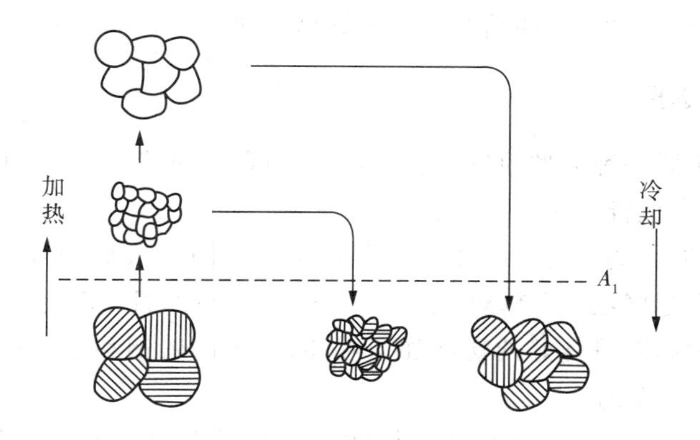

图 5-15　细化晶粒过程示意图

知识链接

一、退火

1. 退火目的

退火的目的主要有以下几点：

(1)降低材料硬度，提高切削加工性；

(2)消除工件内应力，防止变形，增加使用寿命；

(3)改善内部组织结构，细化晶粒，为最终热处理做准备。

2. 工艺方法

退火的主要特点是冷却速度缓慢，常采用随炉冷却的方法。一般退火处理的工件，随炉冷却至 550℃之后再进行空冷，但对于一些要求内应力较小的工件，需冷却至 350℃之后再进行空冷。

3. 组织结构和性能

退火处理因方法不同，所获得的组织结构稍有差异，性能也不尽相同。常用的退火方法有：球化退火、完全退火、均匀化退火、再结晶退火等。后续应用案例中会详细介绍。

二、正火

1. 正火目的

正火的目的主要有以下几点：

(1)消除网状组织，为球化退火做准备；

(2)细化组织结构，改善力学性能，提高切削加工性能。

2. 工艺方法

正火冷却方式与退火不同，正火常采用空气中冷却的方法。

3. 组织结构和性能

正火的冷却速度较退火快，能获得较细的晶粒结构，故强度、硬度较高。

4. 应用

正火处理操作方便，周期短，成本较低，常用于：低合金钢和中低碳钢在铸造、锻造后消除内应力和淬火前的热处理;某些结构钢的最终热处理。

三、退火和正火选择

退火和正火属于同一种类型的热处理方式,且两者目的基本相似,在生产中应当如何加以选择,应从以下几点进行考虑:

(1)切削加工性能。金属的切削加工性能主要包括硬度、表面质量、对道具影响等因素。材料的硬度不是越高越好,也不是越低越好,一般在170～230HBS较宜。因此,对于中低碳钢一般采用正火处理以获得良好的切削加工性能;对于高碳钢和工具钢、合金钢、中碳以上合金结构钢需进行退火处理。

(2)使用性能。对于一些重要零件或大型零件,淬火处理时有开裂危险的,应选择正火作为最终热处理方式;对零件性能要求不高时,也可采用正火作为最终热处理方式。对于一些结构较复杂的零件,正火处理都易开裂的,宜采用退火处理。

(3)经济性。正火处理周期更短,成本更低,操作方便,在满足使用条件的前提下,可优先选择正火。

应用案例

退火工艺及应用

退火工艺根据钢的成分和退火目的的不同可分为:完全退火、等温退火、球化退火、去应力退火、均匀化退火等,各种退火工艺加热温度与钢中C的含量的关系如图5－16所示。

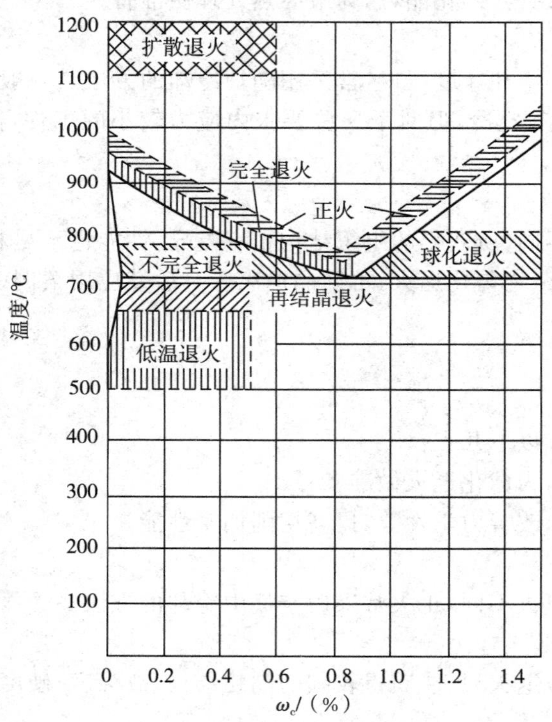

图5－16 各种退火工艺加热温度与钢中C含量的关系

1. 完全退火

(1)目的。细化晶粒,消除组织内应力,改善性能。

(2)工艺。将亚共析钢加热至 A_{c3} 线以上 30～50℃,保温一段时间,然后随炉冷却至550℃,取出空冷。

(3)应用。常用于亚共析钢成分的碳钢和合金钢的铸件、锻件、热轧型材等。

完全退火耗时较长,对于一些结构稳定的碳钢完全退火可能需要耗时几十个小时。如果将工件在 A_1 线以下的珠光体形态下保温停留一段图 5-16 退火和正火加热温度时间,使其发生等温转变,这种处理工艺称为等温退火。等温退火获得的组织结构更均匀,性能更好。

2. 球化退火

(1)目的。降低硬度,改善切削加工性能,为之后的淬火做准备。

(2)工艺。将过共析钢加热至 A_{c1} 线以上 20～40℃,保温一段时间,随炉冷却至 500℃,取出空冷。

(3)应用。常用于过共析钢退火处理。

过共析钢不能采用完全退火处理,原因在于:过共析钢的完全退火处理需加热至 A_{ccm} 以上,过共析钢的组织转变为单一的奥氏体,在冷却过程中,单一奥氏体转变为片状珠光体和网状渗碳体,网状渗碳体会大幅度降低钢的韧度。需要注意的是,对于一些存在严重的网状渗碳体的工件,在进行球化退火前需进行正火处理,以保证球化退火的质量。

3. 去应力退火

(1)目的。消除铸件、焊接件、热轧件、锻件等残余内应力。

(2)工艺。将钢件缓慢加热(100～150℃/h)至 500～650℃($<A_1$ 线温度),保温一定时间,随炉冷却(50～100℃/h)至 300～200℃出炉空冷。

由去应力退火工艺可知,钢在去应力退火中并未发生组织转变,仅仅只是消除组织内部的残余内应力。

4. 均匀化退火(扩散退火)

(1)目的。主要用于消除铸钢的晶粒粗大、成分偏析、铸造应力等缺陷。

(2)工艺。将铸钢加热至 A_{c3} 线以上 150～250℃(常为 1100～1200℃),保温较长时间,使铸钢的组织和成分均匀化。

铸钢进行均匀化退火时,需在高温状态下保温较长时间,可能会引起晶粒粗大的缺陷,故均匀化退火后的铸钢需再进行一次完全退火或正火,改善组织结构和性能。

项目四 钢的淬火处理

背景介绍

生产中所需要的钢的性能不尽相同，钢的退火和正火能细化组织结构、消除内应力，但对于退火和正火后钢的硬度并不高，不能满足生产需求。

问题引入

大量重要的机器零件及各种刃、模、量具等都需要有较高的硬度。就拿切削加工中所需要的刀具为例，切削零件的刀具的硬度和强度都应该比材料零件高，但是退火和正火工艺并不能大幅度提高强度和硬度，这就需要对钢进行淬火处理。

问题分析

淬火，即将钢加热至临界温度以上，保温一段时间以后迅速冷却的一种热处理方法。下面将从淬火目的、温度、保温时间和淬火介质等方面进行介绍。

1. 淬火目的

淬火是提高钢的强度和硬度的一种重要热处理方式，其目的主要是获得马氏体组织，为后续的回火做准备。

2. 淬火温度

分析C曲线可知，马氏体组织只能由奥氏体转化，因此，淬火时需将钢加热至临界温度以上，使其内部组织结构全转化为奥氏体，但不同的钢材临界温度不一样。

亚共析钢的淬火温度需超过 A_{c3} 线以上 30～50℃。对于亚共析钢来说，淬火温度若选择在 A_{c1} 线～A_{c3} 线，亚共析钢的晶体组织不能完全转变为奥氏体，还存在一定的铁素体，铁素体会影响淬火后的亚共析钢的硬度。但是加热温度不能超过 A_{c3} 线以上太多，否则奥氏体晶粒粗大，将引起转化后的马氏体的晶粒粗大，影响钢的力学性能。

过共析钢的淬火温度选择在 A_{c1} 线以上 30～50℃，不能超过 A_{ccm} 线。亚共析钢和过共析钢的淬火温度如图 5－17 所示。对于过共析钢而言，淬火温度选择在 A_{c1} 线以上 30℃～50℃之间，淬火都得到的组织中除了有马氏体外，还有一定量的高硬度渗碳体，高硬度渗碳体可以提高钢的耐磨性，增加钢的使用寿命。当过共析钢的淬火温度超过 A_{ccm} 线，过共析钢中的组织就只有奥氏体，但是过共析钢含碳量高，即得到的单一奥氏体组织含碳量高，淬火后钢中的残余奥氏体较多，降低钢的硬度。

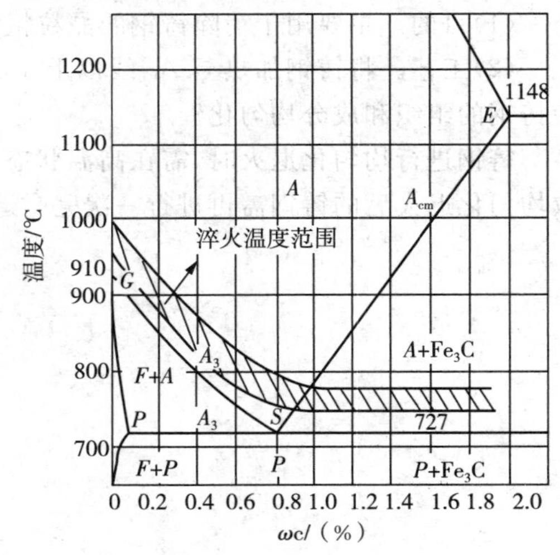

图 5－17 亚共析钢和过共析钢淬火温度

3. 淬火保温时间

保温时间，即工件装炉后，从炉温上升至淬火温度起，到工件出炉为止的时间段。在保温时间内，工件完成了加热熟透和内部组织充分转变两个过程。在淬火中，可通过观察工件表面的颜色来判断工件的在炉中的温度，当工件的表面颜色与炉膛颜色趋于一致时，可开始计算保温时间。在实际生产过程中，通常采用的方式是：将炉温先加热至淬火温度，然后放入淬火工件，重新加热使炉温回升至淬火温度，此时开始计算保温时间，算式如下：

$$\tau = \alpha K D$$

式中：τ——保温时间(min)；

α——加热系数(min/mm)，详见表 5-18；

K——工件装炉修正系数，一般为 1，密集为 2；

D——工件有效厚度(mm)，如图 5-18。

表 5-6　碳钢和低合金钢的加热系数

钢材类型	钢件直径/mm	加热系数 α/(min/mm)	
		空气炉加热<900℃	盐浴炉加热 750～850℃
碳钢	≤50	1.0～1.2	0.3～0.4
	>50	1.2～1.5	0.4～0.5
低合金钢	≤50	1.2～1.5	0.45～0.5
	>50	1.5～1.8	0.5～0.55

4. 淬火介质

冷却速度是影响淬火质量的关键因素，冷却速度的控制影响钢的淬透性和淬硬性(后面会有介绍)。理想的淬火速度如图 5-18 所示，过冷奥氏体在鼻尖温度附近不稳定，极易发生转变，故此时需要较快的冷却速度，即此时冷却速度大于临界速度；鼻尖温度之后，过冷奥氏体相对稳定，并且在 M_s 线以下，需要较慢的冷却速度，让过冷奥氏体充分转化为马氏体。常用的冷却介质有水、油、盐或碱水溶液等。表 5-7 为几种常用淬火介质的冷却能力。

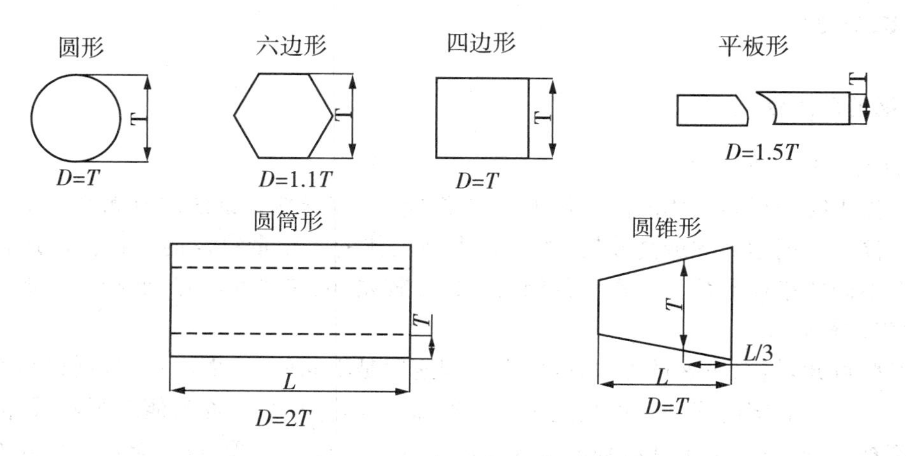

图 5-18　工件奥氏体化有效厚度示例图

（1）水。水是最经济的淬火介质，主要是用于碳钢淬火过程。水淬的优点是冷却速度快，淬火能力强，缺点是容易产生变形和裂纹。碳钢在水淬过程中容易产生局部软点，这是由于在淬火过程中，水的沸点较低，在工件表面容易产生气泡，气泡影响局部的冷却速度，影响过冷奥氏体转化为马氏体，从而影响硬度。常采用的解决办法是采用盐水代替水。盐水的淬火能力比水大一倍，但是淬火后变形和裂纹的产生概率小，故盐水淬火后的工件组织更均匀，力学性能更好。

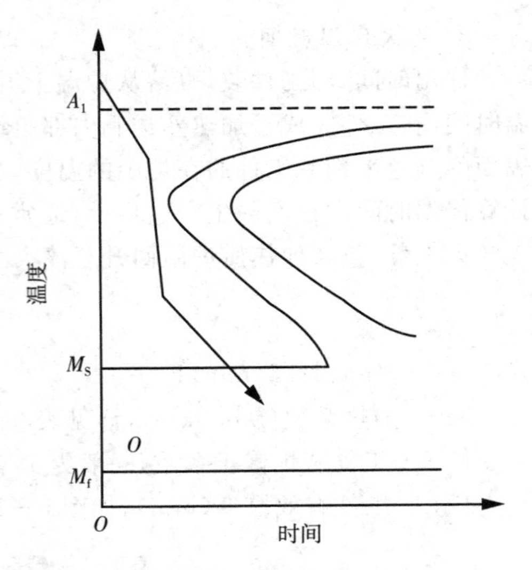

图 5-19 理想淬火速度

（2）油。油也是一种常用的淬火介质。油的最大优点是在 300℃以下（马氏体形成温度区间）的温度区间冷却速度较慢，有利于马氏体的转变，且淬火开裂趋向较小。但在 C 曲线鼻尖温度冷却能力比水小很多，过冷奥氏体易转变为珠光体，故油适用于 C 曲线右移（临界冷却速度较小）的合金钢或尺寸较小（截面尺寸为 4～5mm^2）的碳钢零件的淬火处理中。油的缺点主要有价格高、成本高、易燃。在生产中，可以用某些有机溶液作为替代。

表 5-7 常用淬火介质冷却能力表

淬火介质	冷却速度/(℃·S^{-1})		淬火介质	冷却速度/(℃·S^{-1})	
	650～550℃	300～200℃		650～550℃	300～200℃
水(18℃)	600	270	ω_{NaOH} 10%＋水	1200	300
水(50℃)	100	270	矿物油(50℃)	100～1200	20～50
ω_{NaCl} 10%＋水	100	300	0.5%聚乙烯醇＋水	介于油水之间	180

知识链接

一、钢的淬透性

1. 钢的淬透性和淬硬性

钢在淬火时获得马氏体的能力称为钢的淬透性。淬透性是钢的固有属性。钢的淬硬性是指钢在淬火后能达到的最高硬度，主要是由马氏体的含碳量决定的。钢测淬透性和淬硬性是两个不同的指标参数。碳素工具钢的淬透性较差，但淬硬性较好；低碳合金钢的淬透性较好，但淬硬性较差。

由经验可知，钢在淬火过程中，截面上冷却速度是不同的，表面冷却速度较快，心部冷却速度较慢。如果心部的冷却速度超过了临界冷却速度，那整个工件都能获得马氏体组织，整个工件都被淬透了；如果工件心部的冷却速度比临界冷却速度低，则只能在工件表面的一定厚度内获得马氏体组织，则工件就没被淬透，如图 5-20 所示。

从理论上来说，钢的淬透层深度应该是淬火后马氏体组织的深度，但在实际生产中，马氏体中混入少量的其他组织，是很难检测到的。工程当中常用从工件表面到半马氏体的深度来表示钢的淬透层深度。不同成分的钢的半马氏体硬度(50%托氏体+50%马氏体)主要取决于钢的含碳量，如图 5－21 所示。

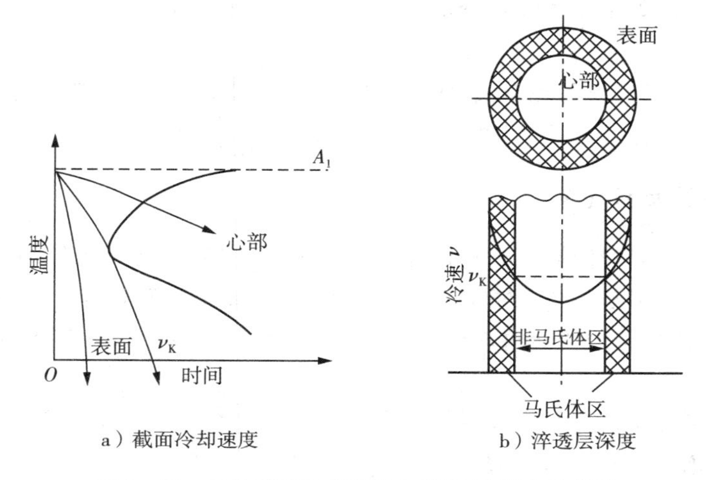

图 5－20　工件截面冷却速度与淬透层深度示意图

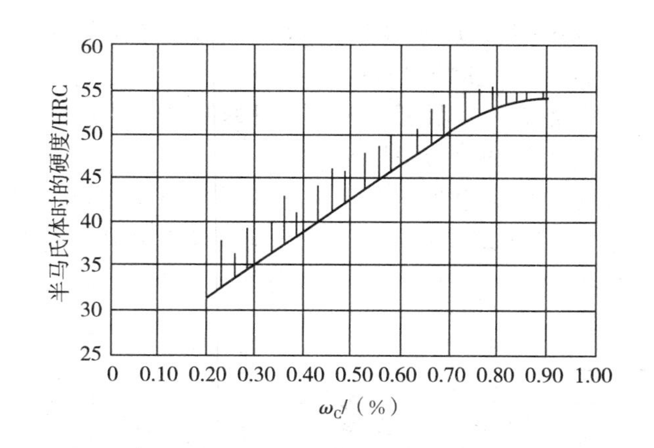

图 5－21　半马氏体硬度与含碳量的关系

钢的淬透性是一种本身固有属性，在相同加热条件下，同一种钢的淬透性是一样的，但是在不同的淬火冷却介质中淬火或外形尺寸不相同，得到的淬透层深度是不一样的。只有在其他条件相同的前提下，根据淬透层的厚度来比较钢的淬透性才有意义。比如说，在相同的奥氏体化的条件下，同一种类型的钢材水淬比油淬淬透层深度大，小件比大件淬透层深度大，但不能因此得到结论说，同一种钢水淬比油淬淬透性好，小件比大件淬透性好。

2. 影响淬透性的因素

分析过冷奥氏体冷却转变特征可知，增加过冷奥氏体稳定性、C 曲线右移或减少临界淬火速度等措施均能提高钢的淬透性，反之则降低淬透性。提高钢的淬透性可从以下几个方面进行考虑：

(1)碳含量。在碳完全溶于奥氏体的条件下,C 含量越多,奥氏体越稳定不易分解,则钢的淬透性越高;在 C 含量超过共析含量之后,影响恰恰相反。

(2)合金元素。除 Co 和 Al(ω_{Al}>2.5%)外,合金元素都能不同程度的增加钢的淬透性,其中 Mn 的影响最强烈。少量合金元素在含量很少时能增加钢的淬透性,含量增加则降低淬透性,比如 B 元素,微量的 B 能增加淬透性,当含量超过 0.0001%,则降低淬透性。

(3)晶粒大小。奥氏体晶粒越大,成分越均匀,则奥氏体越稳定,则钢的淬透性越好。反之淬透性越低。

二、钢的淬火变形与开裂

钢在淬火冷却时,冷却速度需大于临界冷却速度,才能获得马氏体组织和较深的淬透层。但工件在快速冷却过程中,各部分冷却温差不一致、组织转变不同步,从而容易产生内应力,工程上称这类内应力为淬火冷却内应力。由于组织内部产生内应力,则易引起工件开裂和变形。

淬火冷却变形是指淬火后工件的外形和尺寸发生较大变化。淬火冷却开裂是指淬火时工件内部产生的内应力超过材料的抗拉强度,产生裂纹的现象。

影响钢的淬火开裂的因素主要有:

(1)碳含量。C 含量越高的钢,淬火后硬度和脆性越大,体积膨胀明显,易产生裂纹。对于结构钢,碳含量超过 0.5%易产生淬火裂纹。

(2)合金元素。合金元素在一定程度上会降低钢的导热性,则在淬火时易增加钢的内外温差,从而引起较大的淬火冷却内应力,易产生裂纹。

(3)零件的形状。影响淬火裂纹产生的另一因素是零件的形状尺寸。合理、简单、对称的零件形状不易产生裂纹,不合理的零件形状尺寸会使零件在淬火过程中产生裂纹甚至报废。如图 5-22 列举几种零件合理和不合理设计方案。

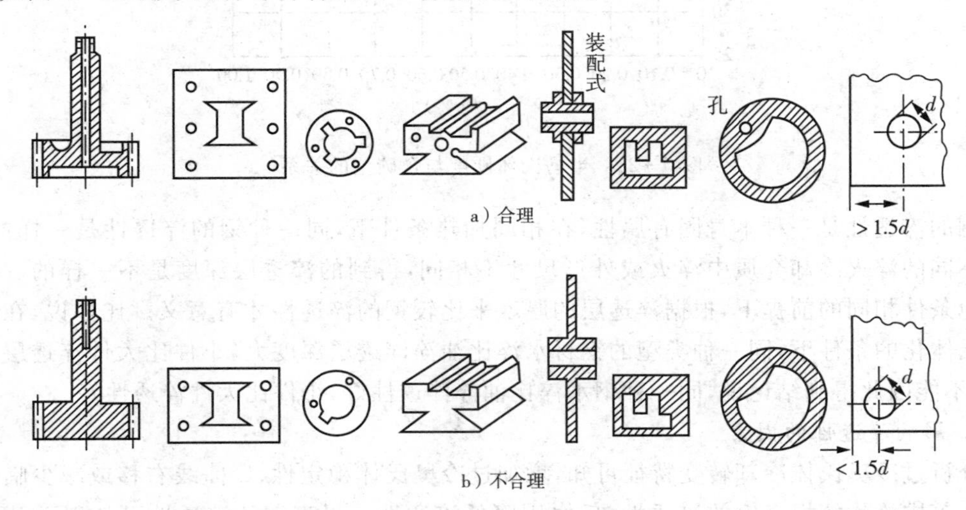

图 5-22　零件形状尺寸设计示意图

应用举例

常用的淬火方法

1. 单液淬火

将工件加热至临界温度以上，保温一段时间，然后用一种淬火介质淬火的热处理方法称为单液淬火，淬火速度示意如图 5－23 曲线 a 所示。通常情况下，碳钢采用水淬，合金钢采用油淬，碳钢截面积在 4～5mm² 的也可以采用油淬。单液淬火的优点在于操作简单，易于实现机械化和自动化，应用较为普遍。不足在于水淬时易产生裂纹和破坏，油淬时易造成硬度不足的缺陷。

2. 双液淬火

双液淬火与单液淬火不同的是在淬火时采用两种淬火介质。双液淬火能在一定程度上弥补单液淬火时水淬易开裂、油淬硬度不足的缺陷。在生产中，对于易淬裂的高碳工具钢常采用双液淬火，保温一段时间后，先置于水中，以较快的冷却速度冷却。

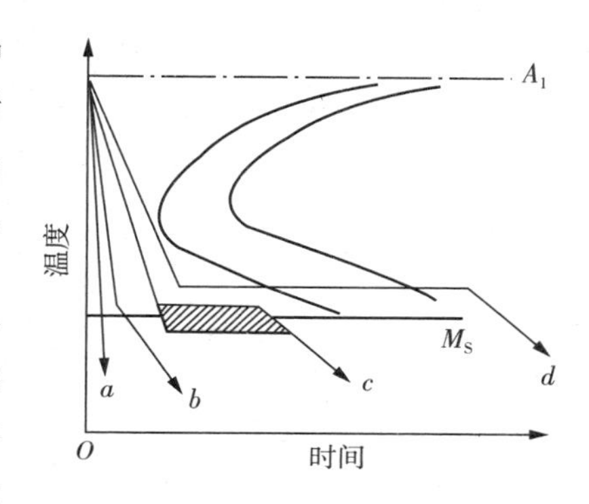

图 5－23　不用淬火方法

通过 C 曲线鼻尖温度，然后置于油中，以较慢的冷却速度冷却，易于马氏体的形成。淬火速度示意如图 5－23 曲线 b。双液淬火的不足在于水淬的冷却时间不好控制，时间过短，硬度不够；时间过长，易开裂。实际生产中，通常根据工件的截面积来确定水淬时间。

3. 分级淬火

将工件加热至临界温度以上，然后置于温度在 M_s 线附近的碱溶液或盐溶液中保温一段时间，待工件温度于冷却介质温度相同后取出空冷，这种获得马氏体组织的淬火方法称为分级淬火。淬火冷却速度示意如图 5－23 曲线 c。

4. 等温淬火

将工件加热至临界温度以上，快速冷却至贝氏体转变温度区间等温保持一段时间，过冷奥氏体转变为贝氏体的淬火操作称为等温淬火。淬火冷却速度示意如图 5－23 曲线 d。等温淬火的优点在于淬火内应力较小，淬火变形也较小，材料能获得较好的综合力学性能，见表 5－8 所列。等温淬火常用于形状复杂，尺寸精度要求较高，需要较高硬度和韧度的工件淬火处理。

表 5－8　ω_c 为 0.74%的钢的等温淬火和淬火回火性能比较

热处理方法	硬度/HRC	σ_b/MPa	δ/%	φ/%	α_K/(MJ/m²)
等温淬火	50.4	2010	1.9	34.5	0.49
淬火回火	50.2	1750	0.3	0.7	0.041

5. 局部淬火

对工件进行局部加热和局部淬火的热处理方式称为局部淬火。有些工件在工作时只是局部硬度要求高，为了避免工件淬火后开裂或尺寸膨胀，则可以采用局部淬火的方法。

6. 冷处理

将淬火至室温的工件继续冷却至零度以下的热处理方式称为冷处理。对于 M_f 线在零度以下的钢，适当的冷处理能够促使残余奥氏体转变为马氏体，减少残余奥氏体的含量，让钢的组织更稳定。冷处理的的作用主要有：

(1)提高钢的硬度；

(2)提高钢的尺寸稳定性；

(3)挽救一些因淬火体积缩小的工件，原因在于残余奥氏体向马氏体转变会引起体积的变大。

项目五　钢的回火处理

背景介绍

在生产中有些轴类等零件，除了需要有较好的强度和硬度，还需要有较强的韧度，以增加使用寿命。工件淬火后内部存在较大的淬火内应力，在实际使用过程中，会引起裂纹和断裂，影响寿命。

问题引入

钢在淬火后，能在一定程度上提高强度和硬度，但是韧度却大大降低，淬火后产生的内应力也不应忽视。此外，钢在淬火后得到的组织处于不稳定状态，在后续的使用过程中，这些不稳定的组织会向稳定状态转变，则会影响工件的尺寸精度和性能稳定性，因此，在淬火后需采用回火处理，以增加材料的韧度，稳定组织。

问题分析

淬火钢再加热至临界温度以下然后冷却的热处理方式称为回火。由回火的概念可知：(1)回火的加热温度是临界温度一下；(2)回火是在淬火之后进行的，不能单独进行回火处理。

淬火钢回火后性能会发生变化。钢淬火后得到马氏体，马氏体在回火时碳化物会从马氏体组织中析出并聚集长大，但根据回火温度的不同，碳化物的析出程度不一样。当渗碳体从马氏体中析出后，钢的硬度会降低，但韧度会增加。提高回火温度，析出的渗碳体晶体会逐渐长大，钢的强度硬度越低，韧度增加。但是，当渗碳体的晶粒太大，韧度不升反降。一般回火温度不超过 650℃。图 5－24、图 5－25、图 5－26 分别为钢在不同温度回火后的性能曲线。

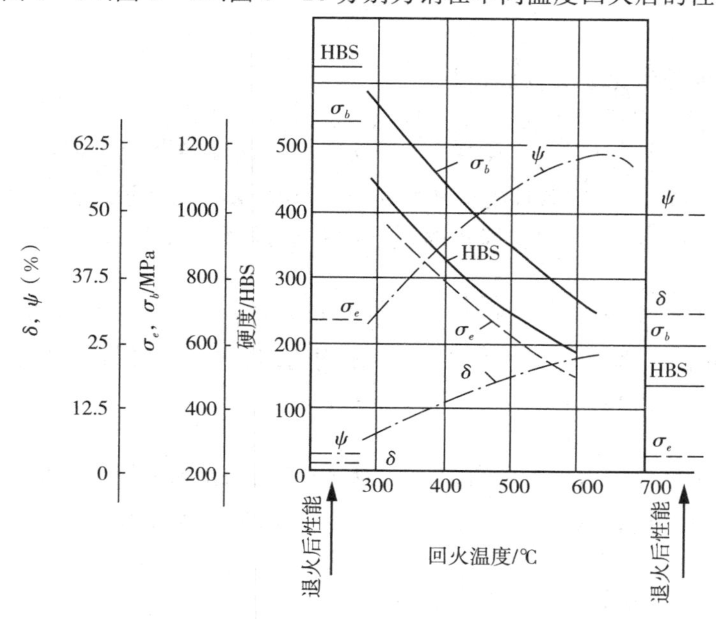

图 5－24　40 钢退火、淬火及淬火回火的性能对比

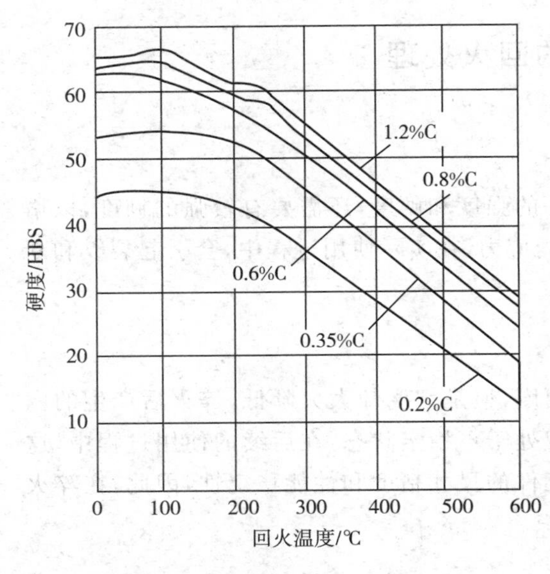

图 5-25 碳钢的硬度和回火温度的关系

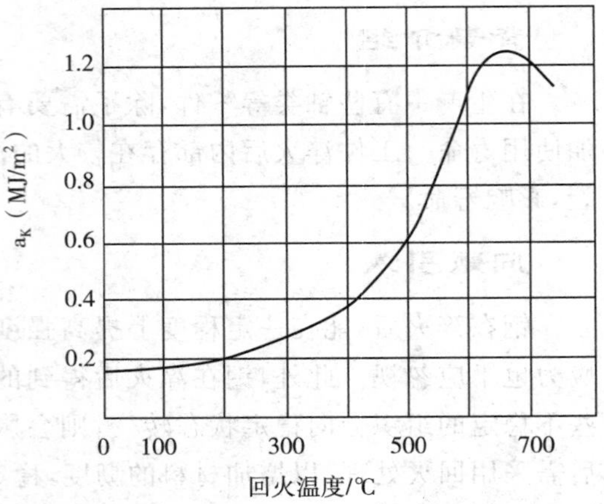

1.2
1.0
0.8
0.6
0.4
0.2
a_K（MJ/m^2）
0 100 300 500 700
回火温度/℃

图 5-26 40 钢的冲击韧度与回火温度关系

分析图 5-24 可知，40 钢在退火后有较强的塑性，但强度较低；淬火后，强度硬度较高，但塑性较低；淬火回火后，随着回火的温度升高，强度硬度降低，塑性增加。

分析图 5-25 可知，回火温度低于 200℃时，钢的硬度降低不多，但是回火温度超过 200℃以后，强度下降明显。

分析图 5-26 可知，钢的韧度随着回火温度的升高而增加，回火温度超过 400℃后，韧度增加幅度明显，但在 650℃达到极限。回火温度超过 650℃以后，韧度开始下降。

知识链接

淬火钢回火处理时组织转变和产物

1. 马氏体分解（＜200℃）

淬火钢组织主要是马氏体，马氏体是 C 在 α-Fe 中的过饱和固溶体，过饱和状态是一种不稳定的状态，C 原子在一定条件下会从中析出。淬火钢在温度较低的状态下，原子活性不高，C 析出不易发生。但淬火钢在回火时，温度较高，原子活性升高，C 原子析出量较多，引起组织转变。

淬火钢在回火加热时，100℃以下时，组织不发生明显变化。当温度升高到 100～200℃时，马氏体开始分解，C 原子不断析出，但此时钢内部组织形态仍保持马氏体的形态，工程上称此时的马氏体为回火马氏体，如图 5-27a)所示。

2. 残余奥氏体转变（200～300℃）

随着回火温度的升高，C 原子不断析出，马氏体分解，组织间内应力降低，为残余奥氏体转变提供了条件。当回火温度上升至 200℃以上时，残余奥氏体开始转变，此时得到的产物为回火马氏体。

3. 回火托氏体的形成（260～400℃）

回火时低温下析出的碳化物不稳定，会自发地向稳定的渗碳体转变，渗碳体的形态从薄

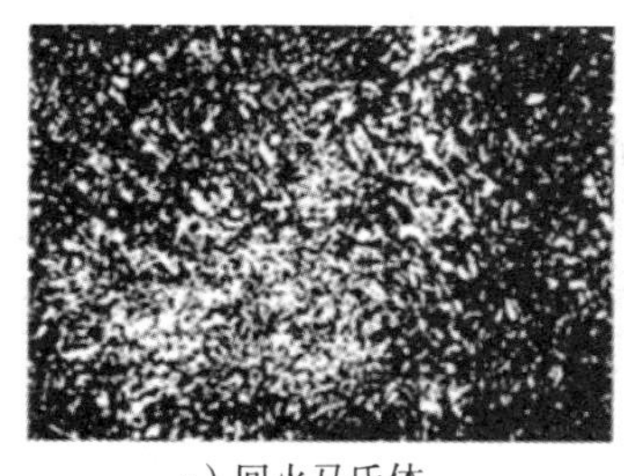
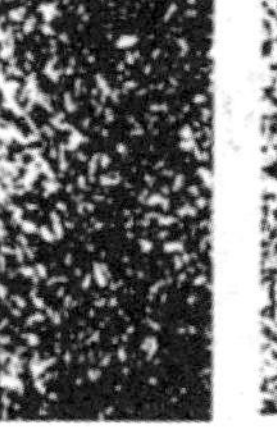

a）回火马氏体

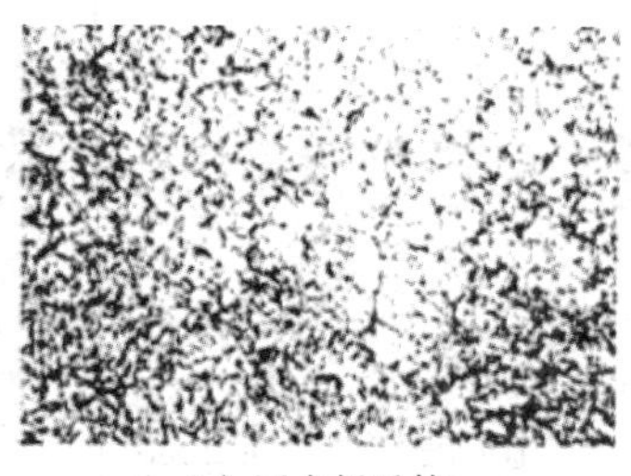

b）回火托氏体

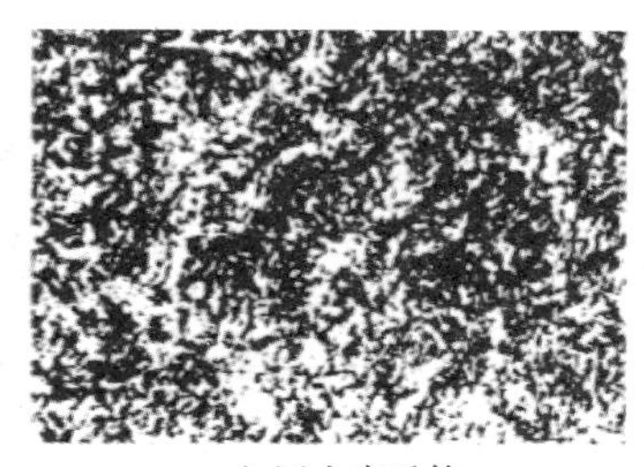

c）回火索氏体

图 5－27　回火显微组织

片状逐渐变成细粒状，此时钢的组织是由铁素体和其他细小的碳化物组成，工程上称此类混合物为回火托氏体，如图 5－27b 所示。

4. 回火索氏体的形成（＞400℃）

回火温度达到 400℃以后，渗碳体晶粒快速长大。当回火温度升高，渗碳体晶粒越大。在 500℃左右，钢的组织是由铁素体和渗碳体组成的混合物，工程上称这类混合物为回火索氏体，如图 5－27c 所示。

应用举例

常用的回火方法

1. 低温回火

回火温度在 150～200℃之间的回火处理称为低温回火。低温回火钢的组织为回火马氏体。低温回火的优点在于能够部分消除淬火内应力，增加钢的韧性，但钢的强度和硬度仍较高。低温回火常用于要求高硬度和高耐磨性的工件。

2. 中温回火

回火温度在 350～500℃之间的回火处理称为中温回火。中温回火钢的组织是回火托氏体。中温回火的优点在于能使钢具有较高的弹性极限，较高的韧度，常用于各种弹簧、热锻模等的热处理中。

3. 高温回火

回火温度在 500～650℃之间的回火处理称为高温回火。高温回火钢的组织是回火索氏体。高温回火的优点在于能大幅度提高钢的韧度，强度比中低温回火时低，但比没有经过淬火处理的钢高。因此，高温回火后的淬火钢具有高韧度和较高的强度硬度，具有良好的综合力学性能。工程上把淬火和高温回火的热处理方式称为调质处理，常用于各类连接件、结构件，比如连杆类、轴类零件等的热处理中。

第六章　常规热加工的应用

项目一　焊接

背景介绍

焊接是一种先进、高效、稳定的金属连接方法，是现代工业生产中重要且普遍适用的金属连接方法之一，同时，也是一个国家工业技术现代化的一个标志。焊接技术广泛应用于机械制造、航空航天、石油化工、交通运输、航海造船、海洋工程、冶金、建筑和电力等工业部门。比如：万吨水压机的立柱制造、大型锅炉的制造、汽轮机隔板的加工、汽车车身的制造以及电路板的制造等。

问题引入

现有一大型锅炉需在现场进行安装，由于现场环境的限制，锅炉只能在现场进行焊接，然后再进行总装。

问题分析

锅炉需在现场进行焊接，首先得确定采用何种焊接方法，选用何种焊接材料；然后焊接接头和焊接坡口采用何种形式，焊缝如何设置；最后除以上问题外，其他的焊接参数应如何选择。

知识链接

一、定义

焊接是指通过适当的物理化学过程（加热、加压或两者并用）使两个分离的固态物体产生原子（分子）件结合力而连接成一体的连接方法。被连接的两个物体可以是各种同类或不同类的金属、非金属（石墨、陶瓷、玻璃、塑料凳），也可以是一种金属与一种非金属，如图 6－1 所示。

图 6－1　常见焊件

二、焊接的特点

1. 焊接的优点

(1)焊接结构重量轻，节省金属材料，还可制造双金属结构，节省大量的贵重金属和合金；

(2)焊接接头具有良好的力学性能，能耐高温高压，能耐低温，具有良好的密封性、导电性、耐腐蚀性、耐磨性；

(3)可以简化大型或形状复杂结构的制造和装配工艺，为结构设计提供较大的灵活性，并且能够实现机械化和自动化。

2. 焊接的缺点

(1)焊接结构不可拆卸，维修难度大；

(2)焊接结构易产生较大的焊接，变形和焊接残余力，影响结构的承载能力；

(3)焊缝与焊件交界处还会产生应力集中，容易产生疲劳断裂；

(4)焊接接头具有较大的性能不均匀性，并且存在一定数量的缺陷，如裂纹、气孔、夹渣、未焊透、未熔合等；

(5)焊接生产过程中产生高温、强光及有毒气体，对操作人员有害，要注意劳动保护。

三、焊接的分类

根据焊接过程中加热程度、工艺特点和焊缝金属的性质，基本的焊接方法可分为三类：

(1)熔化焊将工件焊接处局部加热到熔化状态，形成熔池(通常还加入填充金属)，冷却结晶后形成焊缝，被焊工件结合为不可分离的整体。为了实现熔化焊接，关键是要有一个能量集中、温度足够高的加热热源。

按热源形式的不同，熔化焊按基本方法分为：气焊(以氧乙炔或其他可燃性气体燃烧火焰为热源)；铝热焊(以铝热剂放热反应热为热源)；电弧焊(以气体导电时产生的热为热源)；电渣焊(以熔渣导电时的电阻热为热源)；电子束焊(以高速运动的电子束流为热源)；激光焊(以单色光子束流为热源)等若干种。

(2)压力焊利用摩擦、扩散和加压等物理作用克服两个连接表面的不平度，除去氧化膜及其污染物，使两个连接表面上的原子互相接近到晶格距离，从而在固态条件下形成的连接统称为固相焊接。固相焊接都必须加压，为了更容易实现，往往伴随加热措施，但加热温度远低于焊件的熔点，这种焊接称之为压力焊。

常用的压焊方法有：电阻对焊、闪光对焊、点焊、缝焊、摩擦焊和超声波焊等。

(3)钎焊利用某些熔点低于被连接件材料熔点的熔化金属(钎料)作连接的媒介物在连接界面上的流散浸润作用，然后，冷却结晶形成结合面的方法称为钎焊。

常用的钎焊方法有：火焰钎焊、感应钎焊、炉中钎焊、盐浴钎焊和真空钎焊等。

四、常用的焊接材料

焊接材料是焊接时所消耗材料的通称，包括焊条、焊丝、焊剂、气体、溶剂、钎焊及焊料等。焊接材料的优劣，直接影响焊接过程的稳定，影响焊缝与接头的质量和性能，最终影响的是焊接效率。

1. 焊条

焊条是熔化电极，供手工电弧焊使用，由心部的金属焊芯和表面药皮涂层组成，如图6-2所示。分两端，一端为引弧端，一端为夹持端。承担传到电流并引燃电弧的作用，和作为填充金属与熔化的母材结合形成焊缝。

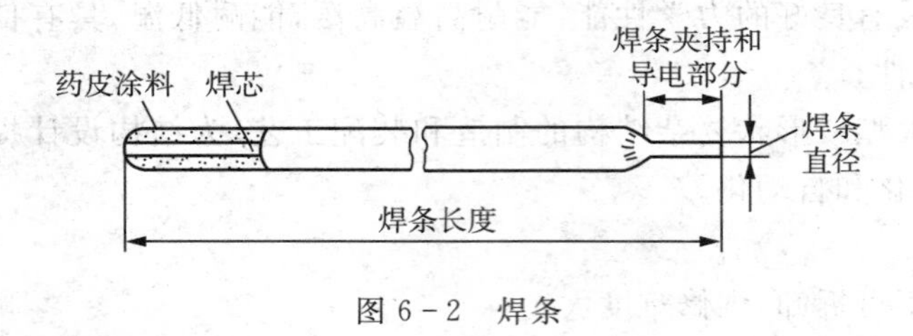

图 6-2 焊条

焊芯是电极，指焊条中被药皮包裹的金属芯，在焊接过程中产生电弧，起传到焊接电流的作用。因此，焊芯的化学成分直接影响焊缝质量，且对其个各合金元素的含量约定在一定范围，保证焊缝的性能不低于母材。

通常所说焊条直径指的是焊芯的直径，结构钢焊条直径从 ϕ1.6～6mm，共有 7 种规格。生产中用地最多的是 ϕ3.2mm、Φ4.0mm 和 ϕ5.0mm 三种规格。焊条长度指的是焊芯的长度，一般在 200～550mm。

药皮是指压涂在焊芯表面上的涂料层。它的主要作用是机械保护作用，造气、造渣以隔绝空气，保护熔化金属；冶金处理作用，对熔化金属进行脱氧。去氢、除硫、除磷、添加合金元素等；促使电弧容易引燃和稳定燃烧，减少飞溅，利于形成焊缝，改善焊接工艺性能。

焊条药皮的组成物按其在焊接过程中所起的作用分为 7 大类：造气剂、造渣剂、脱氧剂、合金剂、稳弧剂、增塑剂和黏结剂等，由矿石、铁合金、有机物和化工产品四大类原材料粉末，具体由以下 8 类组成：氧化钛型、钛钙型、钛铁矿型、氧化铁型、纤维素型、低氢型、石墨型和盐基型。

焊条的种类

焊条的分类方法很多，通常按用途、熔渣的酸碱性性能特征或药皮类型进行划分。按用途可将焊条分为 10 类：低碳钢和低合金钢焊条、钼和铬钼耐热钢焊条、不锈钢焊条、堆焊焊条、低温钢焊条、铸铁焊条、镍及镍合金焊条、铜及铜合金焊条、铝及铝合金焊条和特殊用途焊条。按熔渣酸碱度可分为酸性焊条和碱性焊条。按性能特征可分为低尘低毒焊条、超低氢焊条、立向下焊条、底层焊条、水下焊条和重力焊条等。

焊条的牌号和型号

焊条型号是国家标准中的焊条代号按 GB/T 5117—1995 或 GB/T 5118—1995 规定表示，碳钢焊条和低合金钢焊条用一个大写拼音字母和四位数字表示，首位字母 E 表示焊条；此后的前两位数字表示焊缝金属抗拉强度的最小值；第三位数字表示焊条的焊接位置。0 和 1 表示焊条适用于全位置焊接（平焊、立焊、仰焊、横焊）；2 表示焊条适用于平焊及平角焊，4 表示焊条适用于向下立焊；第三位和第四位数字组合表示焊接电流种类及药皮类型。如 E4315 表示焊缝金属的 $\sigma_b \geqslant 43kgf/mm^2$，适用于全位置焊接，药皮类型是低氢钠型，电流种类是直流反接。表 6-1 所列为集中常见碳钢焊条的型号及适用范围。

表 6-1　常见碳钢焊条的型号及适用范围

焊条型号	焊条牌号	熔敷金属抗拉强度数值(≥)		药皮种类	焊条类别	电流种类与极性	用途
		kgf/mm²	MPa				
E4301	J423	43	420	钛铁矿型	酸性焊条	交流或直流正、反接	较重要的碳钢结构
E5001	J503	50	490				
E4303	J422	43	420	钛钙型			
E5003	J502	50	490				
E4311	J425	43	420	高纤维钾型		交流或直流反接或直流正接	一锻碳钢结构较重要的碳钢结构
E5011	J505	50	490				
E4320	J424	43	420	氧化铁型铁粉氧化铁型			
E4327	J24Fe	43	420				
E4315	J427	43	420	低氢钠型	碱性焊条	直流反接	重要碳钢、低合金钢结构
E5015	J507	50	490				
E4316	J426	43	420	低氢钾型		交流或直流反接	
E5016	J056	50	490				
E5018	J506Fe	50	490	铁粉低氢型			

焊条牌号是焊条行业中现行的焊条代号。通常用一个大写的汉语字母拼音和三位有效数字表示，拼音字母表示焊条的类别，牌号中前两位数字表示焊缝金属抗拉强度的最低值，单位是 kgf/mm²，最后一位数字表示药皮类型和电流种类。如 J422，J 表示结构钢焊条，42 表示焊缝金属抗拉强度不低于 43kgf/mm²，2 表示钛钙型药皮，直流或交流。表 6-2 所示为常用焊条型号和牌号对照表。

表 6-1-2　常见焊条型号与拍好对照表

焊条型号	焊条牌号	熔敷金属抗拉强度数值(≥)		药皮种类	焊条类别	电流种类与极性	用途
		kgf/mm²	MPa				
E4301	J423	43	420	钛铁矿型	酸性焊条	交流或直流正、反接	较重要的碳钢结构
E5001	J503	50	490				
E4303	J422	43	420	钛钙型			
E5003	J502	50	490				
E4311	J425	43	420	高纤维钾型		交流或直流反接	一锻碳钢结构较重要的碳钢结构
E5011	J505	50	490				
E4320	J424	43	420	氧化铁型铁粉氧化铁型		交流或直流正接	较重要的碳钢结构
E4327	J24Fe	43	420				

（续表）

焊条型号	焊条牌号	熔敷金属抗拉强度数值(≥)		药皮种类	焊条类别	电流种类与极性	用途
		kgf/mm²	MPa				
E4315	J427	43	420	低氢钠型	碱性焊条	直流反接	重要碳钢、低合金钢结构
E5015	J507	50	490				
E4316	J426	43	420	低氢钾型		交流或直流反接	
E5016	J056	50	490				
E5018	J506Fe	50	490	铁粉低氢型			

焊条的选用

焊材的选用需在确保焊接结构安全、能可靠使用的前提下，根据被焊材料的化学成分、力学性能、板厚及接头形式、焊接结构特点、受力状态、结构使用条件对焊缝性能的要求、焊接施工条件的技术经济效益等综合考虑后，有针对性选用焊材，必要时要进行焊接性试验。

考虑焊缝金属力学性能和化学成分等强度原则：焊接低碳钢和低合金钢时，应根据抗拉强度选择相应强度等级的焊条；等成分原则：焊接耐热钢、不锈钢等材料时，应选择与焊接件化学成分相同或相近的焊条。

考虑焊接件的使用性能和工作条件对于承受动载荷或冲击载荷的焊接件，或结构复杂、刚性大的厚大焊接件，为保证焊缝具有较高的冲击韧性和塑性，应选择碱性焊条。接触腐蚀介质的焊件应选择耐腐蚀的焊条。在高温、低温、耐磨等其他工作条件下的焊接件，应选用相应的特殊用途焊条。

考虑焊条的工艺性对于焊接清理困难，且易产生气孔的焊接件，应选用酸性焊条；焊接件中碳、硫、磷含量较高，应选用抗裂性较好的碱性焊条。对受条件限制难以翻转的焊接件，应选用全位置焊接的焊条。

考虑经济效益在满足产品使用性能要求的情况下，应选用工艺性好的酸性焊条；对焊接工作量大的结构，有条件时应尽量采用高效率焊条或专用焊条，以提高焊接效率。

焊接接头形式

焊接接头的种类和形式很多，根据接头的构造形式不同，可分为对接接头、T 形（十字）接头、搭接接头、角接接头四种，如图 6 - 3 所示。

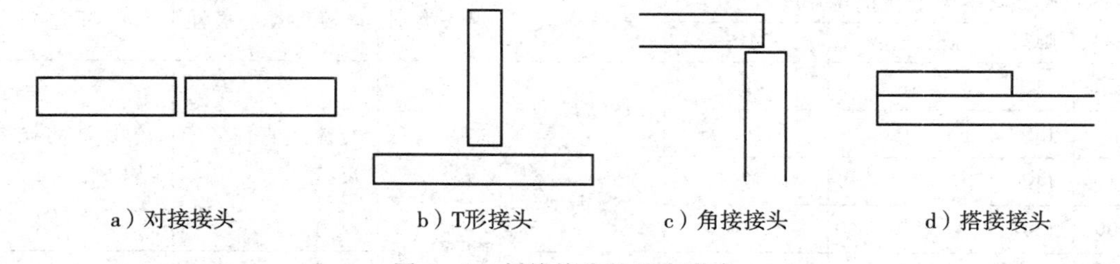

a）对接接头　b）T形接头　c）角接接头　d）搭接接头

图 6 - 3　焊接接头的基本形式

对接接头：如图 6 - 3a)所示，在同一平面上，两板件端面相对焊接形成，是最常用的焊接形式，接头上应力分布比较均匀，焊接质量容易保证，但对焊前准备和装配质量要求较高。

T 形接头：如图 6 - 3b)所示，板件与另一板件相交构成直角或近似直角时进行焊接而形成，广泛应用于机床焊接结构中，其中在船体结构中也有一大半焊缝采用 T 形接头。

角接接头：如图 6－3c)所示，两板件端面构成直角或近似直角的连接接头，便于组装，外形美观，但承载能力差，一般只起连接作用，不能传递工作载荷。

搭接接头：如图 6－3d)所示，两板件部分重叠在一起进行焊接而形成，便于组装，常用于对焊前准备和装配要求简单的结构，但焊缝受剪切力作用，应力分布不均，承载能力低，且结构重量大，经济型低。

在形式选择时，主要根据焊件的结构形状、使用要求、焊件厚度、变形大小、焊接材料的消耗量以及施工条件等情况确定。

焊接坡口的形式

为了保证厚度较大的焊件能够焊透，常将焊件的待焊部位加工成一定几何形状的沟槽，叫坡口。主要的坡口形式有不开坡口（Ⅰ形坡口）、V 形坡口、X 形坡口、U 形坡口、双 U 形坡口等，如图 6－4 所示。开坡口一方面为了保证焊缝根部焊透，确保接头质量；另一方面可以调节母材金属和填充金属的比例，调整焊缝的性能。因此，坡口形式的选择主要根据板厚和焊接方法确定，同时兼顾焊接工作量大小、焊接材料消耗量、坡口加工成本和焊接施工条件等确定，以提高生产率和降低成本。

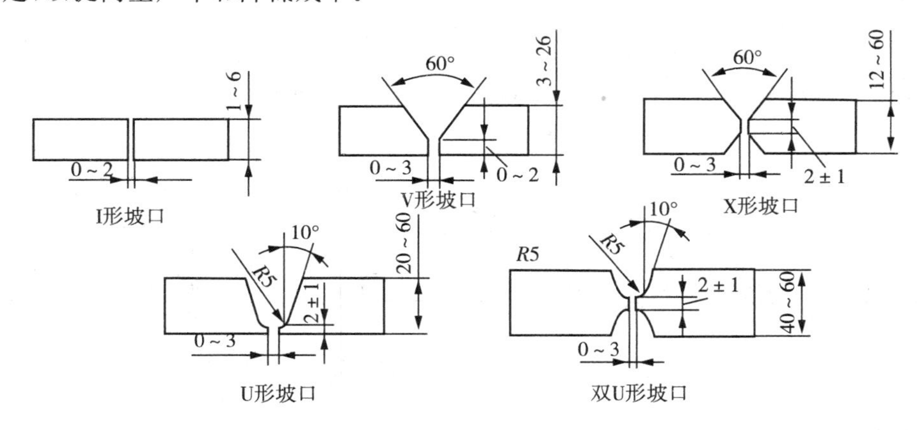

图 6－4　焊缝坡口形式

焊缝布置

焊件经焊接后所形成的结合部分叫焊缝，焊缝是构成焊接接头的主体部分。通常可分为平焊缝、横焊缝、立焊缝和仰焊缝四种，如图 6－5 所示。其中，平焊缝是施焊操作最方便、焊接质量最有效的焊缝形式，因此，在布置焊缝时尽量采用平焊缝。

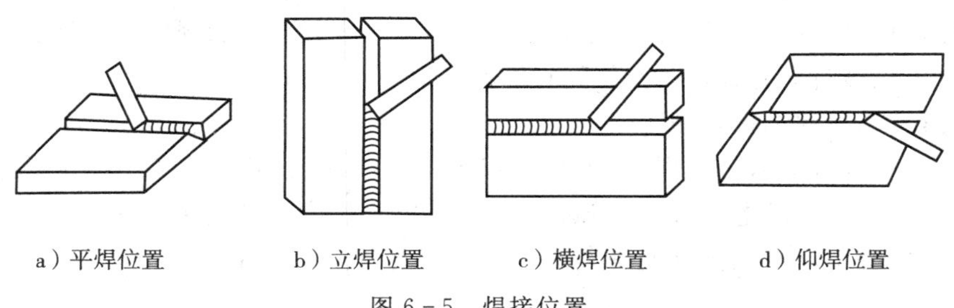

图 6－5　焊接位置

焊缝布置原则

忌在最大应力点和应力集中部位施焊，如图 6-6 所示。

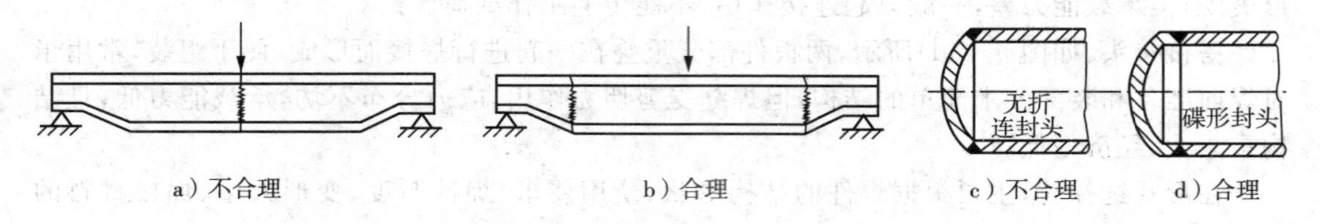

图 6-6　焊缝避开最大应力集中部位

忌在机械加工面施焊，如图 6-7 所示。

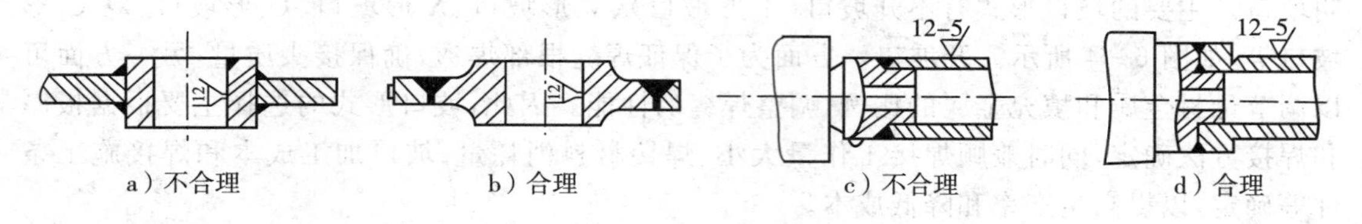

图 6-7　焊缝远离机械加工面

焊缝位置要对称，宜分散，忌集中，数量宜少忌多，如图 6-8 所示。

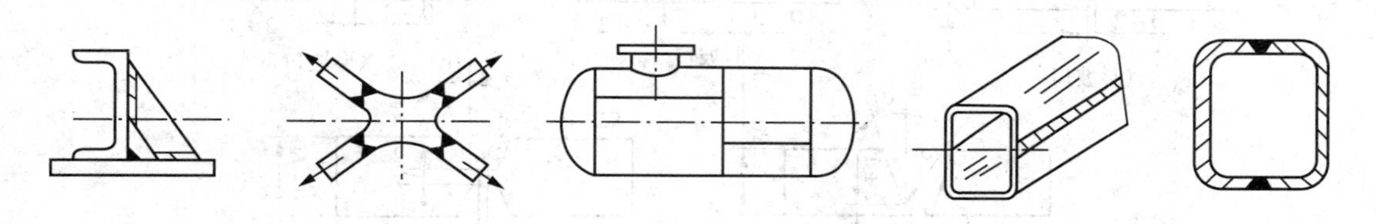

图 6-8　焊缝的合理布置

焊接方法

熔化焊——焊条电弧焊和埋弧自动焊

焊条电弧焊是用手工操作焊条进行焊接的电弧焊方法，它利用焊条和焊件之间建立起的稳定燃烧电弧，使焊条和焊件局部熔化，冷却后形成焊缝而获得牢固的焊接接头。

焊条电弧焊由于设备简单、使用灵活方便、适用性强而得到广泛运用，是目前机械制造中最广泛的焊接方法之一。

埋弧焊是指电弧埋在焊剂层下燃烧进行焊接的方法。若其引弧、焊丝送进、移动电弧、收弧等动作由机械自动完成，则为埋弧自动焊。

(1)埋弧自动焊的焊接过程

如图 6-9 所示，埋弧自动焊时，焊剂从焊剂漏斗中流出，均匀堆敷在焊件表面，焊丝由送丝机构自动送进，经导电嘴进入电弧区，焊接电源分别接在导电嘴和焊件上以产生电弧，焊剂漏斗、送丝机构及控制盘等通常装在一台电动小车是可以按调定的速度沿着焊缝自动行走。

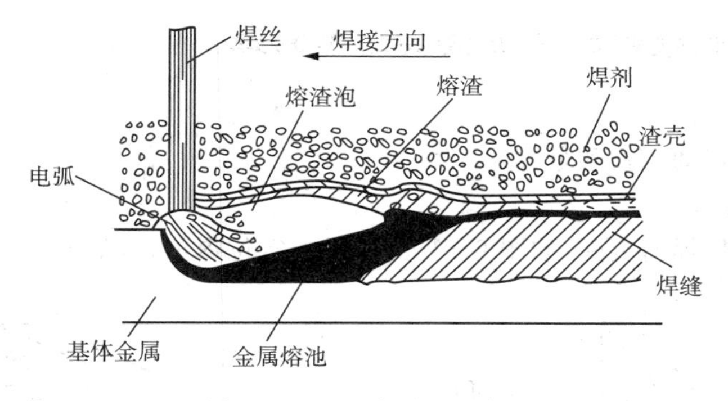

图 6-9 埋弧自动焊示意图

(2)埋弧自动焊的特点

生产率高焊接电流比手工电弧焊大得多,可以高达 1000A,一次熔深大,焊接速度大,且焊接过程连续不间断,无须频繁更换焊条,因此生产率比手工电弧高 5～20 倍。

焊接质量好熔渣对熔化金属的保护严密,冶金反应较彻底,且焊接工艺参数稳定,焊缝成形美观,焊接质量稳定。

劳动条件好焊接时没有弧光辐射,焊接烟尘小,焊接过程自动进行,后期课使用焊接机器人。

但是,埋弧自动焊一般只适用于水平位置的长直焊缝和直径 250mm 以上的环形焊缝,焊接的钢板厚度一般在 6～60mm,适焊材料仅限于钢、镍合金、铜合金等,不能焊接铝、钛等活泼金属。

压焊:电阻焊和摩擦焊

电阻焊是利用电流通过焊件及其接触产生的电阻热,将连接处加热到塑性状态或局部熔化状态,再施加压力形成接头的一种焊接方法。电阻焊通常分为点焊、缝焊合对焊三种形式,对焊又根据焊接过程的不同,分为电阻对焊和闪光对焊。

摩擦焊是利用焊件接触端面相互摩擦所生产的热,使端面达到热塑性状态,然后迅速施加顶锻力,实现焊接的一种固相压焊方法。摩擦焊主要应用于异种金属和异种钢产品之间的焊接,如电力工业中铜-铝过渡接头,金属切削用的高速钢——结构钢刀具之间的焊接等。

钎焊

钎焊采用熔点低于母材的合金材料,加热时钎料熔化,并靠湿润作用和毛细作用填满并存留在接头间隙内,母材始终处于固态,依靠液态钎料和固态母材之间的相互扩散作用形成钎焊接头。钎料是形成钎焊接头的填充金属,钎焊接头的质量在很大程度上取决于钎料。因此,钎料应具有恰当的熔点、优良的润湿性和填充作用,能与母材相互扩散,还具有一定的力学性能好物理化学性能。按钎料熔点的不同,钎焊分为软钎焊和硬钎焊两类。

软钎焊钎料熔点低于 450℃的钎焊,常用锡铅钎料,具有良好的润湿性和导电性,广泛应用于电子产品、电机电器和汽车配件。

硬钎料钎料熔点高于 450℃的钎焊,常用黄铜钎料和银基钎料。用银基钎料的前头具有较好的强度、导电性和耐腐蚀性,钎料熔点低、工艺性好,但价格高,多用于要求较高的焊件,普通焊件多采用黄铜钎料。

应用案例：低碳钢板T性接头的平角焊

1. 焊前准备

焊机焊条焊件辅助工具和量具。

2. 焊前装配定位

T形接头平角焊焊前装配，如图6-10a)所示。定位焊位置，如图6-10b)所示。

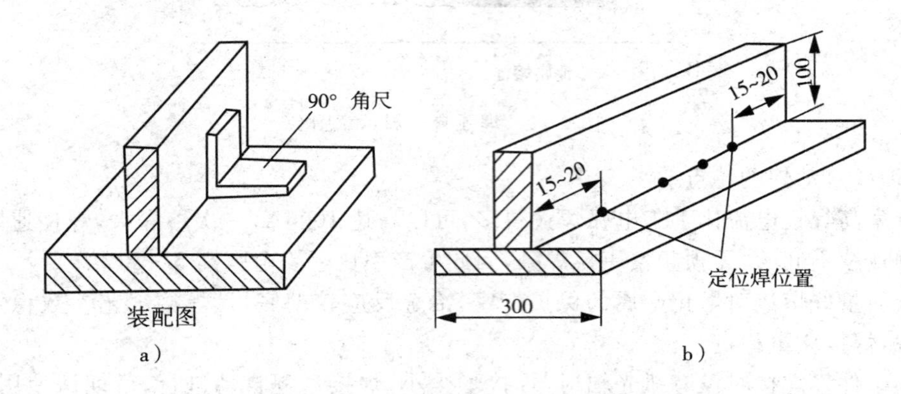

图6-10 T形接头平角焊的装配图、定位焊位置

3. 焊接操作

T形接头的单层平角焊。

单层平角焊焊接参数，见表6-3所列。T形接头平角焊的焊条角度，如图6-11所示。

表6-3 单层角焊缝的焊接参数

板厚(mm)	焊条型号	焊条直径(mm)	焊接电流(A)	焊缝层次
8～10	E4303	3.2	110～130	1
		4	160～200	2
		4	160～180	3

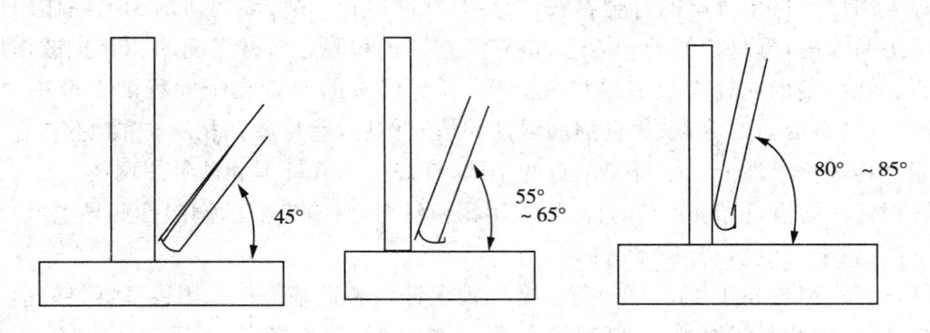

图6-11 T形接头平角焊的焊条角度

T形接头平角焊的斜圆环形运条法，如图6－12所示。

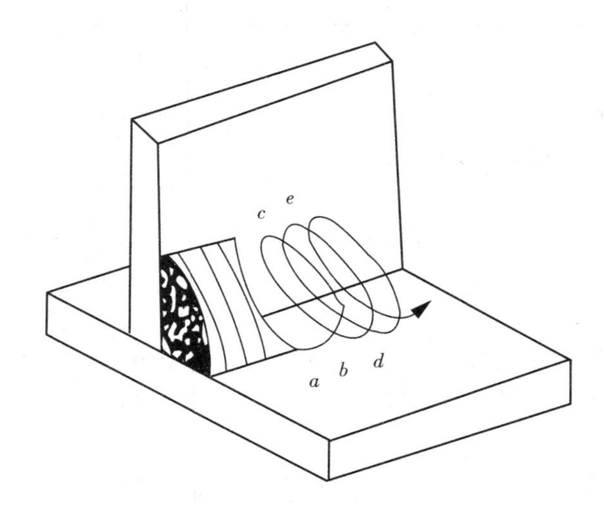

图6－12　T形接头平角焊的斜圆环形运条法

4．焊缝清理

用敲渣锤清除焊渣，用钢丝刷进一步将附着在焊件表面的焊渣、飞屑清除干净，焊缝处于原始状态。

5．焊缝质量检查

按JB/T 7949—1999《钢结构焊缝外形尺寸》和GB/T 12469—1990《钢熔化焊接接头的要求和缺陷分级》为依据，检查有无未焊满、咬边、裂纹、弧坑裂纹、电弧划伤、焊缝接头不良、焊瘤、表面夹渣、表面气孔等。

综合拓展

焊接参数

焊接参数是指焊接过程中，为保证焊接质量而选定的各个参数。

1．焊接电源的选择

选用焊接电源时，要保证焊接电流大小便于调节，空载电压合理，陡降的外特性。

根据焊条药皮类型确定焊接电源的正反接，如低钠型焊条必须采用直流反接电源；直流电源焊接厚板时采用直流正接，焊接薄板时采用直流反接。

2．焊接极性的选择

焊件接电源正极，焊钳接电源负极的接法称为直流正接；焊件接电源负极，焊钳接电源正极的接线法称为直流反接。交流弧焊变压器的输出电极无正负之分。

3．焊条直径的选择

选择原则：根据焊件的厚度、焊缝所在的空间位置、焊件坡口形式等进行选择。

4．焊件厚度

焊条直径与焊件厚度之间的关系，见表6－4所列。

表 6-4 焊条直径与焊件厚度之间的关系

焊件厚度(mm)	<2	2	3	4～6	6～12	>12
焊条直径(mm)	1.6	2	3.2	3.2～4	4～5	4～6

5. 焊接位置

平焊位置焊接用的焊条直径要大些；立焊位置所用的焊条直径不宜超过 5mm，横焊及仰焊时，所用的焊条直径不宜超过 4mm。

6. 焊接层次

多层焊道的第一层焊道应采用焊条直径 2.5～3.2mm，以后各层焊道可根据焊件厚度选用较大直径的焊条焊接。

7. 焊接电流的选择

焊接电流是焊接过程中流经焊接回路的电流，是焊条电弧焊最重要的焊接参数之一。焊接电流的选择主要取决于焊条直径、焊条位置、焊接层数等。

8. 焊条直径

焊条直径与焊接电流的关系，见表 6-5 所列。

表 6-5 焊条直径与焊接电流的关系

焊条直径/mm	1.6	2.0	2.5	3.2	4	5	6
焊接电流/A	25～40	40～65	50～80	100～130	160～210	200～270	260～300

9. 焊接位置

平焊位置焊接时，选择较大的焊接电流；非平焊焊接时，应小于平焊焊接电流，立焊、横焊比平焊小 10%～15%，仰焊比平焊小 15%～20%；角焊缝比平焊稍大；不锈钢焊接时，应选择允许值的下限。

10. 焊道

打底层焊道焊接时电流应偏小，填充层应使用较大的焊接电流。盖面层焊缝焊接时，电流可调低。此外，定位焊时风焊接质量的要求与打底层焊相同。

11. 电弧电压的选择

焊条电弧焊的电弧电压是指焊接电弧两端（两电极）之间的电压，其值取决于电弧的长度。焊接弧长在 1～6mm 范围内变化，焊接过程中电弧电压大小，完全由焊工通过控制电弧的长度来保证。

12. 焊接层数的选择

中厚板焊接为了确保焊透，需在焊前开坡口，接着用焊条电弧焊进行多层焊或者多层多道焊。多层焊和多层多道焊如图 6-13 所示。每层焊接不宜大于 4～5mm。

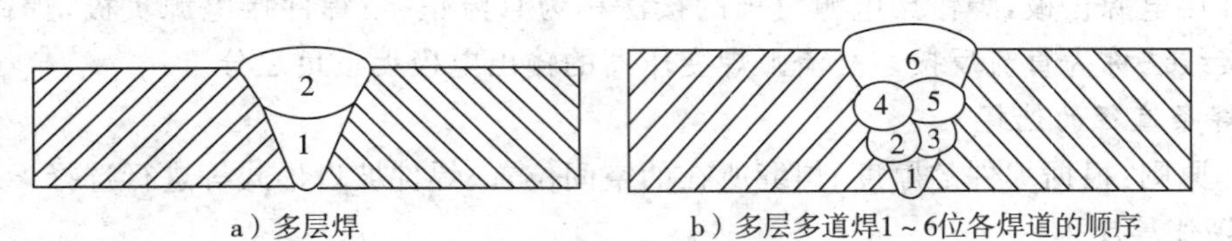

a）多层焊　　b）多层多道焊1～6位各焊道的顺序

图 6-13 多层焊和多层多道焊

项目二　铸　造

背景介绍

铸造是历史上最为悠久的金属成形方法，时至今日仍然是毛坯生产的主要方法。在工业生产中获得了广泛的运用，铸件所占的比例相当大。在机床和内燃机的产品中，铸件占70%～90%、运输机械中占50%～70%、农业机械中占40%～70%，尤其是压铸业已成为具有相当规模的产业，并且仍然保持着每年8%～12%的增长速度。铸造几乎囊括了所有的盘类、端盖类、箱体类、缸体类、泵体类和阀体类的零件。

问题引入

现有一铸造厂要铸造一台25MW凝汽式汽轮机的汽缸，该汽缸为中压缸，由内缸和外缸组成，其中内外缸均分上下汽缸。请根据以上提供的条件给出铸造方案。

问题分析

首先应确定铸造的方法，采用何种铸造方式；然后确定造型的方法，接着选定浇筑的位置和分型面的位置；最后拟定几种铸造方案，进行分析对比，选出最优方案。

知识链接

一、定义

将液态金属浇注到具有与毛坯相同形状和尺寸的铸型中，待其冷却凝固后，获得一定形状、尺寸和性能的毛坯或零件的成形方法，称为铸造如图6-14所示。

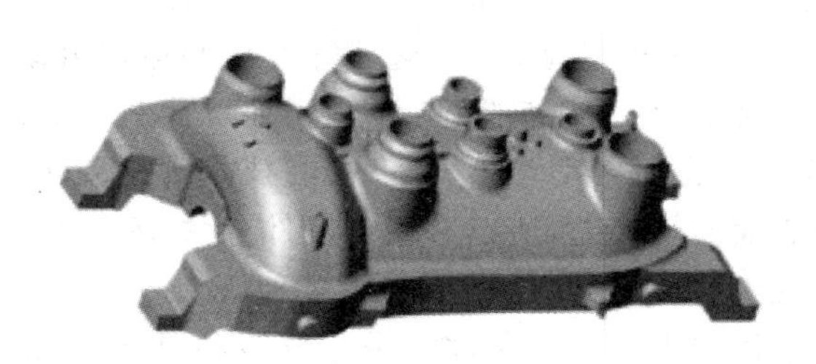
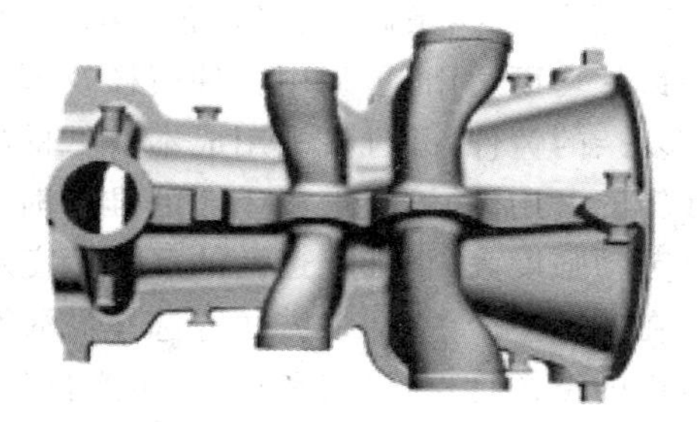

图6-14　常用铸件

二、铸造的特点

1. 铸造的优点

(1)适用性广泛原材料来源广泛，铸铁、碳素钢、合金钢、非铁合金均可使用；铸件的形状不受限制,尺寸和质量跨度范围大。

(2)能形成形状复杂的铸件,尤其是复杂内腔结构的铸件,阀体、缸体、泵体均可成形。

(3)生产成本低,原材料价格低廉,能使用报废的零件,废钢和切屑等。铸件与最终零件的形状相似,尺寸相近,加工余量小,减少了切削加工量。

2. 铸造的缺点

(1)铸件的组织疏松,晶粒粗大,内部易产生缩孔、缩松、砂岩、气孔等缺陷,导致力学性能不佳,不能用于承受动载荷的场合;且表面有肉眼可见的凹凸不平,表面粗糙度不及锻件,尺寸精度不高。

(2)铸造涉及的工序多,工艺过程难以精确控制,导致产品一致性差,废品率居高不下。

(3)铸造的工作环境差,工人劳动强度大,虽有改善,但是依然低于其他行业。

三、铸造的分类

从造型的方法分,铸造可分为砂型铸造和特种铸造两大类。砂型铸造因为适应性强、生产准备简单,是目前应用的最基本、最普遍的铸造方法,约占铸件总产量的80%以上。特种铸造,如熔模铸造、金属型铸造、压力铸造、低压铸造、离心铸造、实型铸造和陶瓷铸造等,都在不同场合各有优势。

四、常用的铸造方法

1. 砂型铸造

砂型铸造是传统的铸造方法,它适用于各种形状、尺寸、批量和合金铸件的生产,掌握砂型铸造是合理选择铸造方法和正确设计铸件的基础。

造型是指制造砂型的工艺过程。造型是砂型铸件最基本的工序,是否选择合理的造型方法,对铸件成本和质量有着至关重要的影响。由于手工造型和机器造型对铸造工艺的要求迥然不同,因此,在制定铸造工艺之前,应首先确定造型方法。

(1)手工造型

手工造型时,填砂、紧实和起模都采用手工来实现。手工造型的优点是操作灵活方便,大小铸件均可适用,可采用各种模样及型芯,通过两箱造型、三箱造型等方法制造出外廓及内腔复杂的铸件,并且可采用成本较低的实体木模和刮板来造型,还能用地坑代替下箱,减少沙箱的费用,并缩短模板生产的准备时间。但是生产效率低,对工人的技术水平要求高,而且劳动强度大,再加上逐渐的尺寸精度及表面质量较差,所以常用于单件、小批量生产。

在实际生产中,造型方法等选择灵活性较大,一个铸件通常可采用多种造型方法。应根据铸件的结构特点、形状和尺寸、生产批量、使用要求及车间条件等进行分析和对比,找出最优方案。

(2)机器造型

机器造型是用机器来完成填砂、紧实和起模等造作过程,现代化的铸造车间,不光用机器来造型,并与机械化砂处理、浇注等工序共同组成机械化生产流水线。与手工造型相比,生产效率得到大幅度提高,劳动条件得以改善,劳动强度也降低了不少,并且铸件尺寸更精确、表面更光洁、加工余量更小。但设备、工装模具、厂房等投资较大,生产准备周期长,因此适用于大批量的生产。

机器造型按紧实方式的不同,分为压实造型、震压造型、抛沙造型和射沙造型四种方式。

1)压实造型。利用压头的压力降沙箱内的型砂压实,如图 6－15 所示。先将型砂放入砂箱和辅助框中,接着压头向下降型砂压实。辅助框是用来补偿压实过程中型砂被压缩的高度。压实造型生产率较高,但砂型沿砂箱高度方向的紧实度分布不均,越靠近模底板,压实度就越差。因此,只适用于高度不大的砂箱。

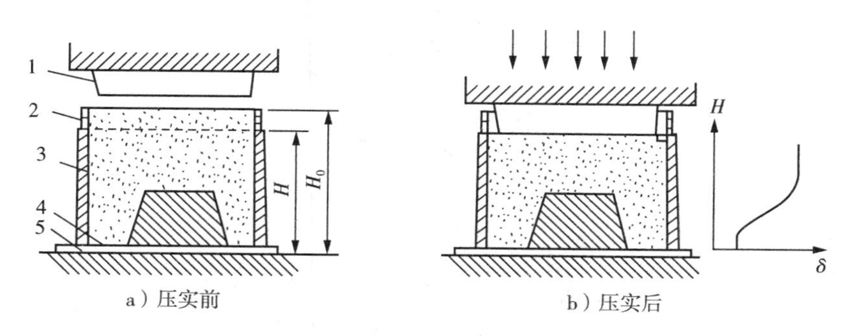

图 6－15　压头压实造型

2)震击造型。利用振动和撞击力进行压实。如图 6－16 所示为顶杆起模式震压造型机的工作过程。

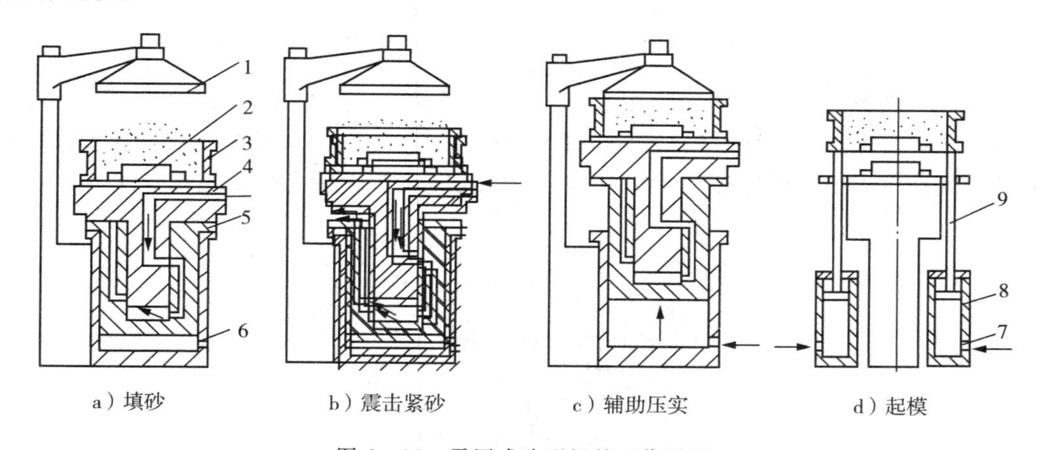

图 6－16　震压式造型机的工作过程

1—压头;2—模板;3—砂箱;4—振实活塞;5—压实活塞;6—压实汽缸;7—进气口;8—汽缸;9—顶杆

① 填砂(如图 6－16a 所示)打开沙斗门,向砂箱中放满型砂。

② 震击型砂(如图 6－16b 所示)先让压缩空气从进气口进入震击气缸底部,活塞上升至一定高度边关闭进气口,接着又打开排气口,使工作台与震击气缸顶部发生一次撞击,如此循环往复,使型砂在惯性力的作用下被初步压实。

③ 辅助压实(如图 6－16c 所示)由于震击后砂箱上层的型砂压实度仍然不够,还必须进行辅助压实。此时,压缩空气从进气口进入压实气缸底部,压实活塞带动砂箱上升,在压头的作用下,使砂箱的上层型砂被压实。

④ (如图 6－16d 所示)当压力油进入起模液压缸后,四根顶杆平稳的将砂箱顶起,从而

将砂型与模样分离。

3)抛沙造型如图 6-17 所示。抛沙头转子上装有叶片,型砂被皮带输送机连续的送入,高速旋转的叶片接住型砂,并将其分成一个个砂团,当砂团随叶片旋转至出口处时,由于离心力的作用,被高速抛进砂箱中,同时完成填砂与压实的过程。

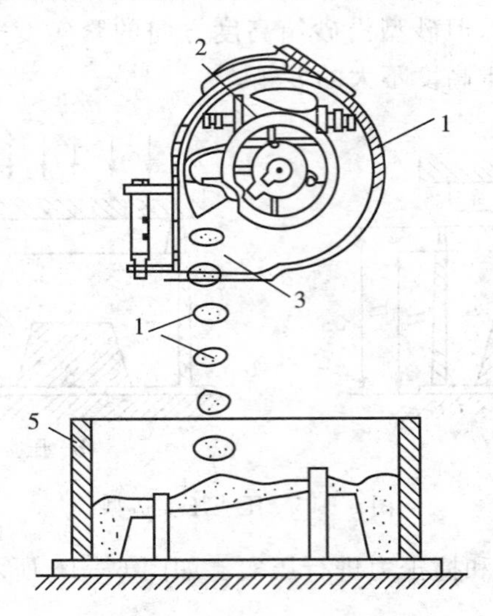

图 6-17　抛砂紧实原理图

1—机头外壳;2—型砂入口;3—砂团出口;4—被紧实的砂团;5—砂箱

4)射砂造型射砂压实方法既可以用于造型,又可以用于造芯。如图 6-18 所示。由储气筒中迅速进入射膛的压缩空气,将型砂通过射砂孔摄入芯盒的空腔中,二压缩空气经射砂板上的排气孔排出。射砂过程是在较短的时间内同时完成填砂和压实这两道工序,生产效率极高。

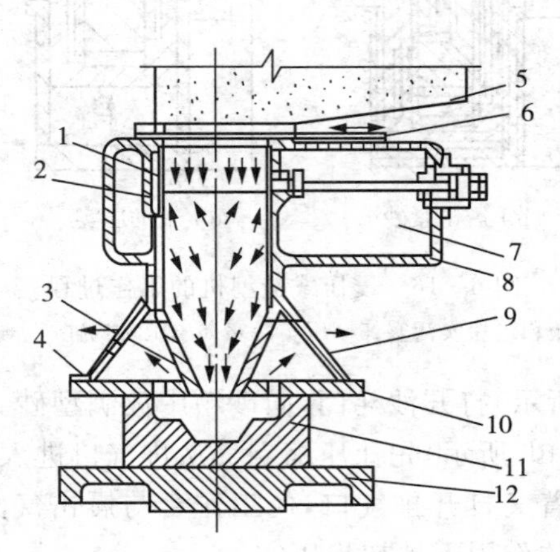

图 6-18　射砂机工作原理图

1—射砂筒;2—射膛;3—射砂孔;4—排孔;5—砂斗;6—砂闸板;7—进气阀;
8—储气筒;9—射砂头;10—射砂板;11—芯盒;12—工作台

机器造型的工艺特点是采用模板进行两箱造型。模板是将模样、浇注系统沿分型面与模底板连接成一体的专用模具。造型后，模底板形成分型面，模样形成铸型空腔，二模底板的厚度并不影响铸件的形状与尺寸。机械造型不能压实中箱，故不能进行三箱造型。与此同时，机器造型也应尽量避免活块，因为活块难以取出，费时费力，降低了造型机的生产率。

(3)造芯

当制造空心铸件，或铸件具有影响起模的外凸，或铸件的外壁内凹时，需要用到型芯，制造型芯的工艺过程称为造芯。型芯可以手工制造，也可以用机器制造。通常情况下，在成批、大量生产中多用机器来造芯，除震击、压实等紧砂方法外，最常用的是射芯机。工作原理同射砂造型类似，造芯有以下三种方式：普通造芯、热芯盒造芯和冷芯盒造芯，近年来还研制出壳芯机造芯。对于形状复杂的型芯，可以分块制造，然后粘合成形。无论采用哪种方式造芯，都要求芯子比铸型具有更高的强度、耐火性和退让性。因此，新砂的组成与配比比型砂要求更为严格；型芯中需放入芯骨，以提高型芯的刚度和强度；型芯内部应制作通气孔，以提高型芯的透气性；使用型芯时要烘干，以提高型芯的强度和透气性。

2. 特种铸造

特种铸造课相较一般砂型铸造而言，可以得到更快的生产速度，可铸造出表面平滑、尺寸精度高的铸件。主要有压力铸造、离心铸造、低压铸造、熔模铸造、离心铸造等常规方法，还有陶瓷型铸造和实型铸造等新技术方法。

(1)压力铸造

压力铸造是把液态金属或半液态金属在高压下快速压入精密的金属铸型中，并在压力的作用下凝固，以获得铸件的方法。高速和高压是压铸法不同于一般金属型铸造的两大特征，因此，其铸件的力学性能也优于普通金属型铸件的力学性能。与砂型铸造相比，压铸铸件不会产生砂眼、粘砂等缺陷，并且铸件表面美观，尺寸精度高，不需要机械加工，还能铸出形状复杂而薄壁的铸件。其力学性能优于砂型铸造，生产速度亦高于砂型铸造，适合于大批量的生产。

压力铸造通常是在压铸机上完成的，压铸件有多种形式，有冷压室式和热压室式两类。目前应用最多的是卧式冷压室压铸机。

1)压铸工艺过程

图 6－19 为卧式冷压室压铸机工作过程示意图。铸型由定型和动型组成，定型固定在机架上，动型由合型机构带动可以在水平方向上移动。工作时，首先预热金属铸型、喷涂料；然后合型，注入金属液(图 6－19a)，压射冲头在高压下推动金属液充满型腔并凝固(图 6－19b)；最后动型由合型机构带动打开铸件，由顶杆顶出(图 6－19c)。

2)压铸的特点及应用

① 压铸件尺寸精度高、表面质量好，不经切削加工可直接使用；

② 能压铸出形状复杂的薄壁件或镶嵌件，及具有很小孔和螺纹的铸件；

③ 压铸件的强度、表面硬度和抗拉强度较高；

④ 生产效率高，可实现半自动化及自动化生产；

⑤ 压铸件不能进行热处理，也不宜在高温下工作，以防压铸件皮下气孔中的气体产生热膨胀压力，使铸件开裂。压铸件皮下的气孔是因为充型速度快，型腔中的气体难以排出而形成的；

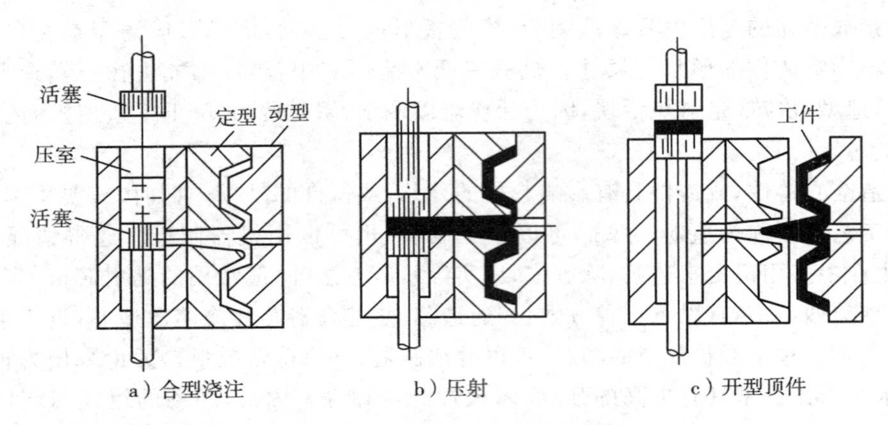

图 6－19　压力铸造过程示意图

⑥ 金属液凝固快，后壁处来不及补缩，易产生缩孔和缩松；

⑦ 压铸设备投资大，压铸制造成本高、周期长，不适宜小批量生产，而且铸型工作条件恶劣、压铸设备易损坏。

压力铸造应用广泛，可用于生产锌合金、铝合金、镁合金和铜合金等铸件。行业应用也很宽广，应用压铸件最多是汽车。拖拉机制造业，其次为仪表和电子仪器制造业。生产的零件由机车车轮、发动机缸体、气缸盖、变速箱箱体、发动机罩、仪表和照相机的壳体等。

(2)实型铸造

实型铸造是采用聚苯乙烯泡沫塑料模样代替普通模样，造好型后不取出模样就直接浇入金属液，在金属液的作用下，塑料模样燃烧、气化、消失，然后金属液取代原来塑料模样所占用的空间位置，冷却凝固后获得所需铸件的铸造方法。实型铸造也称之为消失模铸造。

实型铸造的特点：

① 由于采用了遇金属液即气化的泡沫塑料模样，无须起模、下芯、合型等工艺再加上模样表面刷有高质量涂料，因而无飞边、毛刺，使得铸件的尺寸精度和表面粗糙度都接近于熔模铸造，但尺寸却可大于熔模铸造；

② 适用性广，对合金种类、铸件尺寸及生产数量限制极小，铸件结构设计的自由度大；

③ 操作过程简单，减少了铸件生产工序，缩短了生产周期，提高了生产效率；

④ 节省投资，经济效益好。实型铸造可节省模样制造所需的材料和设备投资费用；

⑤ 泡沫熟料模式一次性的，因此每个铸件的尺寸精度不相同；

⑥ 模样因密度小、强度低，易变形；

⑦ 模样高温热解的产物会给铸件带来缺陷，比如铸铁件的灰渣，铝合金铸件的针孔、夹渣及铸钢件的增碳、气孔等；

⑧ 模样气化形成的烟雾，对环境和工作人员有害。

综上所述：实型铸造主要适用于不易起模等复杂铸件的批量及单件生产。

五、铸件的结构设计及工艺参数

1. 浇注位置的选择原则

浇注位置是指浇注时铸件在砂型内所处的空间位置。铸件的浇注位置正确与否对铸件的质量至关重要，制定铸造方案时必须优先考虑。具体原则如下：

(1)铸件重要的加工面应朝下，因为铸件的上表面易产生砂眼、气孔和夹渣等缺陷，且组织不及下表面细致。如果难以朝下，则应测量位于侧面。

(2)铸件的大平面应朝下，因为浇铸过程中，金属液对型腔上表面有强烈的热辐射，型砂会因急剧膨胀和强度下降而拱起或开裂，致使上表面易产生夹渣或结疤缺陷。

(3)铸件面积较大的薄壁部分应置于铸型下部或使其垂直或倾斜的位置，因为薄壁部分易产生浇不到或冷隔缺陷。

(4)铸件圆周表面质量要求高，应进行立铸，以便于补缩；厚的部位应放于铸型上部，便于安置冒口，实现顺序凝固。

2. 分型面选择原则

铸型分型面是指定模部分与动模部分的接触面。铸型分型面的选择正确与否是铸造工艺合理性的关键控制点，它不仅影响铸件质量，还会使制模、造型、造芯、合型或清理等工序复杂化，甚至增加机械加工工作量。因此分型面的悬着应能在保证铸件质量的前提下，尽量简化工艺，节省人力物力。其原则如下：

(1)分型面数量要小，型面要平直，以提高铸件精度。

(2)避免不必要的型芯和活块，以简化造型工艺。

(3)尽量使铸件全部或大部分置于下箱，以便于造型、下芯、合型。

3. 砂型铸件的结构设计

铸件结构首先在能满足使用要求的前提下，尽量使制模、造型、造芯、合型及清理过程简化，防止废品，避免不必要的工时耗费，并未实现铸造成的机械化、自动化创造条件，因此，设计时应遵循以下原则：

(1)模样和芯盒制作简单铸件结构力求简单，尽量由直线、平面、圆柱形表面等简单几何形状组成，分模面(模样分开的面)要少。

(2)铸件结构便于造型。

1)满足分型面的选择原则。

2)铸件具有一定的结构斜度以方便起模，提高铸件的精度，延长模样的使用寿命。一般高度越低，结构斜度越大；内壁倾斜度大于外壁倾斜度。

3)铸件的结构要利于型芯的定位、固定、排气。

(3)铸件的结构要利于铸件的清砂设计数量一定的工艺孔。

4. 铸件结构的工艺性

(1)铸件的壁厚要适当且均匀以避免缩松、缩孔等缺陷。

(2)铸件壁的连接应采用圆角，避免锐角和壁的交叉；厚壁与薄壁的连接要逐步过渡，避免尖角和壁厚突变。

(3)铸件结构应设计肋板、加强筋或轮辐等结构，以防热裂，并应使该结构能自由收缩，以减少内应力，减小变形，避免裂纹产生。

(4)铸件应避免过大的水平面过大的水平面不利于金属液的填充，易产生夹砂、浇不足等缺陷；也不利于金属夹杂物和气体的排出。因此，应尽量设计成倾斜壁。

应用案例

以连接法兰，如图 6－20 简要说明铸造方案的选择。

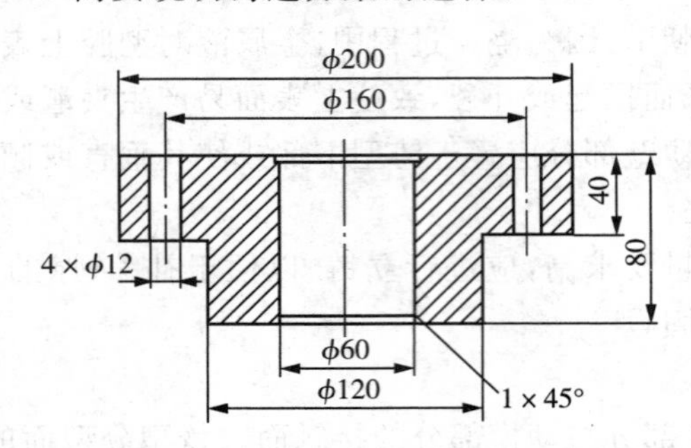

图 6－20 链接法兰零件图

1. 分析铸件质量要求和结构特点

该零件属于一般连接件，φ60mm 的内孔和 φ120mm 的端面质量要求较高，不允许有铸造缺陷。

2. 选择造型方法

铸件材料为灰铸铁 HT200，大批量生产，故选用机器造型。

3. 浇筑位置的选择

浇筑位置有两种方案：一是铸件轴线呈垂直位置，铸件是顺序凝固，补缩效果好，气体、熔渣易于上浮，且 φ60mm 的内孔和 φ120mm 的端面分别处于铸型的侧面和底面，容易保证质量；二是铸件轴线呈水平布置，容易使上部的 φ60mm 的内孔和 φ120mm 的端面产生砂岩、气孔和夹渣等缺陷。故方案二不合理，应选用方案一。

4. 分型面的选择

分型面的选择有两种方案，如图 6－21 所示。

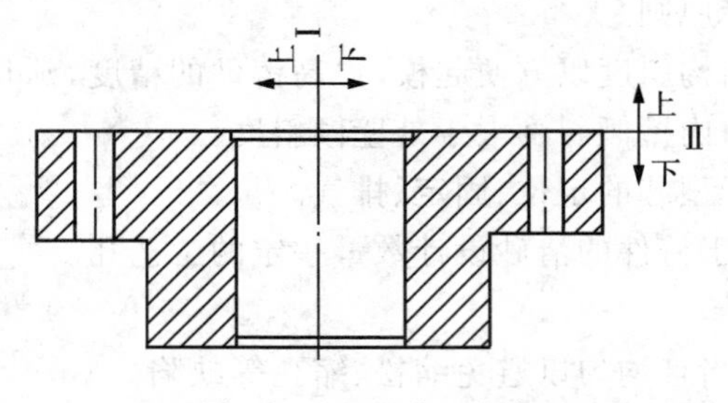

图 6－21 风分型方案

方案Ⅰ(轴向对称分型)：此方案采用分模两箱造型，内腔浅深，双支点水平型芯稳定性好，造型、下芯便利，铸件尺寸较准确，但分型面通过轴线位置，会使圆柱面产生飞边、毛刺、错型等缺陷，影响 φ60mm 的内孔和 φ120mm 的端面的质量。

方案Ⅱ(径向分型)：此方案采用整模两箱造型，分型面选在法兰盘的上平面处，使铸件全部位于下箱，利于保证铸件的质量和精度，合型前利于检查型芯是否稳固、壁厚是否均匀等，且分型面在铸件一端，不会发生错型缺陷，直立型芯的高度不大，稳定性尚可，同时浇筑位置与造型位置一致。

综合分析方案Ⅱ整模造型较为合理。

综合拓展

铸件的缺陷和质量检验

铸件在生产过程中，由于结构、工艺、操作、人员等方面的原因，会在铸件的表面、内部等位置存在一定的缺陷，降低零件的质量及力学性能，影响产品的使用寿命，因此要对铸件的缺陷进行综合分析，找出缺陷的原因，并采取相应的措施。

一、铸件中常见的缺陷及产生原因

1. 孔洞类的缺陷

(1)缩孔常产生于铸件厚壁处，内壁粗糙，形状不规则，晶粒粗大，呈倒锥形。

原因：铸件结构不合理，局部壁厚差较大；浇注和冒口位置不当；浇注温度过高，收缩太大。

(2)气孔多分布在铸件上表面或内部，内壁较光滑，大小不等，呈球状或梨形。

原因：铸件结构不合理，不利于排气；浇注速度过快，气体排不出；金属液溶气太多；砂型太紧或通气性差，型芯通气孔堵塞；型砂含水过多或拔模、修型时刷水太多；型芯未烘干；浇注位置不合理。

(3)缩松在铸件内部的微小不连续的缩孔，聚集在一处或多处，分布面积大，晶粒粗大。

原因：与缩孔成因相同。

2. 形状类缺陷

(1)错箱(错型)铸件在分型面上出现错移现象。

原因：合型时上下未对准或造型时上下模为对准，或定位销磨损等。

(2)偏芯型芯偏移，导致铸件形状和尺寸不合格的现象。

原因：型芯变形或型芯尺寸不准；放置时型芯位置偏移或安置不牢；浇注位置不合理；金属液浇注时冲偏型芯。

(3)变形铸件在各个方向上的弯曲变形。

原因：铸型结构设计不合理，壁厚不均匀；铸件冷却不当，收缩不均匀。

(4)浇不到金属液未充满铸型，铸件形状不完整。

原因：铸件设计不合理；由薄长结构，浇注速度太慢或浇注时发生中断；浇注温度过低；浇道截面太小或位置不当；金属液流动性不好等。

3. 夹杂物缺陷

(1)砂眼铸件内部或表面有型砂填充的孔眼。

原因：型砂和芯砂强度不够；铸型被破坏；铸件设计不合理；浇注系统不合理等。

(2)夹杂物铸件表面不规则且含有熔渣的孔眼。

原因：金属液除渣不完全；浇注时挡渣不灵；浇注温度太低，熔渣不易上浮等。

(3)表面粘砂在铸件表面上全部或局部粘有一层砂粒，导致铸件表面粗糙。

原因：砂粒太粗；型砂耐火性不好；砂型未刷涂料或刷得太薄；浇注温度过高；砂型太

松等。

4. 裂纹、冷隔类缺陷

(1)裂纹铸件夹角或薄壁交界处产生的表面或内部裂纹。

原因:铸件设计不合理——相邻壁的厚薄相差太大;合金中含硫或含磷量过高;砂型(芯砂)退让性太差;浇注位置或冒口设置不合理等。

(2)冷隔铸件表面似乎熔合,但未完全熔透,有浇坑或接缝,缝隙两边圆滑。

原因:与浇不到成因相同。

二、铸件的质量检验

铸件的质量检验包括外观质量检验和内部质量检验,按其检测的结果可分为合格品和不合格品两大类。对不合格品有报废、返工、返修和原样使用等处理方法。

1. 铸件的外观质量检验

铸件外观质量是指铸件表面状况达到技术文件要求的程度。外观质量检验是铸件检验中最常见的方法之一。检验内容包括:铸件尺寸、形状偏差、表面粗糙度和表面缺陷等。

外观质量可以采用逐件或抽查的方式进行。

(1)形状和尺寸偏差——利用工具、夹具、量具或画线检测进行检查。

(2)表面缺陷或近表面缺陷(飞翅、毛刺、错箱、偏芯、表面裂纹、粘砂、冷隔浇不到等)——常用肉眼或借助低倍放大镜进行检查。

(3)表皮下的缺陷——利用尖头小锤敲击进行检查,还可以通过敲击的声音是否清脆,判断有无裂纹。

2. 铸件的内在质量检验

铸件的内在质量是指无法通过肉眼检查出铸件内部的状况及性能要求。检验的内容包括铸件的材料性能(如化学成分、金相组织、物理性能、力学性能等)和铸件的内部铸造缺陷(如孔洞、裂纹、夹杂物等),对于特殊用途的铸件,还应包括耐磨性、耐腐蚀性、减振性、密封性、高低温力学性能和磁性能等。铸件内在质量科采用化学分析、材料试验、金相检查、无损检测等方法进行检验。

(1)化学分析按照标准对铸造合金的成分进行测定。该方法是铸件验收的必备条件之一。

(2)力学性能检测主要是常规力学性能检测,如测定抗拉强度、断后伸长率、冲击韧性、硬度等。除硬度检验外,其他力学性能的检验多采用单铸试样或从铸件本体上切取试样。

(3)显微检验对铸件及端口进行低倍、高倍金相观察,以确定内部组织结构、晶粒大小以及内部夹杂物、裂纹、缩松、缩孔、气孔、偏芯等。该项检验取决于用户。

(4)无损检测实在不损坏铸件的前提条件下,对铸件表层及内部缺陷进行检验的方法。无损检测可检测内部的缩孔、缩松、气孔、裂纹等缺陷,并确定缺陷的大小、形状、位置等情况。具有非破坏性、全面性、全程性等特点,并且在检测过程中不会损害产品的使用性能。因此,检测规模不受零件数量的限制,即刻抽检,也可全检。常用的无损检测的方法有:超声波探伤、磁粉探伤、射线探伤、渗透性检验和致密性检验等。每种方法各有自己的特长及优势领域。

项目三　锻　压

背景介绍

早在春秋战国和秦汉时期，锻造技术就已达到很高的水平，越王勾践剑仍然寒光闪烁，锋利如昔，就是最好的证明。同样，在现代化的工业生产中，锻压加工仍然占据着举足轻重的地位。各类机械中受力复杂的重要零件，如传动轴、铁路机车的转动芯轴、机床主轴、汽车曲轴和齿轮等，大都采用锻件为毛坯进行制作。对于飞机，锻压减制成的零件约占各类零件数量的85%，而汽车、拖拉机、机车占60%～80%，各类仪器、仪表、电器以及生活用品中的金属之间绝大多数都是冲压件。

问题引入

现有一锻件厂要锻造一批铁路机车的心轴，对该心轴的要求是能随车轮一起连续高速转动，不仅要承受较大的弯矩，还要能传递一定的扭矩，并且要求轴是中空的，请根据以上条件给出锻造方案。

问题分析

首先要确定的是锻造方法，采用何种锻造方式；根据所选的锻造方法，拟定锻造方案。在选定防范务必要注意的是锻造比是否合理；模具结构是否简单；若锻件结构复杂，应尽量使用锻焊结构。

知识链接

压力加工是对金属材料施加外力，使其产生塑性变形，在外形上改变其形状和尺寸，在内部组织上改变其金相结构和各项性能，用以制造机械零件、工件和毛坯的成形加工方法。压力加工的基本方式有锻造、冲压、轧制、拉拔、挤压等。锻压是锻造和冲压的总称，是压力加工的主要方法。

一、锻造的定义

借助工具或模具在冲击或压力作用下加工金属零件或毛坯的方法，其主要任务是解决锻件的形成，控制其内部组织的性能，以获得所需几何形状、尺寸、质量及性能的锻件，如图6－22所示。

二、锻造的特点

通过锻造能够改善金属的铸态结构，消除铸态缺陷（缩孔、气孔等），使金属组织紧密、晶粒细化、成分均匀，从而显著提高金属的力学性能。与其他加工方法相比，锻造加工生产效率高，形状、尺寸稳定好，并具有最佳的综合力学性能。锻件最大的优势是纤维组织

图 6-22 常见锻件

合理、韧性高。因此，锻造常用来制造那些承受重载、冲击载荷和交变载荷等重要机械零件的毛坯。

三、锻造的分类

根据使用工具和生产工艺的不同，锻造生产分为自由锻、模锻和特种锻造。自由锻适用于单件小批量生产，特别是大型锻件，可减少设备费用，提高经济性。模锻适用于成批、大批量生产中小型锻件，可提高生产率，降低生产成本。特种锻造只能生产某一类型的产品，如螺钉、盘形件、杯形件和棒材，因此适合于生产批量大的零件。

四、常用的锻造方法

1. 自由锻

(1)自由锻的特点

自由锻是将加热好的金属胚料，放在上下两个砧铁之间利用冲击力或压力使金属产生变形，从而获得所需形状、尺寸和性能的锻件的加工方法。胚料在锻造过程中，在垂直于冲击力或压力的方向上可进行不受限制的变形，因此称为自由锻。

自由锻分手工锻和机器锻两种。手工锻造的生产效率较低，锤击力小，劳动强度大，只能生产小型锻件，已逐渐被机器锻造所代替。机器锻造是自由锻的主要生产方法，自由锻造工艺灵活，所用工具、设备简单，通用性大、成本低，可锻造小到几克，大到及百吨的锻件。但自由锻尺寸精度较低，加工余量大、生产效率低、劳动条件差、强度大，对操作人员技术要求高。对于大型锻件，自由锻是目前唯一可行的加工方法。

(2)自由锻的基本工序

根据自由锻工序的作用和变形要求的不同，分为基本工序、辅助工序和修整工序三类。基本工序是自由锻件在变形过程中的核心工序，通过改变胚料的形状和尺寸以达到锻件基本成型的工序，包括镦粗、拔长、冲孔、错移、弯曲、扭转、切割等。其中，最常用的基本工序是镦粗、拔长和冲孔。

① 镦粗沿胚料轴向进行锻打，使胚料高度减小而横截面积增大的成形工序。如图 6-23 所示。在胚料上某一部分进行的镦粗叫作局部镦粗，常用来锻造齿轮胚、凸缘、圆盘等零件，也可用来作为锻造环、套筒等空心锻件冲孔前的准备工序。镦粗时，胚料不能过长，锻造比(细长比)应小于 2.5，以免镦弯，或出现细腰、夹层等现象。

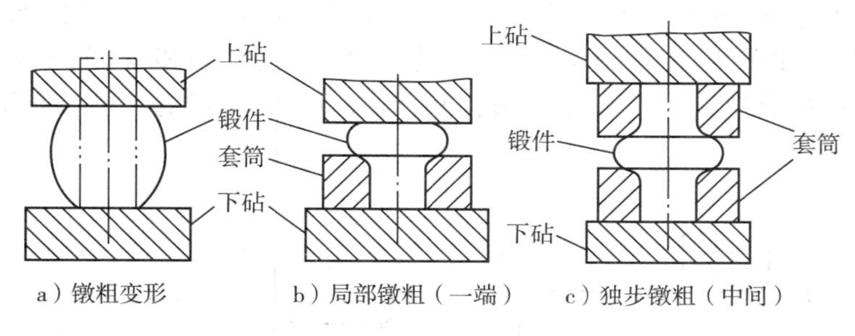

图 6-23　镦粗

镦粗的目的在于：

a. 由横截面小而高度大的工件得到横截面大而高度小的胚料或锻件。

b. 增大冲孔前胚料的横截面接，方便冲孔和平整端面。

c. 反复镦粗、拔长，可提高后续胚料拔长的锻造比，还可使合金钢中碳化物破碎，达到均匀分布。

d. 提高锻件的力学性能，减少力学性能的异向性。

② 拔长沿垂直于胚料的轴向进行锻打，使胚料横截面积减小而长度增加的成形工艺。拔长有平砧拔长和芯轴拔长两种，如图 6-24 所示。拔长主要用于制造细长的工件，如轴、拉杆和曲轴等，也可用于制造空心杆件，如套筒、圆环和轴承环等。对于圆形胚料，先锻打成方形再进行拔长，最后锻成所需形状，或使用 V 型砧铁进行拔长，在锻造过程中要将胚料绕轴线不断翻转。

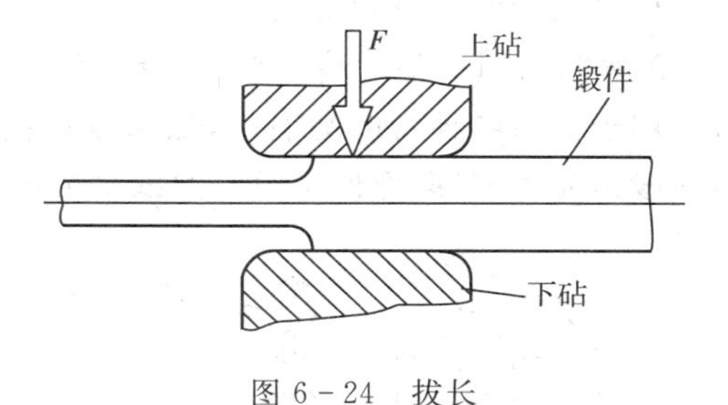

图 6-24　拔长

③ 冲孔在胚料上用冲子冲出通孔或盲孔的成形工艺。主要运用于冲出锻件上带有的通孔或盲孔，或为后续工序需要扩孔或拔长的空心件预先冲出通孔。冲孔有单面冲孔和双面冲孔两种方法，如图 6-25 所示，常用于锻造齿轮胚、环套类等空心锻件。冲孔工艺适用于直径不小于 25mm 的孔。在薄胚料上冲通孔时，可用冲头一次冲出；若胚料较厚时，可先在胚料的一端冲到孔深的 2/3，拔出冲头，翻转工件，从反面冲通，从而避免在孔的周围冲出毛刺。

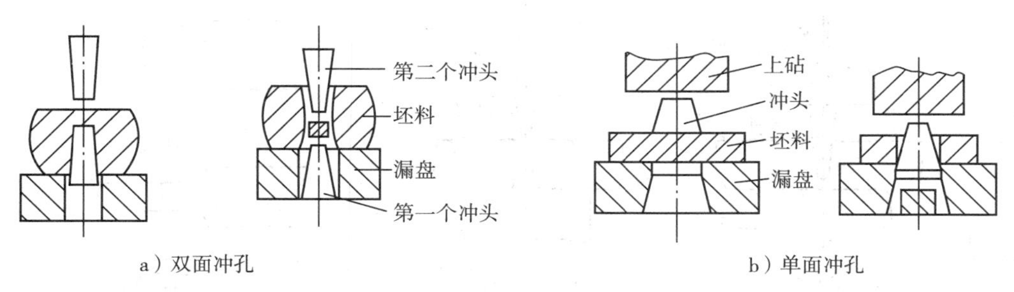

图 6-25　冲孔

④ 错移是将胚料的一部分相对于另一部分平移错开一段距离，但仍保证这两部分轴线平行的成形工艺。如图 6-26 所示，常用于锻造曲轴类零件。错移时，先对胚料进行局部切割，然后在切口两端分别施加大小相等、方向相反，且垂直于轴线的冲击力或压力，使胚料实现错移。

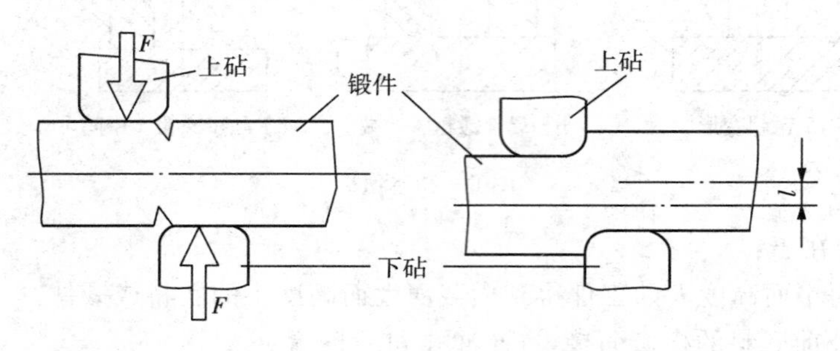

图 6-26 错移

⑤ 扭转将胚料的一部分相对于另一部分绕其轴线旋转一定角度的成形工艺。如图 6-27 所示，多用于锻造多拐曲轴、麻花钻和某些需要校正的锻件。对于小型胚料在扭转角度不大时，可采用锤击方法进行。

⑥ 弯曲采用某些工装模具将胚料弯成所要求的曲率或角度的成形工艺。如图 6-28 所示，常用于锻造各种弯曲类锻件，如起重吊钩、弯曲轴杆、弯板、角尺等。当锻件有数处弯曲时，一般是先弯端部、弯曲部分与直线部分的交界处，再弯其余的圆弧部分。

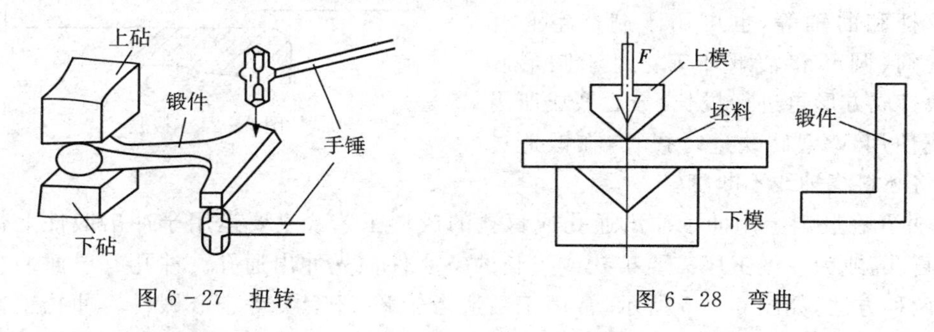

图 6-27 扭转

图 6-28 弯曲

⑦ 切割将胚料分成两部分或部分割开的锻造工序。有单面切割、双面切割和局部切割后拔长等三种方式，如图 6-29 所示。常用于切割锻件的料头、钢锭的冒口等。

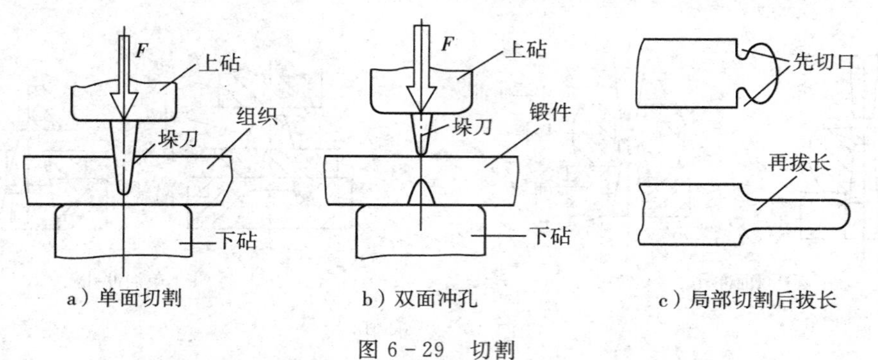

a）单面切割　b）双面冲孔　c）局部切割后拔长

图 6-29 切割

(3)自由锻件的结构工艺性

自由锻件的设计原则是：在满足使用性能的前提条件下，锻件的形状应尽量简单，易于锻造。

① 尽量避免椎体或斜面结构；

② 避免几何体的交界处形状空间曲线(相贯线)；

③ 避免加强肋、凸台，工字形、椭圆形或其他非规则截面及外形；

④ 合理采用组合结构锻件的横截面有突变或形状较复杂时，可设计成由数个简单件构成的组合体，通过焊接或机械连接的方式形成整体。

2. 模锻

模锻是把加热后的金属胚料放在具有一定形状的锻模模膛内，通过施加压力或冲击力，是胚料完全变形，并充满锻模模膛，从而获得一定尺寸、形状及性能的锻件的工艺方法。

1)能锻出形状复杂的锻件，且尺寸精度高，表面粗糙度值小。

2)模锻件加工余量小，材料利用率高，可节省材料和减少切削加工工时。

3)模锻件的内部流线分布合理，力学性能更好，可提高零件的使用性能和使用寿命。

4)生产过程操作简单，劳动强度低，易于实现机械化和自动化，生产效率高。

5)设备投资大，模具费用昂贵。

6)锻模制造周期长，使用寿命低，成本高。

7)一套模具只能生产一种锻件，工艺灵活性差。

8)设备吨位受限制，只能锻造 150kg 以下的小型锻件，无法生产大中型锻件。

模锻按所用设备不同，可分为锤上模锻、胎膜锻和压力机上模锻等，生产中应用最多的是锤上模锻。

(1)锤上模锻

锤上模锻是将上模固定在锤头上，下模固定在模垫上，通过随锤头做上下往复运动的上模，对置于下模中的金属胚料进行直接锻击，来获取锻件的锻造方法。如图 6－30 所示，锤上模锻用的锻模由带燕尾的上模和下模两部分组成，上下模通过燕尾与楔子分别紧固在锤头和模垫上，上下模合在一起是在内部形成完整的模膛。

锤上模锻的生产过程是：下料、加热、模锻、切边和校正、热处理、检验、成品。

锤上模锻的工艺特点是：

① 金属在模膛中是在一定速度下，经过多次连续锤击而逐步形成的。

② 锤头的行程、打击速度均可调节，能实现轻松换季不同的打击。

③ 由于惯性作用，金属在上模模膛中具有更好的充填效果。

④ 适用性广，可以单膛模锻，也可多膛模锻，但不适用于变形速度较敏感的低塑性材料(镁合金)。

(2)胎膜锻

胎膜锻是在自由锻设备上使用简单的、可移动的非固定模具生产出模锻件的一种锻造方法，如图 6－31 所示。通常采用自由锻方法是胚料成形，然后放在胎膜中终锻成形。是介于自由锻和模锻两者之间的一种独特工艺方式。

与自由锻相比，胎膜锻具有操作简单、生产效率高、锻件尺寸精度高、表面粗糙度值小、

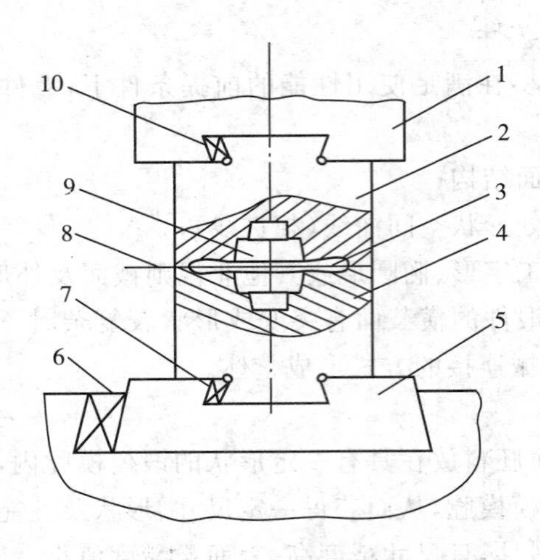

图 6-30　锤上模锻

1—锤头；2—上模；3—飞边槽；4—下模；5—模垫；6、7、10—楔铁；8—分模面；9—模膛

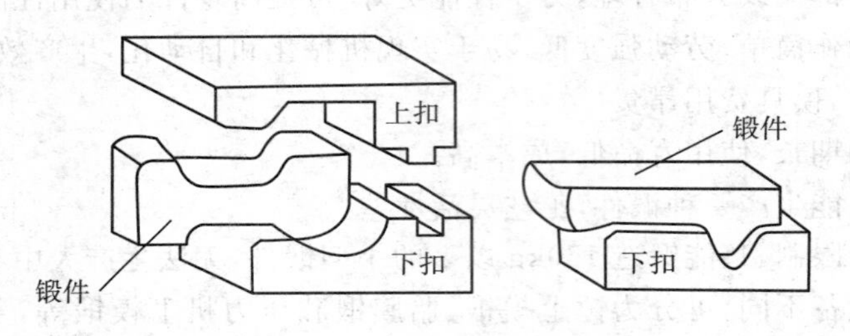

图 6-31　胎模示意图

加工余量小、节约金属等优点；与模锻相比，胎膜锻具有胎膜制造简单。不需要昂贵的模锻设备、成本低、使用方便等优点。但胎膜锻件的尺寸精度和生产效率低于锤上模锻，工人劳动强度大，胎膜使用寿命短等缺点，因此，胎膜锻适合于中小批量生产小型多品种的锻件，特别适合没有模锻设备的中小型工厂。

(3)模锻件的结构工艺性

在保证零件使用功能的前提下，结合模锻的特点和工艺要求，应遵循以下原则：

① 必须具有一个合理的分模面，以保证模锻件易于从锻模中取出，且余块最少；

② 零件的形状力求简单、平直，避免面积差别过大、薄壁、高肋、凸起等外形结构；

③ 对于形状复杂的大型零件，尽量选用锻焊结构，以减少余块，简化模锻过程。

五、冲压

利用安装在冲床上的冲模，使板料产生分离或变形，从而获得冲压件的加工成形方法称为板料冲压。板料冲压通常是在室温下进行的，金属板的厚度一般都在 6mm 以下，故又称为冷冲压，简称冲压。只有当金属板的厚度超过 8～10mm 时，才采用热冲压。

板料冲压所用的原材料必须具有足够的塑性，常用的金属材料有低碳钢、铜合金、铝合金及塑性高的合金钢钢板等。它广泛应用于机车、汽车、拖拉机、航空、电器及仪表等工业部门。

板料冲压具有以下特点：

① 冲压件的尺寸精确，表面光洁，质量稳定，互换性好，材料利用率高；

② 冲压件的强度高，刚度大，重量轻；

③ 能生产形状复杂的零件，且不需机械加工，即可作为零件使用，缩短了生产周期；

④ 冲压生产操作简单，易于实现机械化和自动化，生产率高；

⑤ 作为冲压生产的主要工艺设备冲模，结构复杂，制造周期长，成本高，只有在大批量生产时才具有优越性。

1. 板料冲压的基本工序

板料冲压的基本工序可分为：分离工序和变形工序。

(1)分离工序

分离工序是指将板料的一部分与另一部分相互分离的工序。主要有剪切、冲裁(落料及冲孔)、修整等工序。

① 剪切将板料沿不封闭的轮廓进行分离的工序。剪切多用于加工形状简单的平板工件或将板料切成一定宽度的条料、带料，以供其他冲压加工的备料工序。

② 冲裁利用冲模将板料按封闭轮廓进行分离的工序，分为落料和冲孔。落料和冲孔这两种工序的板料变形和模具结构是完全一样的，只是用途不同。落料是被冲下的部分为工件，而周边是废料；冲孔则是被冲下部分为废料，周边是工件，如图 6-32 所示。

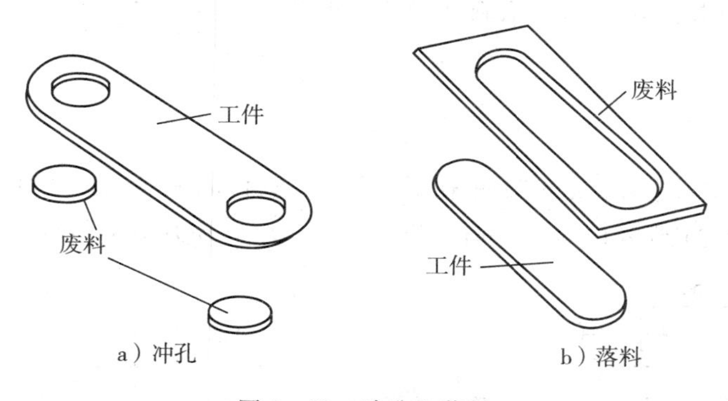

图 6-32　冲孔和落料

③ 修整是利用修整模沿冲裁件外缘或内孔刮削一薄层金属，以切掉普通冲裁时在冲裁件端面上存留的毛刺和断裂带，从而提高冲裁件的尺寸精度和降低表面粗糙度的加工。修整的原理与冲裁完全不同，与切削加工类似。若使用现代精密模具，该工艺可省去。

2. 变形工艺

变形工序是使板料的一部分相对于另一部分产生位移而不被破坏的工序。主要有拉深、弯曲、翻边及成形等工艺。

(1)拉深是指利用拉深模具使板料毛坯变形空心开口零件的工序。拉深中通常采用有压板的拉深，如图 6-33 所示。采用带压板的拉深模具，可以有效避免零件在拉深过程中起皱。除起皱外，拉深过程中另一最常见的拉深缺陷是底拉穿，如图 6-34 所示。

(2)弯曲是将板料的一部分相对于另一部分弯曲成一定角度的工序。

(3)翻边在带孔的板料毛坯上用扩孔的方法获得凸缘的工序。

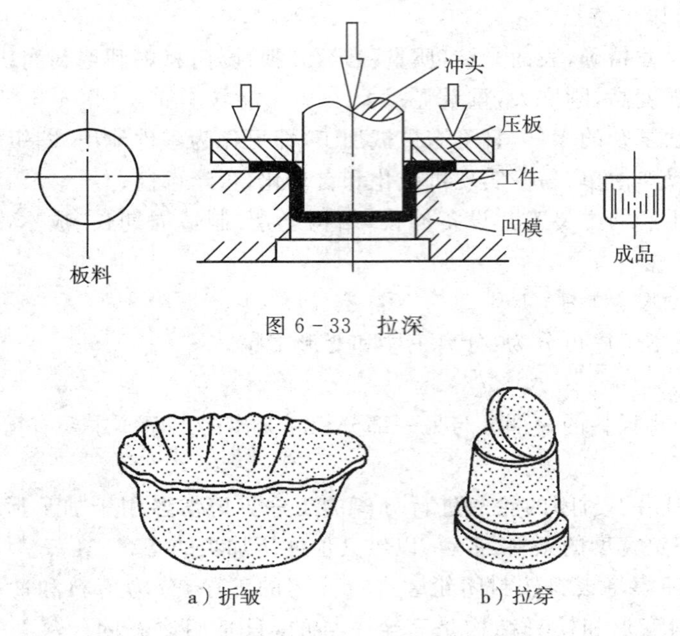

图 6－33　拉深

a）折皱　　b）拉穿

图 6－34　拉深缺陷

(4)成形是指利用局部变形是板料或半成品改变形状的工序。

应用案例

胎膜锻

图 6－35 所示为工字齿轮的胎膜锻工序简图，锻件材料为 45 号钢，锻件最大直径为 ϕ92mm，高 71mm。胚料直径为 ϕ60mm，高 93mm。请简述其锻造过程。

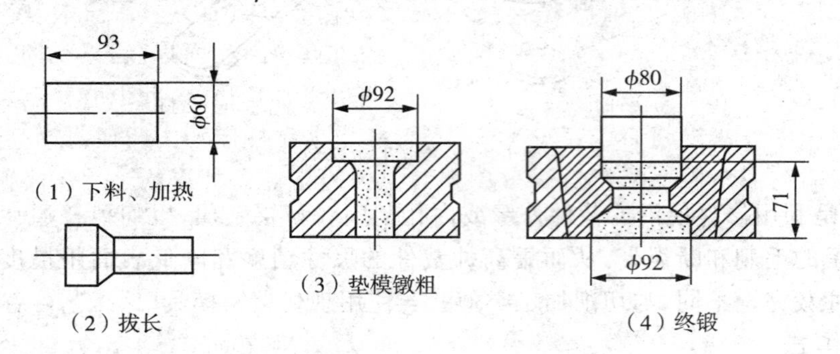

图 6－35　工字齿轮的胎模锻工序

其锻造过程如下：

(1)下料、加热；

(2)用摔子拔长尾部；

(3)放在垫模中镦粗端部；

(4)放在带有可分凹模的套模中终锻成形。

综合拓展

锻件的缺陷

锻件缺陷是指锻件在锻造过程中产生的外在及内在质量不满足技术要求的各种现象。锻件缺陷的种类很多，产生的原因也各不相同，有锻造工艺不当造成的；有原材料本身缺陷的原因造成的；有模具设计不合理造成的等。因此，找出锻件产生缺陷的主要原因，提出有效地预防和改进措施，对提高和保证锻件的质量至关重要。

一、加热过程中产生的缺陷

(1)氧化金属胚料在加热过程中，表面与炉气中的氧化介质发生化学反应，生产氧化铁等氧化物的现象。

原因：金属胚料在加热炉中或高温条件下停留时间过长，而且炉中含有氧气和水蒸气。

(2)过热金属胚料在加热过程中出现晶粒粗大的现象。

原因：加热温度过高，或在某温度下停留时间过长，金属原子活动能力增大引起晶粒长大。

(3)过烧金属胚料在加热过程中晶粒粗大，晶粒边界熔融及氧化的现象。

原因：炉温控制失灵、炉中温度分布不均、局部炉温过高。

(4)脱碳加热时由于气体介质和钢铁表层碳的作用，是胚料表面碳含量降低的现象。

原因：钢的成分、炉气成分、炉温和在此温度下的保温时间。

(5)增碳胚料在加热过程中，其表面或部分表面碳含量明显提高，硬度增高的现象。

原因：两个喷嘴的喷射交叉区域得不到充分燃烧，或喷嘴雾化不良喷出油滴。

二、自由锻件中常见的缺陷及产生原因

(1)裂纹(表面裂纹、内部裂纹)

原因：原材料质量问题，钢中含有有害杂质元素或者非金属夹杂物含量过高；胚料为加热透，内部温度过低，芯部塑性低；在拔长或镦粗过程中，塑性变形量过低；V 形砧角过大，或用平砧拔长圆柱工件等。

(2)龟裂锻件表面呈现较浅的龟状裂纹，常出现在锻件受拉应力的表面。

原因：原材料中含有低熔点元素(铜、锡、砷、硫等)过多；高温长时间加热时，钢料表面有铜析出、表面晶粒粗大、脱碳或经过多次加热；燃料含硫量过高，有硫渗入钢件表面。

(3)折叠金属变形过程中已氧化过的表层金属汇合到一起的现象。

原因：原材料和胚料的形状、砧子的形状、圆角、送进量及锻造的实际操作等。

(4)白点锻件内部出现银白色或灰白色裂纹的现象。

原因：应力和氢的共同作用。

(5)残留铸造组织横向低倍组织的心部呈暗灰色，无金属光泽，有网状结构，纵向无明显流线；高倍组织中的树枝晶格完整，主干、支干互成 90°。

原因：锻造比不够或锻造方法不当。

(6)碳化物偏析锻件中的碳化物分布不均，呈大块状分布或呈网状分布。常出现在莱氏

体工模具钢中。

原因:原材料碳化物偏析级别差、改锻时锻造比不够或锻造方法不当。

三、模锻件中常见的缺陷及产生的原因

(1)局部晶粒粗大锻件某些部位晶粒特别粗大,某些部位却偏小。

原因:锻造过程中胚料各处的变形不均匀使晶粒破碎程度不一,局部局域的变形程度落入临街变形区;高温合金变形时温度过低,局部产生加工硬化或淬火加热时局部晶粒粗大。

(2)模锻不足锻件在于分模垂直方向上的所有尺寸都增大,超过了设计尺寸。

原因:胚料尺寸偏大、加热温度偏低、设备吨位不足、飞边桥部阻力过大等。

(3)折叠与裂纹相似,常出现在锻件的内圆角和尖角处。在横截面高倍观察,折叠处两面有氧化、脱碳现象;低倍组织上能看到围绕折叠处的纤维有一定的扭曲。

原因:金属回流模锻时模膛凸圆角半径过小,制胚模膛、预锻模膛和终锻模膛配合不当,金属分配不合适,终锻时变形不均匀等均可造成金属回流。

(4)错移模锻件沿分模面的上半部相对于下半部产生的位移现象。

原因:合模时上下模定位不准确;模锻锤锤头与导轨之间的间隙过大或楔子松动;锻模紧固不良等。

(5)缺肉锻件实体局部小于锻件图设计尺寸的现象。

原因:胚料加热时间不够或未加热透;胚料尺寸偏小,体积不够;制胚模膛设计不当或飞边槽阻力小;锻锤吨位不足或锤击次数不够;胚料在模膛中放偏,使锻件一边因胚料少儿缺肉,另一边因料多而飞边等。

(6)锻件流线分布不顺锻件低倍组织中发生流线切断、回流、涡流等流线紊乱现象。

原因:模具设计不当或选择的锻造方法不合理;预制毛坯流线紊乱;工人操作不当及模具磨损而使金属产生不均匀流动等

(7)穿流属于流线分布不当。在穿流区,原先呈一定角度分布的流线汇合在一起形成穿流,并可能使穿流区内外的晶粒大小相差较为悬殊。

原因:与折叠类似,是由两股金属或一股金属带着另一股金属汇流而形成的,单穿流部分的金属仍是一整体。

习 题

1. 正火与退火的主要区别是什么?生产中如何选择正火与退火?
2. 什么叫淬火?淬火的目的是什么?
3. 什么叫回火?淬火钢一定要回火的原因是什么?
4. 试述共析钢在加热时的组织转变过程。
5. 简述三种常见的回火工艺的组织、性能和应用。
6. 以共析钢为例,说明将其奥氏体化后立即随炉冷却、空气中冷却、油中冷却和水中冷却,各得到什么组织?力学性能有何差异?
7. 将一组共析钢试样奥氏体化后,分别投入 690℃、650℃、450℃、300℃的恒温槽中并长时间保温后冷却,各得到什么组织?

8. 有两个过共析钢试样，分别加热到 780℃和 880℃，并保温相同时间，使之达到平衡状态，然后以大于临界冷却速度的冷速降至室温，问：

(1)哪种加热温度的马氏体晶粒粗大?

(2)哪种加热温度的马氏体的 C 质量分数较高?

(3)哪种加热温度的残余奥氏体较多?

(4)哪种加热温度的未溶渗碳体较少?

(5)试分析哪种温度淬火最合适? 为什么?

第七章　常用材料表面处理

在材料科学中，表面问题的基础研究同表面分析技术和表面处理工艺技术的发展密切相关，其中表面处理工艺技术的开发和应用研究又是一个十分活跃的领域，并富有成果。所谓表面处理是指通过某种特殊工艺方法，或直接改变原来表面的组织和成分，或在原来表面上复合一个具有特殊性能的表层，从而提高表面性能的目的。它广发应用于机械、轻工、仪器仪表、电子、交通运输、宇航、船舶以及国防等国民经济的各个行业。

一、表面处理的目的

表面处理的目的是满足产品的耐蚀性、耐磨性、装饰或其他特种功能要求。

赋予基体材料本身所需要的特殊力学、物理和化学性能，达到现代工程材料满足制品提出的性能要求，如耐腐蚀性、耐磨性能、防护和装饰性能、其他特殊的性能(绝缘、导电、反光、导磁等)。

二、表面处理工艺

金属材料表面处理工艺主要包括表面精加工处理、表面层改质处理、表面被覆三种，这三种处理工艺的功效，一方面是保护产品，即保护材质表面所具有的光泽、色彩和机理等呈现出的外观美，并延长产品的使用寿命，有效地利用材料资源。另一方面起到美化、装饰产品的作用，使产品高雅含蓄，表面有更丰富的色彩、光泽变化，更有节奏感和时代特征，从而有利于提高产品的商品价值和竞争力。

1. 金属材料的表面精加工处理

在对金属材料或制品进行表面处理之前，应有前处理或预处理工序，以使金属材料或制品的表面达到可以进行表面处理的状态。金属制品表面的前处理工艺和方法很多，其中主要包括有金属表面的机械处理、化学处理和电化学处理等。机械处理是通过切削、研磨、喷砂等加工清理制品表面的锈蚀及氧化皮等。将表面加工成平滑或具有凹凸模样化学处理的作用主要是清理制品表面的油污、锈蚀及氧化皮等。电化学处理则主要用以强化化学除油和侵蚀的过程，有时也可用于弱侵蚀时活化金属制品的表面状态。

(1)切削和研削。切削和研削是利用刀具或砂轮对金属表面进行加工的工艺，可得到高精度的表面效果。

(2)研磨。研磨是可以达到把金属表面加工成平滑面效果的工艺，可以得到光面、镜面、梨皮面的效果。

(3)表面蚀刻。表面蚀刻是一种使用化学酸进行腐蚀而使得金属表面得到的一种斑驳、沧桑装饰效果的加工工艺。即，用耐药薄膜覆盖整个金属表面，然后用机械或者化学方法除去需要凹下去部分的保护膜，使这部分金属裸露。接着浸入药液中，使裸露的部分溶解而形成凹陷，获得纹样，最后用其他药液去除保护膜。

2. 金属材料的表面层改质处理

金属材料表面装饰技术是保护和美化产品外观的手段，主要分为表面着色工艺和肌理工艺。

（1）金属表面着色工艺是采用化学、电解、物理、机械、热处理等方法，使金属表面形成各种色泽的膜层、镀层或涂层。

① 化学着色：在特定的溶液之中，通过金属表面与溶液发生化学反应，在金属表面生成带色的星体金属化合物膜层的方法。

② 电解着色：在特定的溶液中，通过电解处理方法，使金属表面发生反应而生成带色膜层。

③ 阳极氧化染色：在特定的溶液中，以化学或电解的方法对金属进行处理，生成能吸附染料的膜层，在染料作用下着色，或使金属与染料微粒共析形成复合带色镀层。染色的特征是使用各种天然或合成染料来着色，金属表面呈现染料的色彩。染色的色彩艳丽，色域宽广，但目前应用范围较窄，只限于铝、锌、镉、镍等几种金属。

（2）金属表面肌理工艺是通过锻打、刻划、打磨、腐蚀等工艺在金属表面制作出肌理效果。

① 表面锻打：使用不同形状的锤头在金属表面进行锻打，从而形成不同形状的点状肌理，层层叠叠，十分具有装饰性。

② 表面抛光：利用机械或手工以研磨材料将金属表面磨光的方法。表面抛光又有磨光、镜面、丝光、喷砂等效果。根据表面效果的不同，使用的工具和方法也不尽相同。

③ 表面镶嵌：在金属表面刻画出阴纹，嵌入金银丝或金银片等质地较软的金属材料，然后打磨平整，呈现纤巧华美的装饰效果。

④ 表面蚀刻：是使用化学酸进行腐蚀而得到的一种斑驳、沧桑的装饰效果，具体方法如下：首先在金属表面涂上一层沥青，接着将设计好的纹饰在沥青的表面刻画，将需腐蚀部分的金属露出。然后就可以进行腐蚀了，腐蚀可以视作品的大小选择浸入化学酸溶液内腐蚀和喷刷溶液腐蚀。一般来说，小型作品选择浸入式腐蚀。化学酸具有极强的腐蚀性，在进行腐蚀操作时一定要注意安全保护。

3. 表面被覆

（1）镀覆着色：采用电镀、化学镀、真空蒸发沉积度和气相镀等方法，在金属表面沉积金属、金属氧化物或合金等，形成均匀膜层。它是利用各种工艺方法在金属材料的表面覆盖其他金属材料的薄膜，从而提高制品的耐蚀性、耐磨性，并调整产品表面的色泽、光洁度以及肌理特征，以提高制品档次。缺点是镀层色彩单调，对产品大小形状有所限制。

（2）涂覆着色：采用浸涂、刷涂、喷涂等方法，在金属表面涂覆有机涂层。它是在金属材料的表面覆盖以有机物为主体的涂料层的加工工艺，也被称为涂装。目的在于保护作用、装饰作用、特殊作用（隔热、防辐射、杀菌）等。优点是能赋予产品丰富的色彩和肌理；缺点是涂层会老化和磨损，容易被划伤导致保护膜破损，使底层金属锈蚀。

（3）珐琅着色（搪瓷和景泰蓝）：在金属表面覆盖玻璃质材料，经高温烧制形成膜层。原理是用玻璃材质覆盖金属表面，然后在800℃度左右进行烧制而成。效果是使金属材料表面坚硬，提高制品的耐蚀性、耐磨性，赋予产品表面宝石般的光泽和艳丽的色彩，具有极强的装饰性。缺点为脆性高，不耐冲击，在急冷急热或变形冲击下，容易脱落。

(4)金银错：它又称为错金银，是先秦时代发展起来出来的一种用金银装饰青铜器物表面的工艺。原理是在青铜器表面铸出或者琴刻出所需要的图案，铭文的凹槽，然后嵌入金银丝、片，捶打牢固，再用蜡石错磨，使嵌入的金银丝、片表面与青铜器的表面光滑过渡，最后用清水和木炭进一步打磨，使表面光泽更加光艳。特点是青铜和金银的不同色泽互相映衬，图案、铭文透出华丽和典雅。

(5)热处理着色：利用加热的方法，使金属表面形成带色氧化膜。

(6)传统着色技术：包括做假锈、汞齐镀、热浸镀锡、爕金、婆银以及亮斑等。

习题

1. 材料表面处理的目的？
2. 金属材料表面处理主要包括哪些工艺？
3. 表面被覆有哪些方法？

项目一　表面淬火

背景介绍

在生产中有些零件如齿轮、花键轴、活塞销等，在日常的使用过程中更多地要求其表面具有很高的硬度和耐磨能力，而心部需要具备一定的强度和足够的韧性。表面淬火是通过对钢件表面的加热、冷却而改变表层力学性能的金属热处理工艺，是表面热处理的主要内容，其目的是获得高硬度的表面层和有利的内应力分布，以提高工件的耐磨性能和抗疲劳性能。

问题引入

由于加热方式的限制，金属材料通过普通的热处理工艺难以达到将表面性能与心部性能区分强化的目的，这时就要考虑对零件进行表面热处理。

问题分析

根据加热方法不同，表面淬火可分为感应加热（高频、中频、工频）表面淬火、火焰加热表面淬火、电接触加热表面淬火、电解液加热表面淬火、激光加热表面淬火、电子束表面淬火等。工业上应用最多的为感应加热表面淬火和火焰加热表面淬火。

知识链接

一、感应加热表面淬火

感应加热表面淬火法是采用一定方法使工件表面产生一定频率的感应电流，将零件表面迅速加热，然后迅速淬火冷却的一种热处理操作方法。生产中把工件放入由空心铜管绕成的感应线圈中，当感应线圈通以交流电时，便会在工件内部感应产生频率相同、方向相反的感应电流。感应电流在工件内自成回路，故称为“涡流”。涡流在工件截面上的分布是不均匀的，表面电流密度最大，心部电流密度几乎为零，这种现象称为集肤效应。由于钢本身具有电阻，因而集中于工件表面的涡流，几秒钟可使工件表面温度升至800～1000℃，而心部温度仍接近室温，随即喷水（合金钢浸油）快速冷却后，就达到了表面淬火的目的。

根据输出加热电流频率的不同可将感应加热表面淬火分为高频感应加热淬火、中频感应加热淬火、低频感应加热淬火三种。近年来科技不断发展，又发展了超音频、双频感应加热淬火工艺。生产上常用的工艺是高频和中频感应加热淬火。

室温时感应电流流入工件表层的深度δ（mm）与电流频率f（HZ）的关系为δ频率升高，电流透入深度降低，淬透层降低。以下简单介绍高、中、低频感应加热淬火。

1. 高频加热

常用频率为200～300kHz，淬硬层深度为0.5～2.5mm，适用于中、小型零件，如小模数齿轮、轴类等。

2. 中频加热

常用频率为2500～8000Hz，淬硬层深度为2～10mm，适用于直径较大的轴类和大、中模数齿轮以及钢轨、机床导轨等。

3. 低频加热

电流频率为50Hz，不需要变频设备，城市用交流电即可，适用于淬硬层深度为10～20mm以上的大型工件或用于穿透加热，如火车车轮等的表面淬火。

表7-1 感应淬火方法与应用

类　别	频率范围/Hz	淬硬层/mm	应用举例
高频感应淬火	200k～300k	0.5～2	在摩擦条件下工作的零件，如小齿轮、小轴
中频感应淬火	1k～10k	2～8	承受扭曲、压力载荷的零件，如曲轴、大齿轮、主轴
工频感应淬火	50	10～15	承受扭曲、压力载荷的大型零件，如冷轧辊

感应加热时，工件截面上感应电流密度的分布与通入感应线圈中的电流频率有关。由表7-1所列，电流频率愈高，感应电流集中的表面层愈薄，淬硬层深度愈小。因此可通过调节通入感应线圈中的电流频率来获得工件不同的淬硬层深度，一般零件淬硬层深度为半径的1/10左右。对于小直径(10～20mm)的零件，适宜用较深的淬硬层深度，可达半径的1/5，对于大截面零件可取较浅的淬硬层深度，即小于半径的1/10。

感应加热表面淬火的特点如下。

(1)表面晶粒细、硬度高。感应淬火得到很细小的马氏体组织，其硬度也比普通淬火高2～3HRC，且心部基本上保持了处理前的组织和性能。

(2)加热速度快，加热时间很短，一般只需几秒至几十秒即可完成。工件不容易产生氧化脱碳，淬火变形也很小。

(3)热效率高，生产率高，生产环境好，易实现机械化、自动化。

(4)淬硬层深度易于控制。通过控制电流频率来控制淬硬层深度，经验公式如下：

$$\delta=(500\sim600)/f\hat{}0.5$$

式中：δ——淬硬层深度mm；

f——电流频率Hz。

(5)设备投资大、维修困难，需根据零件实际制作感应器，适合于批量生产。

二、火焰加热表面淬火

火焰加热表面淬火是利用氧-乙炔气体或其他可燃气体(如天然气、焦炉煤气、石油气等)以一定比例混合进行燃烧，形成强烈的高温火焰，将零件迅速加热至淬火温度，然后急速冷却(冷却介质最常用的是水，也可以用乳化液)，使表面获得要求的硬度和一定的硬化层深度，而中心保持原有组织的一种表面淬火方法。

火焰加热表面淬火的特点如下：

(1)火焰加热的设备简单，使用方便，设备投资低，特别对于投有高频感应加热设备的中小工厂有很大的实用价值。

(2)火焰加热表面淬火的设备体积小,可以灵活搬动,使用非常方便。因此,不受被加热的零件体积大小的限制。

(3)火焰加热表面淬火操作简便,既可以用于小型零件,又可以用于大型零件;既可以用于单一品种的加热处理,又可以用于多品种批量生产的加热处理。特别是局部表面淬火的零件,使用火焰加热表面淬火,操作工艺容易掌握,成本低、生产效率高。

(4)火焰加热温度高、加热快、所需加热时间短,因而热由表面向内部传播的深度浅,所以最适合于处理硬化层较浅的零件。

(5)火焰加热表面淬火后表面清洁,无氧化、脱碳现象,同时零件的变形也较小。

(6)火焰加热表面淬火属于外热源传导加热,火焰温度极高(可达 3200℃),零件容易过热,故操作时必须加以注意。

(7)火焰加热时,表面温度不易测量,同时表面淬火过程硬化层深度不易控制。

(8)火焰加热表面淬火的质量有许多影响因素,难于控制,因此被处理的零件质量不稳定。对于批量生产的零件逐渐用机械化、自动化控制,这样就可以克服这一不足。

三、激光加热表面淬火

激光加热表面淬火是利用聚焦后的激光束快速加热钢铁材料表面,使其发生相变,形成马氏体淬硬层的过程。激光淬火的功率密度高,冷却速度快,不需要水或油等冷却介质,是清洁、快速的淬火工艺。与感应淬火、火焰淬火、渗碳淬火工艺相比,激光淬火淬硬层均匀,硬度高(一般比感应淬火高 1～3HRC),工件变形小,加热层深度和加热轨迹容易控制,易于实现自动化,不需要像感应淬火那样根据不同的零件尺寸设计相应的感应线圈,对大型零件的加工也无须受到渗碳淬火等化学热处理时炉膛尺寸的限制,因此在很多工业领域中正逐步取代感应淬火和化学热处理等传统工艺。尤其重要的是激光淬火前后工件的变形几乎可以忽略,因此特别适合高精度要求的零件表面处理。激光淬硬层的深度依照零件成分、尺寸与形状以及激光工艺参数的不同,一般在 0.3～2.0mm。对大型齿轮的齿面、大型轴类零件的轴颈进行淬火,表面粗糙度基本不变,不需要后续机械加工就可以满足实际工况的需求。

激光淬火硬化层深度一般为 0.3～1mm,硬化层硬度值一致。随零件正常相对接触摩擦运动,表面虽然被磨去,但新的相对运动接触面的硬度值并未下降,耐磨性仍然很好,因而不会发生常规表面淬火层。由于接触磨损,磨损随之加剧的现象,耐磨性提高了 50%,工件使用寿命提高了几倍甚至十几倍。

激光加热表面淬火具体有如下特点:

(1)无须使用外加材料,就可以显著改变被处理材料表面的组织结构,大大改善工件的性能。激光淬火过程中的急热急冷过程使得淬火后,马氏体晶粒极细、位错密度相对于常规淬火更高,进而大大提高材料性能。

(2)处理层和基本结合强度高。激光表面处理的改性层和基体材料之间是致密冶金结合,而且处理层表面也是致密的冶金组织,具有较高的硬度和耐磨性。

(3)被处理工件变形极小,适合于高精度零件处理,可作为材料和零件的最后处理工序。这是由于激光功率密度高,与零件上某点的作用时间很短,故零件的热变形区和整体变化都很小。

(4)加工性好，适用面广。激光光斑面积较小，不可能同时对大面积表面进行加工，但是可以利用灵活的导光系统随意将激光导向处理部分，从而可方便地处理深孔、内孔、盲孔等局部区域。改性层厚度与激光淬火中工艺参数息息相关，因此可根据需要调整硬化层深浅，一般可达0.1～1mm。

(5)工艺简单优越。激光表面处理均在大气环境中进行，免除了镀膜工艺中漫长的抽真空时间，没有明显的机械作用力和工具损耗，噪声小、污染小、无公害、劳动条件好。激光器配以微机控制系统，很容易实现自动生产，易于批量生产。效率很高，经济效益显著。

应用案例

感应加热表面淬火零件的一般工艺路线为：

选材：最适宜的钢种是中碳钢(如40＃、45＃钢)和中碳合金钢(如40Cr、40MnB钢等)，常用零件有齿轮、轴、销类等。感应淬火后一般应采用180℃～200℃低温回火。也可用于高碳工具钢、含合金元素较少的合金工具钢及铸铁等。

工艺、性能：一般中碳钢感应淬火件加工工序：锻件→正火→机械加粗加工→调质处理→机械精(半精加工)→感应淬火→精加工。调质处理保证获得良好的心部强韧性，以承受复杂的交变应力；感应淬火可以获得表面高硬度，具有良好的耐磨性。

综合拓展

目前激光淬火已成功地应用到冶金行业、机械行业、石油化工行业中易损件的表面强化，特别是在提高轧辊、导轨、齿轮、剪刃等易损件的使用寿命方面效果显著，取得了很大的经济效益与社会效益。近年来在模具、齿轮等零部件表面强化方面也得到越来越广泛的应用。

激光淬火技术可对各种导轨、大型齿轮、轴颈、汽缸内壁、模具、减振器、摩擦轮、轧辊、滚轮零件进行表面强化。适用材料为中、高碳钢，铸铁等。激光淬火的应用实例：激光淬火强化的铸铁发动机汽缸，其硬度提高HB230提高到HB680，使用寿命提高2～3倍。

习 题

1. 表面淬火的定义和目的？
2. 按加热方法不同，表面淬火可分为哪些种类？

项目二　化学表面处理

背景介绍

化学热处理是通过改变金属和合金工件表层的化学成分、组织和性能的金属热处理。化学热处理是古老的工艺之一，在中国可上溯到西汉时期。已出土的西汉中山靖王刘胜的佩剑，表面含碳量达0.6%～0.7%，而心部为0.15%～0.4%，具有明显的渗碳特征。明代宋应星所撰的《天工开物》一书中，就记载用豆豉、动物骨炭等作为渗碳剂的软钢渗碳工艺。明代方以智在《物理小识》“淬刀”一节中，还记载有“以酱同硝涂錾口，煅赤淬火”。硝是含氮物质，有一定的渗氮作用。这说明渗碳、渗氮或碳氮共渗等化学热处理工艺，早在古代就已被劳动人民所掌握，并作为一种工艺广泛用于兵器和农具的制作。

随着化学热处理理论和工艺的逐步完善，自20世纪初开始，化学热处理已在工业中得到广泛应用。随着机械制造和军事工业的迅速发展，对产品的各种性能指标也提出了越来越高的要求。除渗碳外，又研究和完善了渗氮、碳氮和氮碳共渗、渗铝、渗铬、渗硼、渗硫、硫氮和硫氮碳共渗，以及其他多元共渗工艺。电子计算机的问世，使化学热处理过程的控制日臻完善，不仅生产过程的自动化程度越来越高，而且工艺参数和处理质量也得到更加可靠的控制。

化学热处理的工艺过程一般是：将工件置于含有特定介质的容器中，加热到适当温度后保温，使容器中的介质（渗剂）分解或电离，产生的能渗入元素的活性原子或离子，在保温过程中不断地被工件表面吸附，并向工件内部扩散渗入，以改变工件表层的化学成分。通常，在工件表层获得高硬度、耐磨损和高强度的同时，心部仍保持良好的韧性，使被处理工件具有抗冲击载荷的能力。

问题引入

如果需要分别或同时提高耐磨、减摩、抗咬死、耐蚀、抗高温氧化和耐疲劳性能，就需要根据工件的材质和工作条件选择相应的化学热处理工艺。

知识链接

化学热处理分类

按渗入元素的性质，化学热处理可分为渗非金属和渗金属两大类。前者包括渗碳、渗氮、渗硼和多种非金属元素共渗，如碳氮共渗、氮碳共渗、硫氮共渗、硫氮碳（硫氰）共渗等；后者主要有渗铝、渗铬、渗锌，钛、铌、钽、钒、钨等，也是常用的表面合金化元素，二元、多元渗金属工艺，如铝铬共渗、钽铬共渗等均已用于生产。此外，金属与非金属元素的二元或多元共渗工艺也不断涌现，例如铝硅共渗、硼铬共渗等。

钢铁的化学热处理可按进行扩散时的基本组织，区分为铁素体化学热处理和奥氏体化学热处理。前者的扩散温度低于铁氮共析温度，如渗氮、渗硫、硫氮共渗、氧氮共渗等，这些工艺又可称为低温化学热处理；后者是在临界温度以上扩散，如渗碳、渗硼、渗铝、碳氮共渗等，这些工艺均属高温化学热处理范围。

问题分析

渗碳是使碳原子渗入钢制工件表层的化学热处理工艺。渗碳后，工件表面含碳量一般高于0.8%。淬火并低温回火后，在提高硬度和耐磨性的同时，心部能保持相当高的韧性，可承受冲击载荷，疲劳强度较高。但缺点是处理温度高，工件畸变大。

渗碳工艺广泛应用于飞机、汽车、机床等设备的重要零件中，如齿轮、轴和凸轮轴等。渗碳是应用最广、发展最全面的化学热处理工艺。用微处理机可实现渗碳全过程的自动化，能控制表面含碳量和碳在渗层中的分布。

渗氮是使氮原子向金属工件表层扩散的化学热处理工艺。钢铁渗氮后，可形成以氮化物为主的表层。当钢中含有铬、铝、钼等氮化物时，可获得比渗碳层更高的硬度、更高的耐磨、耐蚀和抗疲劳性能。渗氮主要用于对精度、畸变量、疲劳强度和耐磨性要求都很高的工件，例如镗床主轴、镗杆、磨床主轴、气缸套等。

碳氮共渗和氮碳共渗是在金属工件表层同时渗入碳、氮两种元素的化学热处理工艺。前者以渗碳为主，与渗碳相比，共渗件淬火的畸变小，耐磨和耐蚀性高，抗疲劳性能优于渗碳，20世纪70年代以来，碳氮共渗工艺发展迅速，不仅可用在若干种汽车、拖拉机零件上，也比较广泛地用于多种齿轮和轴类的表面强化；后者则以渗氮为主，它的主要特点是渗速较快，生产周期短，表面脆性小且对工件材质的要求不严，不足之处是工件渗层较薄，不宜在高载荷下工作。

渗硼是使硼原子渗入工件表层的化学热处理工艺。硼在钢中的溶解度很小，主要是与铁和钢中某些合金元素形成硼化物。渗硼件的耐磨性高于渗氮和渗碳层，而且有较高的热稳定性和耐蚀性。渗硼层脆性较大，难以变形和加工，故工件应在渗硼前精加工。这种工艺主要用于中碳钢、中碳合金结构钢零件，也用于钛等有色金属和合金的表面强化。

渗硼工艺已在承受磨损的磨具、受到磨粒磨损的石油钻机的钻头、煤水泵零件、拖拉机履带板、在腐蚀介质或较高温度条件下工作的阀杆、阀座等上获得应用。但渗硼工艺还存在处理温度较高、畸变大、熔盐渗硼件清洗较困难和渗层较脆等缺点。

渗硫是通过硫与金属工件表面反应而形成薄膜的化学热处理工艺。经过渗硫处理的工件，其硬度较低，但减摩作用良好，能防止摩擦副表面接触时因摩擦热和塑性变形而引起的擦伤和咬死。

硫氮共渗、硫氮碳共渗是将硫、氮或硫、氮、碳同时渗入金属工件表层的化学热处理工艺。采用渗硫工艺时，渗层减摩性好，但在载荷较高时渗层会很快破坏。采用渗氮或氮碳共渗工艺时，渗层有较好的耐磨、抗疲劳性能，但减磨性欠佳。硫氮或硫氮碳共渗工艺，可使工件表层兼具耐磨和减摩等性能。

渗金属是将一种或数种金属元素，渗入金属工件表层的化学热处理工艺。金属元素可同时或先后以不同方法渗入。在渗层中，它们大多以金属间化合物的形式存在，能分别提高工件表层的耐磨、耐蚀、抗高温氧化等性能。常用的渗金属工艺有渗铝、渗铬、渗锌等。

应用案例

钢铁零件的化学热处理，是将零件置于不同的化学活性介质中，在特定工艺温度下对其加热并保温，向工件表层内渗入化学元素，改变工作表层的化学成分与组织，获得所需要的表层使用性能。化学热处理的方法很多，下面仅就目前生产中广泛应用的气体化学热处理、液体化学热处理及辉光离子氮化生产中的安全技术作简介。

1. 气体化学热处理设备的安全技术

气体化学热处理设备主要有井式炉、周期式多用炉和连接式贯通马弗炉，可用来进行气体渗碳、氮化、软氮化和氰化。所使用的渗剂有：甲醇、乙醇、煤油、丙酮、三乙酸胺、尿素、氨气、吸热式气氛、天然气、城市煤气等。

操作人员除必须熟悉设备的性能和安全操作规程外，还应对所采取的化学物品的性能、安全使用保管有所了解，对它们在化学热处理过程中的分解产物及对周围环境的影响也要有所了解。

气体化学热处理中的废气，都必须点燃，因为其中一般含有一氧化碳、氰氢酸、氨、不饱和烃等，点燃后即可分解。例如气体软氮化时，炉内的 HCN 含量为 $6\sim8mg/m^3$，废气点燃后，工作环境中含 HCN 量仅为 $0\sim0.08mg/m^3$，低于规定允许值 $0.3mg/m^3$。气体氮化的废气中含有一些未分解的 NH_3，可以将废气通入水中减少污染。

采用液体渗剂进行化学热处理时，渗剂的滴入量必须按工艺要求严格控制。在升温阶段，如果液体超规定大量滴入炉内，在升到较高温度时，液体迅速气化，炉压会很快上升。此时，应立即关闭滴定器阀门，开大放散阀，使炉压自然下降。切不可在炉压升高时忙着打开炉门，使炉内大量可燃气体骤然与空气混合，这会引起爆炸事故。严重时可能使炉盖、炉门飞出，损坏设备，危及操作人员的生命安全。

2. 液体化学热处理设备的安全技术

液体化学热处理是指在液体化学活性介质中进行软氮化、氰化、硫氮共渗、渗金属等。操作时既要注意热处理浴炉的安全操作问题，还要注意所使用的有毒物质及产生有毒气体、废液、废渣的问题。下面重点阐述液体氰化浴炉的安全技术。

(1)操作人员必须严格遵守氰化盐浴炉的操作规程，小心谨慎地进行液体氰化的工艺操作。

(2)必须加强化学药品的保管，严格执行化学药品的分类保管制度。对剧毒的氰化盐类，必须坚决地执行双人、双锁、双领用的规定。

(3)操作氰化浴炉时，必须戴口罩和防护眼镜(或面罩)，穿好劳动防护服，戴好手套，工作完毕即脱掉。这些防护用品不得带出工作场所，定期用10%硫配亚铁熔液清洗两次。在工作场所，不得饮水、吃东西、吸烟或存放食品。氰化间通风采光要好，设备都应装置抽风机，以防氰盐粉尘及蒸汽飞扬，污染工作环境。

(4)液体氰化零件必须烘干进炉，否则，熔盐遇水会发生崩爆溅出，易造成皮肤灼伤。如发生这类情况，应立即用10%硫酸亚铁水溶液洗涤，再用清水冲洗后，去医务部门处理。

(5)必须认真处理氰化过程中的废渣、废水、粉尘，不得任意堆放或排放。废渣、粉尘可集中经硫酸亚铁中和后深埋。废水可用碱性氧化的方法，把氰根氧化变成无害的二氧化碳和氮气。排放前必须抽样化验氰根的含量，合格后方可排放。

3. 辉光离子氮化设备的安全技术

辉光离子氮化是近年来发展较快的热处理技术。辉光离子氮化设备的炉膛是一真空容器，在一定的真空度（L33×10^{-2}Pa）和高压直流电场（100～1000V）作用下，通入少量氮化气氛，使氮原子离子化，并在电场作用下，高速冲击工件表面，产生辉光放电，使工件表面达到离子氮化温度并使氮原子渗入工件表面。离子氮化工艺与原气体氮化相比，具有生产效率高、变形小、成本低和污染少等优点。

在设备设计和制造时，应注意设备阳极和阴极间的高压绝缘问题。因为设备外壳即是高压直流电的阳极，必须良好接地。设备中放置工件的阴极接线柱，对地绝缘电阻必须用1000V 绝缘摇表检查，其绝缘电阻不得小于 20MΩ。在电气线路里，必须有保护装置，确保真空罩打开时，高压直流电自动断开。辉光离子氮化设备的厂房，应光线明亮、通风良好、屋内应保持清洁整齐、干燥、无杂物。操作时必须注意：

(1)离子氮化设备必须有两名以上操作者方可开炉，并指定操作负责人。操作者必须熟悉和遵守离子氮化设备的安全操作规程。

(2)工件必须洗涤干净，去除毛刺、铁屑和油污。

(3)不得在没有可靠安全措施情况下，在真空罩下进行操作。吊放真空罩应平稳，在阴极底板上放置工件应稳妥。

(4)应遵守气体氮化和氨气瓶安全使用规程。真空泵抽气时，排出的废气应通往室外。

综合拓展

化学热处理的发展将着重于扩大低温化学热处理的应用；提高渗层质量和加速化学热处理过程；研制适应常用化学热处理工艺的专用钢；发展无污染化学热处理工艺和复合渗工艺；用计算机控制多种化学热处理过程，建立相应的数学模型，研制各种介质中适用的传感器和外接仪表、设备等。

习 题

1. 化学热处理的定义是什么？
2. 常用化学热处理的方法有哪些？

项目三　电　镀

背景介绍

依据于对制品要求的差异，可通过镀饰在它们的表面上形成各种不同性质的金属镀层。随着生产和科技的进步，镀饰工艺所涉及的学科领域越来越宽广，并对于镀层的要求也愈来愈高。电镀的主要目的有两个方面：

(1)提高金属制品或零件的抗腐蚀能力，赋予制品或零件表面以装饰性的外观。

(2)使制品或零件的表面具有某种特殊的功能，例如提高表面的硬度、耐磨性、导电性、磁性及高温抗氧化性等，以及减小零件接触面间的滑动摩擦，增强金属表面的反光能力，使零件便于钎焊，防止射线对制品的破坏作用，防止零件热处理时渗碳或渗氮，等等。

对于第一方面目的的镀层通常称为防护性镀层或防护装饰性镀层；对于第二种目的的镀层则统称为功能性镀层。

问题引入

电镀是在金属和非金属制品的表面通过电化学的方法使金属化合物还原为金属，并形成符合要求的平滑致密的金属层的过程。其中，使金属化合物还原为金属的过程，称为电沉积。换而言之，电镀是用电沉积的方法在金属和非金属制品表面形成符合要求的平滑致密的金属层的过程。

电镀属于镀层被覆表面处理的范畴，是获得金属镀层的先进方法之一。电镀时可通过控制工艺条件(电镀时间、电流密度等)得到所需要的镀层厚度，并可在大多数金属材料上镀金属或合金层，还可通过一些特殊处理方法，在某些非金属材料上镀覆金属层。电镀过程与获得熔射镀层、热熔镀层、真空蒸发沉积镀层及真空气相镀层等相比较，其工艺设备简单，操作也较容易控制，因此电镀工艺在生产和科研部门得到了最广泛的应用。

不同金属的镀层有不同的特性，同一种镀层因应用场合差异则要求也不同。作为金属镀层，直接决定了其功能如何。

问题分析

电镀镀层的分类方法很多。例如，可按镀层的使用目的分，也可按镀层的组合情况分，还可按金属腐蚀过程中镀层与基体间的电化学关系分，其中以按镀层的使用目的分类应用较为普遍。据此将镀层分为防护性镀层、防护-装饰性镀层和功能性镀层等。

1. 防护性镀层

这种镀层主要用于防止金属制品及零件的腐蚀。根据制品材料、使用环境及工作条件等，可选用不同的金属镀层。如钢铁制品在一般大气腐蚀条件下，可用锌镀层保护；而在海洋气候条件下，可用镉镀层保护；对于接触有机酸的黑色金属制品(如食品容器)则应选用银镀层，银镀层不仅防锈力强，且产生的腐蚀产物对人体无害。

2. 防护-装饰性镀层

这种镀层不但能防止制品零件腐蚀,而且还能赋予制品及零件某种经久不变的光泽外观。这类镀层的使用量很大,而且多半是多层的,即首先在基体上镀“底”层,然后再镀“表”层,有时甚至还有中间层,这是因为很难找到一种单一的金属镀层,能同时满足防护与装饰的双重要求。某些镀层虽然防腐能力强,但在使用条件下不能经久保持光泽,且质软,易磨损,另一些镀层虽然防腐能力较差,但它能赋予制品悦目的光泽外观,且不易磨损掉。利用镀层不同的优点,进行适当的搭配,可获得既抗蚀又光泽耐磨的多层防护-装饰性镀层。在国内以往防护-装饰性镀层多用铜锡合金作为底层。其防腐能力较强但易氧化变色,然后再镀上一层光亮铬镀层。它既具有经久不变的银蓝色光泽,又耐磨。近来国内采用铜-镍-铬多层防护-装饰性镀层的制品在增多,如轿车、自行车和钟表等的外露光泽镀层均属此类。

3. 功能性镀层

这种镀层的作用是使制品在某种使用条件下具有某种特殊的功能。常用的功能性镀层有耐磨和减磨镀层、热加工用镀层、可焊性镀层、导电性镀层、磁性镀层及高温抗氧化镀层等。功能性镀层在工业技术中有其特殊的重要作用。

知识链接

制品的外露件中广泛应用防护-装饰性镀层,它是与产品设计密切相关的一类镀层,有关这类镀层的典型镀层工艺介绍如下。

1. 镀铜

(1)铜镀层的性质及用途。铜镀层呈美丽的玫瑰色,性质柔软,富有延展性,易于抛光,并具有良好的导热性和导电性。但它在空气中易于氧化,从而迅速失去光泽,因而不适合作为防护-装饰性镀层的“表”层。

铜镀层主要用于钢铁件多层镀覆时的“底”层,也常作为镀锡、镀金和镀银时的“底”层,其作用是提高基体金属与表面或(或中间)镀层的结合力,同时也有利于表面镀层的沉积。当铜镀层无孔时,可提高表面镀层的抗蚀性,如在防护-装饰性多层镀饰中采用厚铜薄镍的镀饰工艺的优点就在于此,并可节省贵重的金属镍。

(2)全光亮酸性镀铜。镀铜的工艺很多,其中广泛使用的有氰化物镀铜、焦磷酸盐镀铜及全光亮性镀铜等。全光亮性镀铜能直接从镀槽中获得高整平性的镜面光泽镀层,这对防护-装饰性镀层是至关重要的。我国研制成功的有 M-N 全光亮酸性镀铜及 SH-110 全光亮酸性镀铜工艺,其中使用的电解液的性能稳定,成本低廉,允许使用的电流密度高,可强化生产,允许的温度变化范围较宽,特别是温度的上限可达 40℃。由于这种电解液中使用了高效整平光亮剂,可直接获得镜面光泽镀层,可免去繁重的抛光工序,为多层电镀的自动化创造了条件,在全光亮酸性镀铜方面我国处于世界上领先地位。

这种镀铜工艺目前存在的缺点是电解液的分散能力还不及氰化物镀铜及焦磷酸盐镀铜,并要求及时控制各种有机添加剂,且最好采用连续过滤电解液,以保证获得高质量的镀层。在钢铁制品上直接用酸性硫酸铜电解液镀铜的工艺问题至今还未解决,因此,钢铁制件在酸性镀铜之前,还必须有预镀过程。

2. 镀镍

(1)镍镀层的性质及用途。金属镍具有很强的钝化能力,可在制件表面迅速生成一层极薄的钝化膜,能抵抗大气和某些酸的腐蚀,所以镍镀层在空气中的稳定性很高。在镍的简单盐电解液中,可获得结晶极其细小的镀层,它具有优良的抛光性能。经抛光的镍镀层具有镜面般的光泽,同时在大气中可长期保持其光泽。此外,镍镀层还具有较高的硬度和耐磨性。根据镍镀层的性质,它主要用做防护-装饰性镀层的底层、中间层和面层,如镍-铬镀层,镍-铜-镍-铬镀层、铜-镍-铬镀层及铜-镍镀层等。

由于镍镀层的孔隙率较高,只有当镀层的厚度在25μm以上时才是无孔的,因此一般不用镍镀层作为防护性镀层。镍镀层的生产量很大,镀镍所消耗的镍量约占全世界镍总产量的10%。

(2)光亮镀镍。镀镍的方法很多,如镀暗镍、光亮镀镍、多层镀镍及镀黑镍等。获得光亮镍镀层的方法有机械抛光法、化学浸亮法和采用光亮添加剂的光亮镀镍法。其中以采用光亮添加剂的光亮镀镍法最好,此法不仅可以得到质量合格的光亮镀层,而且省略了繁重的抛光工序,能减轻对环境的污染,能节约药品、材料和工时,因此可提高生产效率。

光亮镀镍中使用的光亮剂绝大部分是有机光亮剂,其用量少,且效果显著。在镀液的同时加入的光亮剂,按其作用有初级光亮剂(第一类光亮剂)和次级光亮剂(第二类光亮剂)。

3. 镀铬

(1)铬镀层的性质及用途。铬为银白色略带蓝光色泽的金属。铬镀层具有很高的硬度和耐磨性,其硬度超过最硬的淬火钢,仅次于金刚石。铬镀层耐热性好,500℃以下其硬度及颜色均无明显变化。在预先经过抛光的表面上镀铬,可得到银蓝色具有镜面光泽的镀层。铬具有很强的钝化能力,在制件表面很容易生成极薄的钝化膜,并在潮湿空气中不发生变化,能长久保持其光泽的外观,呈现出类似贵金属的外观,有极好的装饰性。

由于铬镀层具有许多优异性能,所以镀铬工艺得到广泛的应用,如镀装饰铬可用做防护-装饰性镀层的表层,又如火车、汽车、自行车、医疗器械、轻工产品、金属家具等的外露部件都需镀覆装饰铬。装饰铬层的光泽性好,反光能力强,也常用做反光镜面。由于铬镀层具有优良的硬度及耐磨性,所以镀硬铬、松孔铬、乳白铬和镀双层铬等工艺广泛用在轴类、切削工具类、发动机汽缸、活塞环、量具刃具等零部件的加工工艺中。

(2)镀装饰铬(镀亮铬)。镀铬工艺中应用最普遍的是镀装饰铬和镀硬铬。镀装饰铬的镀覆时间短(一般只镀58分钟),镀层很薄,要求被镀制品表面全部覆盖,并且镀层外观光亮、美观,有像镜面一样的银蓝色光泽,为此应采用深镀能力好和铬酐浓度很高的电解液(铬酐含量为300500g/L)。对于形状复杂的镀件,除了使用象形阳极和防护阴极外,还须施加冲击电流。

应用案例

高铁连接器的外壳通常采用铝合金,由于在高温、高湿条件下工作需要进行镀锌处理。铝及铝合金电镀工艺流程有镀前处理、电镀、镀后处理3部分组成。镀前处理是关系到电镀产品质量优劣的最关键工序,其主要的是除去铝及铝合金表面的油脂,自然形成氧化膜及其他污物。

常规的一般工艺流程为:脱脂—水洗—减蚀—水洗—酸洗—水洗—活化—水洗——次浸锌—水洗—退锌—水洗—二次浸锌—水洗—中性镀镍—水洗—后续电镀。也有采用波的阳极氧化膜取代浸锌工艺后在进行后续电镀。

综合拓展

塑料制品须进行镀层被覆处理时，应在表面粗化、除油、敏化、活化、还原及化学镀一系列前处理之后，在其表面形成一个导电的金属膜，从而为塑料制品创造如金属制品表面电镀的条件。由于化学镀仅是给塑料制品表面施加一层导电膜，因此一般都镀得较薄。为了满足塑料制品的装饰性等要求，需要在其上继续镀上其他金属层，此即塑料电镀工艺。至于具体采用何种电镀工艺，则取决于化学镀金属的类型及对塑料制品的使用要求。

(1)塑料制品经过化学镀铜后的加厚

化学镀铜后的制件一般都用电镀铜加厚镀层，除强碱性氰化物镀铜工艺不适用外，其他像酸性镀铜和焦磷酸盐镀铜等工艺均可采用。

(2)塑料制品经过化学镀镍后的加厚

经过化学镀镍的制品如有玷污也须用碱液除污。由于化学镀镍层比电镀镍层更易钝化，因此用稀盐酸或稀硫酸活化后，最好镀上一层闪镀镍，此工艺规范如下：氯化镍 100g/L，盐酸 100ml/L；电流密度为 $2A/dm^2$；电镀时间为 25 分钟。对形状复杂的零件可在提高氯化物含量(3060g/L)的一般镀镍液中直接电镀加厚。制件在闪镀镍后，也可进行光亮酸性镀铜。

塑料制作无论经过化学镀铜还是化学镀镍，若要求其镀层是防护装饰镀层时，最好采用电镀光亮铜、光亮镍后套铬的电镀工艺，并应尽量避免机械抛光，否则镀层易“起鼓”或“脱皮”。

习　题

1. 电镀按镀层的使用目的可分为哪些种类？
2. 电镀的目的和要求分别是什么？
3. 镀铜的性质和作用分别是什么？

项目四　气相沉积

背景介绍

气相沉积技术是利用气相中发生的物理、化学过程，在工件表面形成功能性或装饰性的金属、非金属或化合物涂层。气相沉积技术按照过程的本质，可分为物理气相沉积、化学气相沉积两大类。

问题引入

为了使工件原来表面上复合一个具有特殊性能的表层，从而提高表面性能，就需要找出复合表层的方法，而气相沉淀法就是表面复合材料的一种方法。

问题分析

物理气相沉积（Physical Vapor Deposition，PVD）技术表示在真空条件下，采用物理方法，将材料源——固体或液体表面气化成气态原子、分子或部分电离成离子，并通过低压气体（或等离子体）过程，在基体表面沉积具有某种特殊功能的薄膜的技术。

化学气相沉积已经广泛用于提纯物质、研制新晶体、淀积各种单晶、多晶或玻璃态无机薄膜材料。这些材料可以是氧化物、硫化物、氮化物、碳化物，也可以是 III－V、II－IV、IV－VI 族中的二元或多元的元素间化合物。目前，化学气相沉积已成为材料合成化学的一个新领域。

知识链接

一、物理气相沉积技术

1. 物理气相沉积技术基本原理可分三个工艺步骤：

（1）镀料的气化：使镀料蒸发、升华或被溅射，也就是通过镀料的气化源。

（2）镀料原子、分子或离子的迁移：由气化源供出原子、分子或离子经过碰撞后，产生多种反应。

（3）镀料原子、分子或离子在基体上沉积。

2. 物理气相沉积的主要方法有：真空蒸镀、溅射镀膜、电弧等离子体镀、离子镀膜及分子束外延等。

（1）真空蒸镀

在真空条件下，将镀料加热并蒸发，使大量的原子、分子气化并离开液体镀料或离开固体镀料表面（升华）。

（2）溅射镀膜

指在真空条件下，利用获得功能的粒子轰击靶材料表面，使靶材表面原子获得足够的能量而逃逸的过程称为溅射。被溅射的靶材沉积到基材表面,就称作溅射镀膜。溅射镀膜中的入射离子,一般采用辉光放电获得,在 10^{-2}～10Pa,所以溅射出来的粒子在飞向基体过程中,易和真空室中的气体分子发生碰撞,使运动方向随机,沉积的膜易于均匀。近年发展起来的规模性磁控溅射镀膜,沉积速率较高,工艺重复性好,便于自动化,已适当于进行大型建筑装饰镀膜,及工业材料的功能性镀膜,及 TGN - JR 型用多弧或磁控溅射在卷材的泡沫塑料及纤维织物表面镀镍 Ni 及银 Ag。

(3)电弧蒸发和电弧等离子体镀膜

这里指的是 PVD 领域通常采用的冷阴极电弧蒸发,以固体镀料作为阴极,采用水冷、使冷阴极表面形成许多亮斑,即阴极弧斑。弧斑就是电弧在阴极附近的弧根。在极小空间的电流密度极高,弧斑尺寸极小,估计约为 1～100μm,电流密度高达 105～107A/cm^2。每个弧斑存在极短时间,爆发性地蒸发离化阴极改正点处的镀料,蒸发离化后的金属离子,在阴极表面也会产生新的弧斑,许多弧斑不断产生和消失,所以又称多弧蒸发。

(4)离子镀

离子镀的基本特点是采用某种方法(如电子束蒸发磁控溅射,或多弧蒸发离化使中性粒子电离成离子和电子),在基体上必须施加负偏压,从而使离子对基体产生轰击,适当降低负偏压后,使离子进而沉积于基体成膜。离子镀的优点如下:

① 膜层和基体结合力强;

② 膜层均匀,致密;

③ 在负偏压作用下绕镀性好;

④ 无污染;

⑤ 多种基体材料均适合于离子镀。

物理气相沉积技术工艺过程简单,对环境无污染,耗材少,成膜均匀致密,与基体的结合力强。该技术广泛应用于航空航天、电子、光学、机械、建筑、轻工、冶金、材料等领域,可制备具有耐磨、耐腐蚀、装饰、导电、绝缘、光导、压电、磁性、润滑、超导等特性的膜层。随着高科技及新兴工业发展,物理气相沉积技术出现了不少新的先进的亮点,如多弧离子镀与磁控溅射兼容技术、大型矩形长弧靶和溅射靶、非平衡磁控溅射靶、孪生靶技术、带状泡沫多弧沉积卷绕镀层技术、条状纤维织物卷绕镀层技术等,使用的镀层成套设备,向计算机全自动,大型化工业规模方向发展。

化学气相沉积是利用气态或蒸气态的物质在气相或气固界面上反应生成固态沉积物的技术。化学气相沉积的英文词原意是化学蒸气沉积(Chemical Vapor Deposition,简称CVD),因为很多反应物质在通常条件下是液态或固态,经过汽化成蒸气再参与反应的。

从 20 世纪 60、70 年代以来由于半导体和集成电路技术发展和生产的需要 CVD 技术得到了更迅速和更广泛的发展。CVD 技术不仅成为半导体级超纯硅原料-超纯多晶硅生产的唯一方法,而且也是硅单晶外延、砷化镓等Ⅲ-Ⅴ族半导体和Ⅱ-Ⅵ族半导体单晶外延的基本生产方法。

在集成电路生产中更广泛地使用 CVD 技术沉积各种掺杂的半导体单晶外延薄膜、多晶硅薄膜、半绝缘的掺氧多晶硅薄膜;绝缘的二氧化硅、氮化硅、磷硅玻璃、硼硅玻璃薄膜以及金属钨薄膜等。在制造各类特种半导体器件中,采用 CVD 技术生长发光器件中的磷砷化镓、氮化镓外延层等，硅锗合金外延层及碳化硅外延层等占有很重要的地位。

二、化学气相沉积技术

1. 化学气相沉积原理及其技术

(1)1CVD 原理

CVD 是利用气态物质在固体表面进行化学反应，生成固态沉积物的工艺过程。它一般包括三个步骤(图 7-1)：(1)产生挥发性物质；(2)将挥发性物质输运到沉积区；(3)于基体上发生化学反应而生成固态产物。

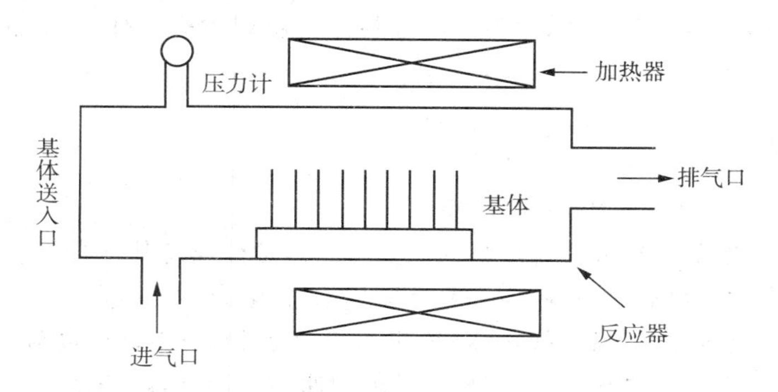

图 7-1　CVD 反应系统示意图

最常见的化学气相沉积反应有：热分解反应、化学合成反应和化学传输反应等。

(1)2CVD 技术

反应器是 CVD 装置最基本的部件。根据反应器结构的不同，可将 CVD 技术分为开管气流法和封管气流法两种基本类型。

封管法：这种反应系统是把一定量的反应物和适当的基体分别放在反应器的两端，管内抽真空后充入一定量的输运气体，然后密封，再将反应器置于双温区内，使反应管内形成一温度梯度。温度梯度造成的负自由能变化是传输反应的推动力，于是物料就从封管的一端传输到另一端并沉积下来。封管法的优点是：①可降低来自外界的污染；②不必连续抽气即可保持真空；③原料转化率高。其缺点是：①材料生长速率慢，不利于大批量生产；②有时反应管只能使用一次，沉积成本较高；③管内压力测定困难，具有一定的危险性。

开管法：开管气流法的特点是反应气体混合物能够连续补充，同时废弃的反应产物不断排出沉积室(图 7-1)。按照加热方式的不同，开管气流法可分为热壁式和冷壁式两种。热壁式反应器一般采用电阻加热炉加热，沉积室室壁和基体都被加热，因此，这种加热方式的缺点是管壁上也会发生沉积。冷壁式反应器只有基体本身被加热，故只有热的基体才发生沉积。实现冷壁式加热的常用方法有感应加热、通电加热和红外加热等。

2. 化学气相沉积的特点

(1)既可以制备金属薄膜、非金属薄膜，又可按要求制备多成分的合金薄膜。

(2)成膜速度可以很快，每分钟可达几个微米甚至数百微米。

(3)CVD 反应在常压或低真空进行，镀膜的绕射性好，对于形状复杂的表面或工件的深孔、细孔都能均匀镀覆，在这方面比 PVD 优越得多。

(4)能得到纯度高、致密性好、残余应力小、结晶良好的薄膜镀层。由于反应气体、反应产物和基体的相互扩散,可以得到附着力好的膜层,这对表面钝化、抗蚀及耐磨等表面增强膜是很重要的。

(5)由于薄膜生长的温度比膜材料的熔点低得多,由此可以得到纯度高、结晶完全的膜层,这是有些半导体膜层所必需的。

(6)CVD 方法可获得平滑的沉积表面。

(7)辐射损伤低。这是制造 MOS 半导体器件等不可缺少的条件。

化学气相沉积的主要缺点是:

反应温度太高,一般要 1000℃左右,许多基体材料都耐受不住 CVD 的高温,因此限制了它的应用范围。

应用案例

1. 金属有机化合物化学沉积技术(MOCVD)

MOCVD 的发展是半导体外延沉积的需要。它是把金属烷基化合物或配位化合物与其他组分(主要是氢化物)送入反应室,然后金属有机化合物分解沉积出金属或化合物。MOCVD 的主要优点是沉积温度低,这对某些不能承受常规 CVD 的高温基体是很有用的,如可以沉积在钢这样一类的基体上;其缺点是沉积速率低,晶体缺陷度高,膜中杂质多;且某些金属有机化合物具有高度的活性,必须加倍小心。

2. 激光化学气相沉积技术(LCVD)

LCVD 是一种在化学气相沉积过程中利用激光束的光子能量激发和促进化学反应的薄膜沉积方法。激光作为一种强度高、单色性好和方向性好的光源,在 CVD 中发挥着热效应和光效应。一方面激光能量对基体加热,可以促进基体表面的化学反应,从而达到化学气相沉积的目的;另一方面高能量光子可以直接促进反应物气体分子的分解。利用激光的上述效应可以实现在基体表面的选择性沉积,即只在需要沉积的地方才用激光光束照射,就可以获得所需的沉积图形。另外,利用激光辅助 CVD 沉积技术,可以获得快速非平衡的薄膜,膜层成分灵活,并能有效地降低 CVD 过程的衬底温度。如利用激光,在衬底温度为 50℃时也可以实现二氧化硅薄膜的沉积。目前,LCVD 技术广泛用于激光光刻、大规模集成电路掩膜的修正、激光蒸发—沉积以及金属化等领域。LCVD 法氮化硅薄膜已达到工业应用的水平,其平均硬度可达 2200HK;氮化钛、碳化硅及碳化钛膜正处于研发阶段。

3. 等离子增强化学气相沉积技术(PECVD)

近年来发展的等离子体增强化学气相沉积法也是一种很好的方法,最早用于半导体材料的加工,即利用有机硅在半导体材料的基片上沉积二氧化硅,该方法利用等离子中的电子动能来激发化学气相反应。PECVD 将沉积温度从 1000℃降低到 600℃以下,最低的只有 300℃左右。因为 PECVD 利用了等离子体环境诱发载体分解形成沉积物,这样就减少了对热能的大量需要,从而大大扩展了沉积材料及基体材料的范围。目前,等离子增强化学气相沉积技术除了用于半导体材料外,在刀具、模具等领域也获得成功的应用。如利用 PECVD 在钢件上沉积出氮化钛等多种薄膜不仅提高了模具的工作温度,也使模具的寿命大大提高。

综合拓展

随着工业生产要求的不断提高，CVD 的工艺及设备得到不断改进，现已获得了更多新的膜层，并大大提高了膜层的性能和质量。与此同时交叉、综合地使用复合的方法，不仅启用了各种新型的加热源，还充分运用了各种化学反应、高频电磁（脉冲、射频、微波等）及等离子体等效应来激活沉积离子，成为技术创新的重要途径。CVD 技术由于采用等离子体、激光、电子束等辅助方法降低了反应温度，使其应用的范围更加广阔，下一步应该朝着减少有害生成物，提高工业化生产规模的方向发展。

习　题

1. 气相沉淀按过程的本质可分为哪些？
2. 化学气相沉淀的特点有哪些？

第八章　非金属与新型材料

项目一　非金属材料分类与区别

背景介绍

金属及其合金以外的一切材料均称为非金属材料。近几十年来，非金属材料在产品数量和品种方面都取得了快速的增长，越来越多的在工农业生产、国防和科学技术领域得以应用。非金属材料已经成为机械工程制造中不可缺少的重要组成部分，也正在改变着人类长期以来钢铁等金属为中心的时代。

机械工程中广泛使用的非金属材料主要有三大类：高分子材料、工业陶瓷和复合材料。

问题引入

(1)高分子化合物是指相对分子量很大的化合物，一般把分子量大于5000的化合物成为高分子化合物，将分子量小于1000的化合物成为低分子化合物。高分子化合物具有较好的强度、塑性和硬度，因此具有广泛的使用范围。高分子材料制备方法多，种类复杂，所以需要掌握高分子材料的分类。

(2)橡胶是以生胶为基体并加入适量配合剂的高分子材料。橡胶最重要的特点就是高弹性，在较小的外力作用下，就能产生很大的变形，当外力去除以后又能很快的恢复到原来的状态。橡胶优良的伸缩性和积蓄能量的能力使之成为常用的弹性、减震、密封材料。橡胶还有良好的耐磨性、隔音性和阻尼特性。橡胶最大的缺点是容易发生老化，在使用过程中出现变黏、发脆或者龟裂等现象，使其弹性、强度等发生较大的衰减，影响了橡胶制品的性能和使用寿命。因此，在橡胶的使用过程中，防止橡胶的老化是重中之重。常用的橡胶材料有：天然橡胶、丁苯橡胶、顺丁橡胶、硅橡胶和氟橡胶。

(3)传统陶瓷是指使用天然材料(黏土、长石、石英等)为主要材料，成形后在高温窑炉中烧制的产品，主要是陶器和瓷器。现代陶瓷材料是无机非金属材料的总称，是用天然的或人工合成的粉状化合物，通过成形和高温烧结而成的多晶体固体材料。由于硅酸盐材料是陶瓷的重要组成部分，所以陶瓷材料也称为硅酸盐材料。我们需要掌握目前陶瓷材料有哪些优点以及主要的应用范围。

问题分析

高分子化合物通常可以分为天然高分子化合物和人工合成高分子化合物两大类。日常生活中见到的木材、皮革、蚕丝、天然橡胶和蛋白质都属于天然高分子化合物。由于天然高分子化合物产量有限，难以满足工农业生产的需求量，因此，目前广泛使用的高分子化合物主要是人工合成的。

高分子材料的种类繁多，按工艺性质可以分为塑料、橡胶、胶黏剂和纤维四类。其中，塑料可以分为热塑性塑料和热固性塑料两种；橡胶分为天然橡胶和合成橡胶；胶黏剂分为有机胶黏剂和无机胶黏剂；纤维分为天然纤维和化学纤维。

一、常用工程塑料的特点及应用

1. 聚乙烯(PE)

聚乙烯是热塑性塑料，也是目前世界上塑料工业产量最大的品种。它的特点是具有良好的耐腐蚀性和电绝缘性。聚乙烯主要用于制造薄膜、电线电缆的绝缘材料以及管道、中空制品等。

2. 聚酰胺塑料(PA)

聚酰胺塑料也称为尼龙，它是最早发现能承受载荷的热塑性塑料。其特点是在常温下具有较高的抗拉强度和良好的冲击韧性，具有耐磨、耐疲劳、耐油、耐水等综合性能。但在日光照射下或浸在热水中都容易引起老化。一般适用于制作机械零件，比如齿轮、轴承、管材、密封圈等。

3. 聚甲醛(POM)

聚甲醛是热塑性塑料，具有优异的综合性能。其强度、刚度、硬度、耐磨性、耐冲击性能均高于一般的塑料，另外还具有吸水性小、可在104℃长期使用、制件尺寸稳定等优点。但也存在着热稳定性差、易燃等缺点。一般应用于汽车制造、仪表、化工机械、农机机械设备领域。

4. 聚碳酸酯(PC)

聚碳酸酯是热塑性塑料，透明度达86%～92%，其力学性能、耐热性、电性能、耐寒性良好，拥有很好的抗冲击韧性，缺点是耐候性较差，长期暴晒容易出现裂纹。聚碳酸酯的强度高、耐磨耐冲击、刚性好、尺寸稳定性好，可以用于制作齿轮、轴承、蜗杆等传动零件。

5. ABS塑料

ABS塑料是热塑性塑料，由丙烯腈、丁二烯和苯乙烯按一定比例组成，其中丙烯腈使ABS塑料具有较高的硬度、强度、耐腐蚀性和耐候性；苯乙烯使ABS具有良好的介电性和易加工性；丁二烯可使ABS获得较高的冲击韧性和弹性。因此ABS塑料的综合性能良好，可以广泛地应用在机械工业、纺织工业、汽车工业、电气工业、飞机、轮船等制造领域。例如，可以用ABS塑料制作电视机、空调等电气设备的外壳，制作手柄、仪表等制品。ABS塑料的缺点是耐候性差、不耐燃、不透明等。

6. 环氧塑料(EP)

环氧塑料是热固性塑料，它是以环氧树脂为基体，加入增塑剂、填料及固化剂等添加剂制成。具有比强度高、耐腐蚀、耐热、绝缘性和加工性能好等优点。缺点是制备成本相对较高，有些添加剂如固化剂有毒性等。环氧塑料主要用于制造塑料模具、精密量具和各种绝缘器件，也可以制作层压塑料和浇注塑料。

二、橡胶的分类

1. 天然橡胶(NR)

天然橡胶是橡树上流出的胶乳，经凝固干燥加工制成的。天然橡胶具有良好的综合性能、耐磨性、抗撕裂性和加工性能。但天然橡胶的耐高温、耐油、耐溶剂性差，耐臭氧和耐老化性不佳，主要用于制造轮胎、胶带、胶管等制品。

2. 丁苯橡胶(SBR)

丁苯橡胶目前是产量最大的一种通用橡胶。具有良好的耐磨性、耐老化、耐热性，但其弹性、机械强度、耐撕裂和耐寒性较差。为了弥补它的缺点，往往将天然橡胶与丁苯橡胶按一定比例混用，以达到取长补短的目的。丁苯橡胶目前在汽车轮胎、胶带以及铁路上防震垫上有着广泛的应用。

3. 顺丁橡胶(BR)

顺丁橡胶产量仅次于丁苯橡胶，具有弹性好、耐磨、耐低温和耐挠曲性等优良的性能，缺点是抗张强度和抗撕裂能力较差，加工性不好，冷流动性大。主要用于制作轮胎、减振器、电绝缘制品等方面。

4. 硅橡胶

硅橡胶属于特种橡胶，具有良好的耐候性、耐臭氧性和优良的电绝缘性，同时其拥有独特的耐高温和耐低温性能，可在－100～300℃正常工作。它可用于制造飞机和航天飞行器的密封制品、胶管以及薄膜等，也可以用于电子设备和电线、电缆包皮。此外，由于硅橡胶无毒无味，可用于食品工业的运输带、罐头垫圈及医药卫生橡胶制品，如人造心脏、人造血管等。

5. 氟橡胶(FPM)

氟橡胶也是特种橡胶的一种，具有非常突出的耐腐蚀性，同时还具有耐高温、耐油、耐高真空、抗辐射等优点。缺点是生产成本高、加工性较差。氟橡胶在耐化学腐蚀制品，如化工设备衬垫、垫圈等方面有着广泛的应用，同时在航天领域也可作为高级密封件、高真空橡胶件使用。

三、陶瓷的分类

陶瓷的共同特点是硬度高、耐高温、耐腐蚀、耐磨损、抗压强度高和抗氧化性能好。但是缺点也十分明显，脆性大、经不起碰撞、没有延展性、抗温度骤变能力较差。

陶瓷材料按照其成分和结构可以分为普通陶瓷和特种陶瓷两大类。

普通陶瓷就是日常生活中经常使用到的黏土类陶瓷，具有质地坚硬、不导电、耐腐蚀、耐高温、成本低、加工成形性较好等优点，缺点是相对强度较低。一般用于高低压电气、化工、建筑、日用、纺织等行业，如化工中的耐酸耐碱容器、管道等，以及电气工业中的绝缘子等。

特种陶瓷一般氧化铝陶瓷、氧化硅陶瓷、氧化硼陶瓷。氧化铝陶瓷强度比普通陶瓷高2～3倍，同时硬度非常高，仅次于金刚石、碳化硼、立方氮化硼和立方碳化硼，居第五位；耐高温，可在1500℃的高温下正常工作；具有优良的电绝缘性和耐腐蚀性，缺点是脆性大，抗急冷急热能力差。主要用于高温容器和盛装熔融状态的铁、钴、镍等合金的坩埚；测温热电偶的绝缘套管、内燃机的火花塞、化工与石油用的密封环等。

氮化硅陶瓷具有良好的化学稳定性，除氢氟酸外，能够耐各种无机酸（如盐酸、硼酸、硫酸、磷酸和王水等）腐蚀；硬度高，耐磨性好；具有优异的电绝缘性、抗温度骤变能力强，并且具有自润滑性和耐辐射性；可在 1400℃下工作。主要用于各种泵的密封材料、耐高温轴承、燃气轮机叶片等耐磨、耐腐蚀、耐高温、耐绝缘等领域。

氮化硼陶瓷按结构分可分为六方氮化硼陶瓷（白石墨）和立方氮化硼两大类。它们均具有良好的耐热性，抗急冷急热性，导热率与不锈钢相近，热稳定性好，具有良好的绝缘性和化学稳定性。但六方氮化硼硬度较低，可以进行切削加工，用于耐高温轴承、玻璃制品的成形模具等领域，而立方氮化硼主要用于制备磨料和刀具。

综合拓展

碳纤维是指含碳质量分数在 90％以上，具有优良的力学性能、耐热性能、化学稳定性、热传导性、低热膨胀性、低密度等特征的高性能纤维。

碳纤维共有聚丙烯腈（PAN）基、沥青基和黏胶基三种原料碳纤维。PAN 基碳纤维生产工艺相对简单、技术相对成熟、成品综合力学性能好且成本相对较低，已成为碳纤维工业体系中的主流产品，约占 91％的市场份额。

20 世纪 60 年代我国开始 PAN 基高强碳纤维的研究，建立了硝酸法、硫氰酸钠法、二甲基亚砜法等多种原丝制备工艺。由于工艺基础薄弱、装备技术落后等原因，国产化碳纤维主要是小丝束。品质接近或达到东丽公司 T300 型水平的碳纤维已量产，但受到国外 T300 型倾销的影响，市场价格极低；品质接近或达到东丽公司 T700 型水平的碳纤维，质量不稳定，与国外先进水平尚有较大差距。

碳纤维除直接编织或绞合作功能材料外，还可以制成各种碳纤维复合制品，在众多的碳纤维复合制品中，碳纤维增强铜基复合材料因具有高强高导、导热优良、线膨胀系数低、抗磨损性能优异等特性，备受通讯和电力传输领域的关注。国内外关于碳纤维增强铜基复合材料的研究一直没有中断过。早期制造的碳铜材料是铜和石墨、铜镍合金和短碳纤维通过粉末冶金的方法制备的，制成的材料不及单一基体强度高。后来在碳纤维的表面涂镀镍再镀铜，在 1173K 温度下热压，但制出的复合材料中纤维分布不均、易分层。日本日立公司采用料浆法与热压法结合的方法：把基体粉末加入甲基纤维素水溶液中，再把涂镀过金属的碳纤维纱束从料浆中拖过，干燥脱水后热压成型，不过目前尚未有其实际应用的报道。

项目二　粉末冶金

背景介绍

粉末冶金是将金属粉末(或掺入部分非金属粉末)经过配料、压制成形、烧结以及后续处理,不经熔炼和铸造,直接获得金属材料或机械零件的一种加工工艺方法。通过粉末冶金工艺制造的材料,可称为粉末冶金材料。

粉末冶金是冶金学的一部分,这种方法既是制造具有特殊性能金属材料的方法,也是一种精密的无切削或少切削的加工方法。粉末冶金的分类方法很多,按材料和用途可分为结构材料类、摩擦材料和减磨材料类、多孔材料类、工具材料类、难熔金属和重合金类、电工材料类、耐腐蚀材料类、磁性材料类和耐热材料等几大类。

问题引入

粉末冶金法与生产陶瓷有相似的地方,均属于粉末烧结技术,因此,一系列粉末冶金新技术也可用于陶瓷材料的制备。由于粉末冶金技术的优点,它已成为解决新材料问题的钥匙,在新材料的发展中起着举足轻重的作用。那么,粉末冶金的具体方法是什么?粉末冶金的特点及应用有哪些?

问题分析

一、粉末冶金的过程

粉末冶金的生产过程主要包括:粉末生产、粉末混料、成形制坯、高温烧结、烧结后处理。

粉末生产:常用的粉末生产方法包括两大类,即物理粉碎法和化学制备法。物理粉碎方式主要是使用机械手段进行粉碎,也可采用雾化法、电解法。化学制备法主要包括氧化物还原法、气相沉积法。经过粉碎后,最终获得的粉末越细,高温烧结后成品的力学性能越好。

粉末混料:实际生产中仅仅使用粉末往往无法制备出合格的产品,还需要在粉末中加入多种辅助材料,如橡胶、汽油、溶液、硬脂酸锌和石蜡等。将这些原料按照一定比例配好后,再经过专用的滚筒或行星混料机均匀混合,最终使各种成分均匀分布。

成形制坯:成形的目的是把粉末制成一定形状和尺寸的压坯,并使其具有一定的密度和强度,一般使用压模成型法制坯。模压成形是将混合粉末装入压模中,在压力机上对其进行加压压制,最终成形。

高温烧结:烧结成形是粉末冶金的关键工序,往往决定了整个制件质量的优劣。烧结时将压坯件放入通有保护气氛的高温炉或者真空炉中进行加热,使压坯中的粉末颗粒发生扩散、熔焊、再结晶,进而粉末颗粒牢固地焊合在一起。烧结过程中,型坯的孔隙减少,密度增大，最终获得“晶体结合体”。

烧结后处理：高温烧结完成后的坯件由于高温焊合作用具有一定的性能，一般可以直接使用，但有时还需进行必要的后期处理以达到更高的要求。如果粉末坯件要求的形状在第一次压制时不能满足必需的精度，就要对其进行二次加压，也就是精压整形处理。例如齿轮、钨钼管材、球面轴承等烧制坯件，基本都需要采用滚轮或者标准齿轮与粉末冶金烧结件进行对滚挤压处理，这样可以极大地提升坯件的表面精度，同时也可以提高坯件的密度和尺寸精度。在烧制完成后，为了改善烧结制件的力学性能，还需要在烧结后进行一定的热处理，如表面淬火等。对于轴承和其他粉末冶金制件，为了达到设计时耐腐蚀或者能够存储润滑油的目标，通常还要浸渍其他液态润滑剂，通常这种处理方法称为浸渍；为了增加烧结件的密度、硬度、强度、可塑性和冲击韧性等，将低熔点金属或合金浸渗到多孔烧结制件的孔隙中，达到强化的目的，这种方法也称为熔渗。

二、粉末冶金的特点

粉末冶金是一种特殊的金属材料生产技术，采用该方法制造的零件尺寸准确、表面光洁，可以减少切削加工量，减少机械加工设备，节约金属材料，提高劳动生产率，能显著降低产品的加工成本。由于粉末冶金在技术上和经济上的优越性，因此，其应用比较广泛。但由于粉末冶金工艺上存在固有的不足，烧结成形过程中粉末并未完全熔化，其制品内部孔隙不能完全消除，其强度比相同成分的锻件或铸件低20%～30%，韧性也较低。因此，粉末冶金制品的大小和形状都受到一定限制，一般成形件的质量小于10kg，同时粉末冶金制件所用的压模制作成本也比较高。

用粉末冶金可以制造铁基或铜基合金的含油轴承；制造铁基合金的齿轮、凸轮、模具、滚轮等；可以在铁基或铜基合金中加入石墨、氧化硅、二硫化钼、石棉粉末，制造摩擦离合器、刹车片等；用碳化钨和钴粉末可制成硬质合金刀具、模具和量具；用氧化铝、氮化硼、氮化硅及合金粉末可制成金属陶瓷刀具；用人造金刚石与合金粉末可以制成金刚石工具等；采用粉末冶金技术可以制成一些具有特殊性能的原件，如铁镍钴永磁、继电器上使用的铜钨、银钨触点及一些极耐高温的火箭和宇航零件、核工业零件等；用于制造难熔金属材料，如钨丝、高温合金、耐热材料等。

综合扩展

粉末冶金产品的应用范围十分广泛，从普通机械制造到精密仪器；从五金工具到大型机械；从电子工业到电机制造；从民用工业到军事工业；从一般技术到尖端高技术，均能见到粉末冶金工艺的身影。

目前粉末冶金零件技术在汽车、家电、工程机械、电动工具等领域得到了广泛应用，然而，国内外粉末冶金制品在主要应用领域存在差异。

从发达国家或地区的粉末冶金产品结构来看，汽车工业是粉末冶金零件行业最大的下游需求行业。发达国家和地区的粉末冶金零件约90%都是用于汽车行业。由于中国的汽车产业发展较晚，而家电及摩托车等产业在国内发展较早，使得中国粉末冶金行业的产品结构不同于发达国家。汽车产业是中国粉末冶金零件行业最大的市场，其占粉末冶金零件市场的比例从 2005 年的 32.0％增加至 2014 年的 57.8％，仍远低于发达国家的占比水平。

中国汽车工业的发展不仅为粉末冶金产业提供了巨大的市场需求，也对国内粉末冶金产业的技术、质量提出了更高的要求。粉末冶金汽车零件可以促进汽车实现轻量化和节能减排，随着国内汽车市场的持续发展及节能环保政策的推广，粉末冶金汽车零件市场也将进入新的快速发展期，粉末冶金汽车零件将成为国内粉末冶金行业的主要发展方向。

项目三　金属陶瓷复合材料

背景介绍

金属基复合材料(Metal Matrix Composite,MMC)一般是以金属或合金为连续相而颗粒、晶须或纤维形式的第二相组成的复合材料,目前其制备和加工比较困难,成本相对较高,常用在航天航空和军事工业上;但是现在复合材料生产加工技术已经相对比较成熟,民用、商用领域均有使用。其特点在力学方面为横向及剪切强度较高,韧性及疲劳等综合力学性能较好,同时还具有导热、导电、耐磨、热膨胀系数小、阻尼性好、不吸湿、不老化和无污染等优点。例如碳纤维增强铝复合材料其比强度 $3\times10^7\sim4\times10^7$ mm,比模量为 $6\times10^9\sim8\times10^9$ mm,又如石墨纤维增强镁不仅比模量可达 1.5×10^{10} mm,而且其热膨胀系数几乎接近零。

近些年来,三元层状 MAX 相陶瓷的研究发展引起了广泛的关注,其分子式统一表达为:$M_{n+1}AX_n$,如图 8-1 所示,M 为过渡金属,A 主要为 IIIA 和 IVA 簇元素,X 为 C 或 N,$n=1\sim3$。当 $n=1$ 时,可以称为 211 相,代表性化合物有 Ti_2SnC、Ti_2AlC 等,当 $n=2$ 时,称为 312 相,代表性化合物有 Ti_3SiC_2、Ti_3AlC_2 等;当 $n=3$ 时,简称 413 相代表性的化合物,有 Ti_4AlN_3 等。随着最近几年研究的发展深入,更多的 MAX 相陶瓷继合成,使得 MAX 相陶瓷的数量不断扩大,到目前为止已经有 70 多种的 MAX 相陶瓷合成,n 的值也逐渐扩大到 7。

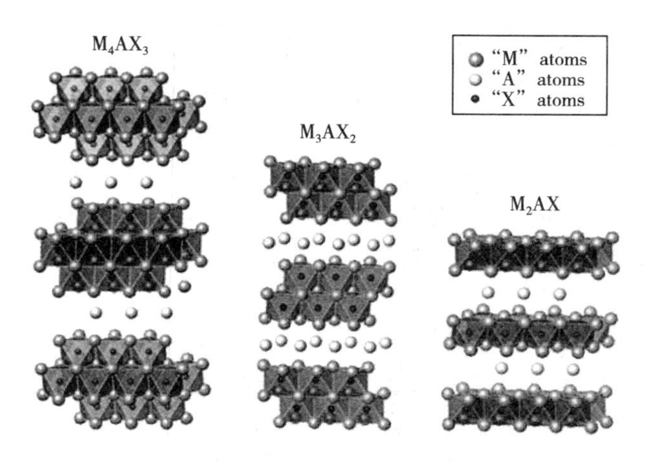

图 8-1　MAX 相的晶胞结构

$M_{n+1}AX_n$ 的晶胞结构如图 8-2 所示,所有的 MAX 相都具有六角层状结构,过渡金属原子与碳或氮原子之间形成八面体 M_6X,C 或 N 原子位于八面体中心,过渡族金属原子与 C 或 N 原子之间结合为强共价键结合;而过渡金属原子与 A 族平面之间为弱的金属键结合,形成层状六方晶体结构,空间群为 $D_{6h}^4-P6_3/mmc$。

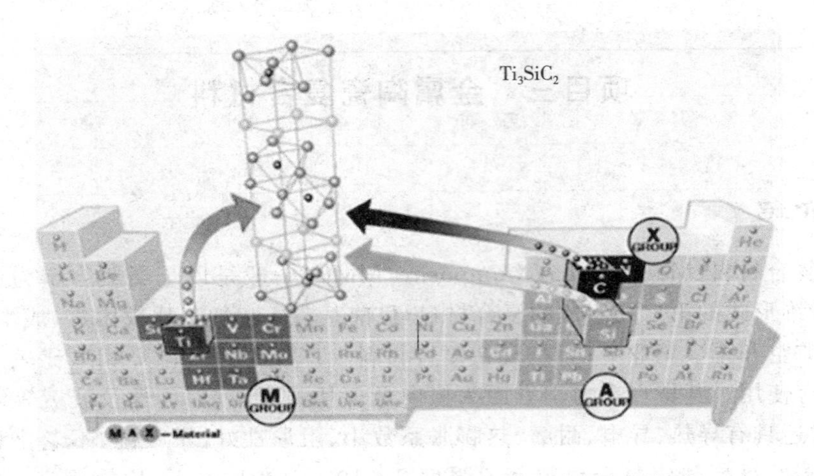

图 8-2 元素周期表中 $M_{n+1}AX_n$ 族组成元素的位置

问题引入

复合材料优点有很多,其复合方式往往决定了它的特点,那么,这些材料都有哪些复合方式呢?新型的 MAX 相金属陶瓷又有什么特点以及应用?

问题分析

一、金属基复合材料的主要类型

1. 颗粒增强金属基复合材料

颗粒增强 Fe 基复合材料已经在工业生产上得到了应用,主要是采用铸造和各种热加工方法。颗粒增强复合材料的优势是生产成本低、方法简单,可以高速大批量的生产。

颗粒增强金属基复合材料的性能、特点、应用和制造成本等在很大程度上取决于其制备工艺和方法。制备颗粒增强金属基复合材料的方法很多,在制备过程中合金基体可以是液相,也可以是固体粉末;增强相可以直接引入,也可以原位合成。目前,颗粒增强金属基复合材料的制备工艺和方法可分为搅拌铸造法、粉末冶金法、挤压铸造法、共喷沉积法和原位复合法等。

搅拌铸造法制备金属基复合材料最早起源于 1968 年,由 S. Ray 在熔化的铝液中加入氧化铝,并通过搅拌含有陶瓷粉末的熔化态的铝合金而来的。搅拌铸造法根据铸造时加热的温度不同可分为 3 种:①全液态搅拌铸造,即在液相线以上的液态金属中加入增强体,搅拌一段时间后浇铸;②半固态搅拌铸造法,即在固液相温度之间加入增强体,搅拌一定时间后浇铸;③搅熔铸造法,即在固液相温度之间加入增强体,搅拌一定时间后,升温至基体合金液相线以上后浇铸。搅拌铸造法的特点是:工艺简单,操作方便,可以生产大体积的复合材料,设备投入少,生产成本低,适宜大规模生产。但加入的增强相体积分数受到限制,一般不超过 20%,并且搅拌后产生的负压使复合材料很容易吸气而形成气孔,同时,增强颗粒与基体合金的密度不同容易造成颗粒沉积和微细颗粒的团聚等现象。

挤压铸造的概念可以追溯到1800年左右，但是第一次挤压铸造试验出现在1931年。挤压铸造法是制造金属基复合材料较理想的途径，此工艺先将增强体制成预成型体，放入固定模型内预热至一定温度，浇入金属熔体，将模具压下并加压，迅速冷却得到所需的复合材料。预制件的质量、模具的设计、预制件预热温度、熔体温度、压力等参数的控制，是得到高性能复合材料的关键。挤压铸造法的特点是可以制备出高体积分数(40%～50%)增强相的金属基复合材料，由于熔体与增强材料在高温下接触时间短，因此不会发生严重的界面反应。此外由于在高压下凝固，既改善了金属熔体的浸润性，又消除了气孔等缺陷，因此，挤压铸造法制造金属基复合材料质量较好，可一次成型。

共喷沉积技术是英国斯旺西大学 A. Singer 教授于1968年首先提出的，其目的在于从熔融金属直接制得固态成品或半成品，并与1970年首次公开报道。而作为一种工程技术则是从1974年英国 Ospray 公司取得专利权开始的。共喷沉积法是一种将金属熔体，利用特殊的喷嘴在惰性气体的作用下雾化成细小的液态金属流，然后将增强颗粒加入雾化的金属流中，共同喷射沉积到衬底上或模具内，制得金属基复合材料的方法。

在金属基复合材料制备过程中，往往会遇到增强体与金属基体之间的相容性问题。同时无论固相法还是液相法，增强体与金属基体之间的界面总会存在界面反应、润湿性、界面应力或界面层等问题。而增强体与金属基体的界面相容性，往往直接决定着金属基复合材料的制备工艺、主要性能和应用稳定性。如果增强体能从金属基体中直接原位生成，则上述相容性问题可以得到很好的解决。

原位复合法是指增强材料在复合材料制造过程中由基体自己生成和生长的方法。增强材料以共晶的形式从基体中凝固析出，也可与加入的元素发生反应，或者合金熔体中的某种组分与加入的元素或化合物之间的反应生成。目前原位复合法主要有：定向凝固法、直接金属氧化法(Lanxide)、自蔓延高温合成法(SHS)、反应合成法(XD™)等。

颗粒增强金属基复合材料的制备方法较多，具体应用哪种方法要针对不同的金属基体和增强体的特性，以及材料使用要求等因素综合考虑。只有选择合适的制备方法和恰当的制备工艺才能使基体与增强体相互协同，使复合材料表现出良好的特性。

2. 纤维增强金属基复合材料

连续纤维增强金属合金具有高的强度、弹性模量、耐热性和耐磨性等。各种纤维增强型金属合金的高温抗拉强度与传统材料相比都有比较高的提升。而且由于纤维增强相的特性，复合材料的强度和刚性还有热匹配性可以进行更多的调整。目前，纤维增强金属基复合材料已经在发动机活塞环、连杆以及气缸套等方面有了广泛的应用。

3. 晶须增强金属基复合材料

SiC 和 Si 晶须一直被认为是金属基复合材料的最好增强体，类似的晶须增强型复合材料由于具有非常高的比模量、比强度和良好的热稳定性，以及耐磨损性能而得到告诉的发展。目前研究表明，晶须增强金属基复合材料应用是增强外壁环形沟槽结构的柴油机活塞。

二、MAX 相金属陶瓷的特点

$M_{n+1}AX_n$相化合物的原子结合方式兼具共价键、离子键和金属键三种键，因而既和金属相似，同时又和陶瓷相似，具有非常优异的耐磨损、耐腐蚀性能，以及较好的抗氧化性、耐高温性。

由于MAX相这种独特的晶胞结构使该类材料综合了金属和陶瓷的众多优点，比如具有陶瓷的高强度、低密度、良好的化学稳定性、优异的抗氧化和抗热冲击性能，还具有金属高的电导率和热导率、优异的摩擦性能、易加工等特性。这些优异的性能都使得MAX陶瓷在高温加热元件、防腐耐磨涂层、大功率电触头、高速列车受电弓滑板等方面的具有很大的应用潜力。

综合拓展

一、复合材料的应用

从应用上看，复合材料在美国和欧洲主要用于航空航天、汽车等行业。2000年美国汽车零件的复合材料用量达14.8万吨，欧洲汽车复合材料用量到2003年估计可达10.5万吨。而在日本，复合材料主要用于住宅建设，如卫浴设备等，此类产品在2000年的用量达7.5万吨，汽车等领域的用量仅为2.4万吨。不过从全球范围看，汽车工业是复合材料用量最大的用户，今后发展潜力仍十分巨大，目前还有许多新技术正在开发中。例如，为降低发动机噪声，增加轿车的舒适性，正着力开发两层冷轧板间黏附热塑性树脂的减振钢板；为满足发动机向高速、增压、高负荷方向发展的要求，发动机活塞、连杆、轴瓦已开始应用金属基复合材料。为满足汽车轻量化要求，必将会有越来越多的新型复合材料将被应用到汽车制造业中。与此同时，随着近年来人们对环保问题的日益重视，高分子复合材料取代木材方面的应用也得到了进一步推广。例如，用植物纤维与废塑料加工而成的复合材料，在北美已被大量用作托盘和包装箱，用以替代木制产品；而可降解复合材料也成为国内外开发研究的重点。

另外，纳米技术逐渐引起人们的关注，纳米复合材料的研究开发也成为新的热点。以纳米改性塑料，可使塑料的聚集态及结晶形态发生改变，从而使之具有新的性能，在克服传统材料刚性与韧性难以相容的矛盾的同时，大大提高了材料的综合性能。

同时，复合材料已开始应用于机车车辆，纤维增强树脂基复合材料因为比强度高、耐疲劳、隔热、阻燃、可设计性能强等优点已被日本、德国先后在20世纪60年代开始应用于非结构件，现在越来越多地应用于各种结构件，例如车体和车头前端部采用的玻璃钢等。目前在西欧，制造铁道车辆用的复合材料中，按纤维种类分，玻璃纤维占58%，芳族聚酸胺纤维占20%，碳纤维占20%，其他占2%。

二、双连续相结构复合材料发展

目前在Fe基复合材料领域的研究与开发的工作上已经有了相当的进展。在国内外研究学者的共同努力下，已经制备出了非常多的铁基复合材料，比如：B. S. Terry和国内的研究人员严有为等都采用了原位生成技术制备出了TiC颗粒增强的Fe基复合材料。早稻田大学长谷川正义教授采用喷射弥散等技术生产出了弥散强化Fe合金。T. D. shen等利用机械合金化法制备出了SiC颗粒增强Fe基复合材料。涂小慧等研究人员利用复合铸造等技术手段制备出了Fe基层合复合材料。另外，还有过更多关于纤维增强技术、冷等静压技术、热等静压技术和热轧技术制备 Fe 基复合材料的报道。

陶瓷增强铁基复合材料研究的关键问题是铁基体与陶瓷增强相颗粒的界面结合问题。按照陶瓷增强相形成的方法可以将制备工艺分为原位反应和非反应型复合材料。非反应型的制备方法主要制备传统金属基复合材料，其陶瓷增强相与铁基金属基体之间主要通过物理、机械力的方式结合，所以其连接能力较弱。存在着陶瓷相颗粒与铁基金属基体润湿性差、难以在基体中形成均匀弥散分布等不足。而反应型的制备方法主要是原位合成方法，常采用的增强相是 TiC 和 Al_2O_3，其中原位生成 TiC 增强相主要是通过 Ti 与 C 之间的原位反应，而原位生成 Al_2O_3 增强相则主要由氧化物与金属基体之间的反应来实现。

但是，基于铸造法原位反应的制备技术，由于陶瓷颗粒增强相与金属基体相的密度相差比较大，存在着成分容易偏析、颗粒的粗化以及铸造性能变差等不足，就导致了所制备复合材料增强相含量低、材料的强度和韧性较差；而基于 SHS 法则存在所制备的复合材料结构比较疏松，而且难易直接控制材料合成等不足。

金属基陶瓷增强体复合材料的理想外观状态应该是：在成型的复合材料中，金属相可以形成一种三维的连续网状结构，与此同时陶瓷增强体也呈三维结构均匀地分布在金属基体内。这种结构中，脆性的陶瓷增强相在承受热应力以及载荷的同时可以通过连续的金属基体来分散，而金属基体相则由于受热过程中与陶瓷增强相之间膨胀系数不匹配和载荷造成的冷作硬化获得加强，这样就使整个材料的韧性能够明显的提高。而要想达到这种理想状态，金属基体和陶瓷增强之间应该符合以下三个条件：①金属与陶瓷之间具有良好的相互润湿性；②增强相与基体两相之间没有剧烈反应；③两相的各自本身的膨胀系数一致或者尽可能接近。如果不满足前两个条件，金属相和陶瓷相之间不润湿或者润湿性不好或者两者发生反应生成了一些有害相，就会导致整个复合材料性能不高。如果达到了这三个条件，也就形成了一种双连续相结构复合材料。

20 世纪 80 年代末期，双连续相复合材料的概念由日本学者最早提出。普利司通公司与日本 Nabeya 钢铁工具公司合作开发了金属基泡沫陶瓷复合材料，并命名为“会呼吸的金属”。双连续相结构复合材料与传统复合材料的颗粒、纤维、晶须增强方式有所不同，它的结构决定其性能具有以下显著优势：

(1)陶瓷增强相在三维空间呈连续分布，复合材料中增强相所占的体积分数增加，这样就降低了复合材料的密度，提高了复合材料的高温性能，充分地满足了新型复合材料的发展要求。

(2)与陶瓷增强相相同，金属基体也呈三维空间的连续分布，复合材料在受到外力时，金属基体的连续性有利于分散和传递应力。陶瓷增强相在被破坏之前具有较高的弹性刚度，金属基体具有很高的失效应变，使双连续相复合材料具有较高的承载能力，也就大大地降低了材料失效的危险性。

(3)在热力学上，由于基体与增强相界面的表面曲率处处都接近于零，就使得其具有最小的表面积，也就是最低的能量面，没有了纯弯曲的动力来推动界面迁移，也就阻碍了金属晶粒的生长和粗化。

(4)增强相为高硬度的陶瓷，会在陶瓷与金属的摩擦表面上形成硬的微突体，起到承载作用，抑制了金属基体的塑性变形，提高了复合材料的抗磨性能。

(5)三维空间拓扑结构使得界面结合力得到了很大程度的提高,将陶瓷增强相和金属基体各自的性能优点更多地保留在了复合材料中。这种新型复合材料的独特结构避免了传统复合材料的各向异性的弊端。

综上所述,这种双连续相复合材料的增强相和金属相各自性能都得到充分的发挥,显示出了双连续相复合材料潜在的优势,使其在各种工业领域展现了广泛的应用前景,比如燃气轮机的叶片轴承、密封环、内燃机的气缸壁和活塞环、高速列车的受电弓滑板和制动盘及闸片等。

附　　录

附录一:压痕直径与布氏硬度及相应洛氏硬度对照表

d_{10} $2d_5$ $4d_{2.5}$	HB			HR			d_{10} $2d_5$ $4d_{2.5}$	HB			HR		
	$30D^2$	$10D^2$	$2.5D^2$	HR_B	HR_C	HR_A		$30D^2$	$10D^2$	$2.5D^2$	HR_B	HR_C	HR_A
2.30	712				67	85	4.05	223	74.3	18.6	97	21	61
2.35	682				65	84	4.10	217	72.4	18.1	97	20	61
2.40	635				63	83	4.15	212	70.6	17.6	96		
2.45	627				61	82	4.20	207	68.8	17.2	95		
2.50	601				59	81	4.25	201	67.1	16.8	94		
2.55	578				58	80	4.30	197	65.5	16.4	93		
2.60	555				56	79	4.35	192	63.9	16.0	92		
2.65	534				54	78	4.40	187	62.4	15.6	91		
2.70	514				52	77	4.45	183	60.9	15.2	89		
2.75	495				51	76	4.50	179	59.5	14.9	88		
2.80	477				49	76	4.55	174	58.1	14.5	87		
2.85	461				48	75	4.60	170	56.8	14.2	86		
2.90	444				47	74	4.65	167	55.5	13.9	85		
2.95	429				45	73	4.70	163	54.3	13.6	84		
3.00	415		34.6		44	73	4.75	159	53.0	13.3	83		
3.05	401		33.4		43	72	4.80	156	51.9	13.0	82		
3.10	388	129.0	32.3		41	71	4.85	152	50.7	12.7	81		
3.15	375	125.0	31.3		40	71	4.90	149	49.6	12.4	80		
3.20	363	121.0	30.3		39	70	4.95	146	48.6	12.2	78		
3.25	352	117.0	29.3		38	69	5.00	143	47.5	11.9	77		
3.30	341	114.0	28.4		37	69	5.05	140	46.5	11.6	76		
3.35	331	110.0	27.6		36	68	5.10	137	45.5	11.4	75		
3.40	321	107.0	26.7		35	68	5.15	134	44.6	11.2	74		
3.45	311	104.0	25.9		34	67	5.20	131	43.7	10.9	72		
3.50	302	101.0	25.2		33	67	5.25	128	42.8	10.7	71		
3.55	293	97.7	24.5		31	66	5.30	126	41.9	10.5	69		
3.60	285	95.0	23.7		30	66	5.35	123	41.0	10.3	69		
3.65	277	92.3	23.1		29	95	5.40	121	40.2	13.1	67		
3.70	269	89.7	22.4		28	65	5.45	118	39.4	9.8	66		
3.75	262	87.2	21.8		27	64	5.50	116	38.6	9.7	65		
3.80	255	84.9	21.2		26	64	5.55	114	37.9	9.5	64		
3.85	248	82.6	20.7		25	63	5.60	111	37.1	9.3	62		
3.90	241	80.4	20.1	100	24	63	5.65	109	36.4	9.1	61		
3.95	235	78.3	19.6	99	23	62	5.70	107	35.7	8.9	59		
4.00	229	76.3	19.1	98	22	62	5.75	105	35.0	8.8	58		

附录二:黑色金属硬度和强度换算表(GB 1172—74)

硬度							抗拉强度 (MPa)
洛氏		表面洛氏			维氏	布氏	
HRC	HRA	HR_{15N}	HR_{30N}	HR_{45N}	HV	HB②($F=30D^2$)	
70.0	86.6				1037		
69.5	86.3				1017		
69.0	86.1				997		
68.5	85.8				978		
68.0	85.5				957		
67.5	85.2				941		
67.0	85.0				923		
66.5	84.7				906		
66.0	84.4				889		
65.5	84.1				872		
65.0	83.9	92.2	81.3	71.7	856		
64.5	83.6	92.1	81.0	71.2	840		
64.0	83.3	91.9	80.6	70.6	825		
63.5	83.1	91.8	80.2	70.1	810		
63.0	82.8	91.7	79.8	69.5	795		
62.5	82.5	91.5	79.4	69.0	780		
62.0	82.2	91.4	79.0	68.4	766		
61.5	82.0	91.2	78.6	67.9	752		
61.0	81.7	91.0	78.1	67.3	739		
60.5	81.4	90.8	77.7	66.8	726		
60.0	81.2	90.6	77.3	66.2	713		2607
59.5	80.9	90.4	76.9	65.6	700		2551
59.0	80.6	90.2	76.5	65.1	688		2496
58.5	80.3	90.0	76.1	64.5	676		2443
58.0	80.1	89.8	75.6	63.9	664		2391
57.5	79.8	89.6	75.2	63.4	653		2341
57.0	79.5	89.4	74.8	62.8	642		2293
56.5	79.3	89.1	74.4	62.2	631		2246
56.0	79.0	88.9	73.9	61.7	620		2201
55.5	78.7	88.6	73.5	61.1	609		2157

（续表）

硬　度							抗拉强度（MPa）
洛　氏		表　面　洛　氏			维　氏	布　氏	
HRC	HRA	HR_{15N}	HR_{30N}	HR_{45N}	HV	HB[②]（$F=30D^2$）	
55.0	78.5	88.4	73.1	60.5	599		2115
54.5	78.2	88.1	72.6	59.9	589		2074
54.0	77.9	87.9	72.2	59.4	579		2034
53.5	77.7	87.6	71.8	58.8	570		1995
53.0	77.4	87.4	71.3	58.2	561		1957
52.5	77.1	87.1	70.9	57.6	551		1921
52.0	76.9	86.8	70.4	57.1	543		1885
51.5	76.6	86.6	70.0	56.5	534	501	1851
51.0	76.3	86.3	69.5	55.9	525	494	1817
50.5	76.1	86.0	69.1	55.3	517		1785
50.0	75.8	85.7	68.6	54.7	509	488	1753
49.5	75.5	85.5	68.2	54.2	501	481	1722
49.0	75.3	85.2	67.7	53.6	493	474	1692
48.5	75.0	84.9	67.3	53.0	485	468	1663
48.0	74.0	84.6	66.8	52.4	478	461	1635
47.5	74.5	84.3	66.4	51.8	470	455	1608
47.0	74.2	84.0	65.9	51.2	463	449	1581
46.5	73.9	83.7	65.5	50.7	456	442	1555
46.0	73.7	83.5	65.0	50.1	449	436	1529
45.5	73.4	83.2	64.6	49.5	443	430	1504
45.0	73.2	82.9	64.1	48.9	436	424	1480
44.5	72.9	82.6	63.6	48.3	429	418	1457
44.0	72.6	82.3	63.2	47.4	423	413	1434
43.5	72.4	82.0	62.7	47.1	417	407	1411
43.0	72.1	81.7	62.3	46.5	411	401	1389
42.5	71.8	81.4	61.8	45.9	405	396	1368
42.0	71.6	81.1	61.3	45.4	399	391	1347
41.5	71.3	80.8	60.9	44.8	393	385	1327
41.0	71.0	80.5	60.4	44.2	388	380	1307
40.5	70.8	80.2.	60.0	43.6	382	375	1287
40.0	70.5	79.9	59.5	43.0	377	370	1268
39.5	70.3	79.6	59.0	42.4	372	365	1250
39.0	70.0	79.3	58.6	41.8	367	360	1232
38.5		79.0	58.1	41.2	362	355	1214
38.0		78.9	57.6	40.6	357	350	1197
37.5		78.4	57.2	40.0	352	345	1180
37.0		78.1	56.7	39.4	347	341	1163
36.5		77.8	56.2	38.8	342	336	1147
36.0		77.5	55.8	38.2	338	332	1131
35.5		77.2	55.3	37.6	333	327	1115

（续表）

硬度							抗拉强度（MPa）
洛氏		表面洛氏			维氏	布氏	
HRC	HRA	HR_{15N}	HR_{30N}	HR_{45N}	HV	HB[②]（$F=30D^2$）	
35.0		77.0	54.8	37.0	329	323	1100
34.5		76.7	54.4	36.5	324	318	1085
34.0		76.4	53.9	35.9	320	314	1070
33.5		76.1	53.4	35.3	316	310	1056
33.0		75.8	53.0	34.7	312	306	1042
32.5		75.5	52.5	34.1	308	302	1028
32.0		75.2	52.0	33.5	304	298	1015
31.5		74.9	51.6	32.9	300	294	1001
31.0		74.7	51.1	32.3	296	291	989
30.5		74.4	50.6	31.7	292	287	976
30.0		74.1	50.2	31.1	289	283	964
29.5		73.8	49.7	30.5	285	280	951
29.0		73.5	49.2	29.9	281	276	940
28.5		73.3	48.7	29.3	278	273	928
28.0		73.0	48.3	28.7	274	269	917
27.5		72.2	47.8	28.1	271	266	906
27.0		72.4	47.3	27.5	268	263	895
26.5		72.2	46.9	26.9	264	260	884
26.0		71.9	46.4	26.3	261	257	874
25.5		71.6	45.9	25.7	258	254	864
25.0		71.4	45.5	25.1	255	251	854
24.5		71.1	45.0	24.5	252	248	844
24.0		70.8	44.5	23.9	249	245	835
23.5		70.6	44.0	23.3	246	242	825
23.0		70.3	43.6	22.7	243	240	816
22.5		70.0	43.1	22.1	240	237	808
22.0		69.8	42.6	21.5	237	234	799
21.5		69.5	42.2	21.0	234	232	791
21.0		69.3	41.7	20.4	231	229	782
20.5		69.0	41.2	19.8	229	227	774
20.0		68.8	40.7	19.2	226	225	767
19.5		68.5	40.3	18.6	223	222	759
19.0		68.3	39.8	18.0	221	220	752
18.5		68.0	39.3	17.4	218	218	744
18.0		67.8	38.9	16.8	216	216	737
17.5		67.6	38.4	16.2	214	214	727
17.0		67.3	37.9	15.6	211	211	724

（续表）

硬　度						抗拉强度（MPa）
洛　氏	表　面　洛　氏			维　氏	布　氏	
HRB	HR_{15N}	HR_{30N}	HR_{45N}	HV	HB[②]（$F=30D^2$）	
100.0	91.5	81.7	71.7	233		803
99.5	91.3	81.4	71.2	230		793
99.0	91.2	81.0	70.7	227		783
98.5	91.1	80.7	70.2	225		773
98.0	90.9	80.4	69.6	222		763
97.5	90.8	80.1	69.1	219		754
97.0	90.6	79.8	68.6	216		744
96.5	90.5	79.4	68.1	214		735
96.0	90.4	79.1	67.6	211		726
95.5	90.2	78.8	67.1	208		717
95.0	90.1	78.5	66.5	206		708
94.5	89.9	78.2	66.0	203		700
94.0	89.8	77.8	65.5	201		691
93.5	89.7	77.5	65.0	199		688
93.0	89.5	77.2	64.5	196		675
92.5	89.4	76.9	64.0	194		667
92.0	89.3	76.6	63.4	191		659
91.5	89.1	76.2	63.9	189		651
91.0	89.0	75.9	62.4	187		644
90.5	88.8	75.6	61.9	185		636
90.0	88.7	75.3	61.4	183		629
89.5	88.6	75.0	60.9	180		621
89.0	88.4	74.6	60.3	178		614
88.5	88.3	74.3	59.8	176		607
88.0	88.1	74.0	59.3	174		601
87.5	88.0	73.7	58.8	172		594
87.0	87.9	73.4	58.3	170		587
86.5	87.7	73.0	57.8	168		581
86.0	87.6	72.7	57.2	166		575
85.5	87.5	72.4	56.7	165		568

（续表）

硬度						抗拉强度（MPa）
洛氏	表面洛氏			维氏	布氏	
HRB	HR_{15N}	HR_{30N}	HR_{45N}	HV	HB[2]（$F=30D^2$）	
85.0	87.3	72.1	56.2	163		562
84.5	87.2	71.8	55.7	161		556
84.0	87.0	71.4	55.2	159		550
83.5	86.9	71.1	54.7	157		545
83.0	86.8	70.8	54.1	156		539
82.5	86.6	70.5	53.6	154	140	534
82.0	86.5	70.2	53.1	152	138	528
81.5	86.3	69.8	52.6	151	137	523
81.0	86.2	69.5	52.1	149	136	518
80.5	86.1	69.2	51.6	148	134	51.3
80.0	85.9	68.9	51.0	146	133	508
79.5	85.8	68.6	50.5	145	132	503
79.0	85.7	68.2	50.0	143	130	498
78.5	85.5	67.9	49.5	142	129	494
78.0	85.4	67.6	49.0	140	128	489
77.5	85.2	67.3	48.5	139	127	485
77.0	85.1	67.0	47.9	138	126	480
76.5	85.0	66.6	47.4	136	125	476
76.0	84.8	66.3	46.9	135	124	472
75.5	84.7	66.0	46.4	134	123	468
75.0	84.5	65.7	45.9	132	122	464
74.5	84.4	65.4	45.4	131	121	460
74.0	84.3	65.1	44.8	130	120	456
73.5	84.1	64.7	44.3	129	119	452
73.0	84.0	64.4	43.8	128	118	449
72.5	83.9	64.1	43.3	126	117	445
72.0	83.7	63.8	42.8	125	116	442
71.5	83.6	63.5	42.3	124	115	439
71.0	83.4	63.1	41.7	123	115	435
70.5	83.3	62.8	41.2	122	114	432

（续表）

硬度						抗拉强度（MPa）
洛氏	表面洛氏			维氏	布氏	
HRB	HR_{15N}	HR_{30N}	HR_{45N}	HV	HB②（$F=30D^2$）	
70.0	83.2	62.5	40.7	121	113	429
69.5	83.0	62.2	40.2	120	112	426
69.0	82.9	61.9	39.7	119	112	423
68.5	82.7	61.5	39.2	118	111	420
68.0	82.6	61.2	38.6	117	110	418
67.5	82.5	60.9	38.1	116	110	415
67.0	82.3	60.6	37.6	115	109	412
66.5	82.2	60.3	37.1	115	108	410
66.0	82.1	59.9	36.6	114	108	407
65.5	81.9	59.6	36.1	113	107	405
65.0	81.8	59.3	35.5	112	107	403
64.5	81.6	59.0	35.0	111	106	400
64.0	81.5	58.7	34.5	110	106	398
63.5	81.4	58.3	34.0	110	105	396
63.0	81.2	58.0	33.5	109	105	394
62.5	81.1	57.7	32.9	108	104	392
62.0	80.9	57.4	32.4	108	104	390
61.5	80.8	57.1	31.9	107	103	388
61.0	80.7	56.7	31.4	106	103	386
60.5	80.5	56.4	30.9	105	102	385
60	80.4	56.1	30.4	105	102	383

① 是近似强度值，不分钢种，用于换算精度要求不高时，但不适用于铸铁。

② 表中洛氏硬度 HRC17～19.5 和 HRC67.5～70 区间，以及布氏硬度 450～501 区间的换算，分别超出金属洛氏硬度试验法和金属布氏硬度试验法所规定的范围，仅供参考使用。

附录三:金属热处理工艺的分类及代号(GB/T 12693—90)

1. 分类

热处理分类由基础分类和附加分类组成。

(1)基础分类

根据工艺类型、工艺名称和实践工艺的加热方法,将热处理工艺按三个层次进行分类,见附录表1-1所列。

(2)附加分类

对基础分类中某些工艺的具体条件的进一步分类,包括退火、正火、淬火、化学热处理工艺加热介质(附录表1-2);退火冷却工艺方法(附录表1-3);淬火冷却介质或冷却方法(附录表1-4);渗碳和碳氮共渗的后续冷却工艺(附录表1-5),以及化学热处理中非金属、渗金属、多元共渗、熔渗四种工艺按元素的分类。

2. 代号

(1)热处理工艺代号标记规定如下:

5 热处理X　工艺类型X　工艺名称X　加热方法X　附加分类工艺代号

(2)基础工艺代号

用四位数字表示。第一位数字"5"为机械制造工艺分类与代号中表示热处理的工艺代号;第二,三,四位数字分别代表基础分类中的第二,三,四层次中的分类代号。当工艺中某个层次不需分类时,该层次用0代号。

(3)附加工艺代号

它用英文字母代表。接在基础分类工艺代号后面。具体代号见附录表1-2至附录表1-5所列。

(4)多工序热处理工艺代号

多工序热处理工艺代号用破折号将各工艺代号连接组成,但除第一工艺外,后面的工艺均省略第一位数字"5",如5151－331G表示调质和气体渗碳。

(5)常用热处理工艺代号见附录表1-6所列。

附录表 1-1 热处理工艺分类及代号

工艺总称	代号	工艺类型	代号	工艺名称	代号	加热方法	代号
热处理	5	整热处理体	1	退火	1	加热炉	1
				正火	2		
				淬火	3		
				正火和淬火	4	感应	2
				调质	5		
				稳定化处理	6	火焰	3
				固溶处理,水韧处理	7		
				固溶处理和时效	8		
		表面热处理	2	表面淬火和回火	1	电阻	4
				物理气相沉淀	2		
				化学气相沉淀	3	激光	5
				等离子体化学气相沉淀	4		
		化学热处理	3	渗碳	1	电子束	6
				碳氮共渗	2		
				渗氮	3	等离子体	7
				氮碳共渗	4		
				渗其他非金属	5	其他	8
				渗金属	6		
				多元共渗	7		
				溶渗	8		

附录表 1-2 加热介质及代号

加热介质	固体	液体	气体	真空	保护气氛	可控气氛	流态床
代号	S	L	G	V	P	C	F

附录表 1-3 退火工艺代号

退火工艺	去应力	扩散	再结晶	石墨化	去氢退火	球化退火	等温退火
代号	o	d	r	g	h	s	n

附录表 1-4 淬火冷却介质和冷却方法及代号

冷却介质和方法	空气	油	水	盐水	有机水溶液	盐浴	压力淬火	双液淬火	分级淬火	等温淬火	形变淬火	冷处理
代号	a	o	w	b	y	s	p	d	m	n	f	z

附录表 1-5 渗碳,碳氮共渗后冷却方法及代号

冷却方法	直接淬火	一次加热淬火	二次加热火	表面淬火
代号	g	r	t	b

附录表 1-6 常用热处理工艺及代号

工艺	代号	工艺	代号
热处理	5000	石墨化退火	5111g
感应加热热处理	5002	去氢退火	5111h
火焰热处理	5003	球化退火	5111s
激光热处理	5005	等温退火	5121
电子束热处理	5006	正火	5121
离子热处理	5007	淬火	5131
真空热处理	5000V	空冷淬火	5131a
保护气氛热处理	5000P	油冷淬火	5131o
可控气氛热处理	5000C	水冷淬火	5131w
流态床热处理	5000F	盐水淬火	5131b
整体热处理	5100	有机水溶液淬火	5131y
退火	5111	盐浴淬火	5131s
去应力退火	5111o	压力淬火	5131p
扩散退火	5111d	双价质淬火	5231d
再结晶退火	5111r	分级淬火	5131m
变形淬火	5131f	等温淬火	5131n
淬火及冷处理	5131z	表面淬火和回火	5210
感应加热淬火	5132	感应淬火和回火	5212
真空加热淬火	5131V	火焰淬火和回火	5213
保护气氛加热淬火	51312P	电接触淬火和回火	5214
可控气氛加热淬火	5131C	激光淬火和回火	5215
流态床加热淬火	5131F	电子束淬火和回火	5216
盐浴加热分级淬火	5131L	物理气相沉积	5228
盐浴加热分级淬火	5131mL	化学气相沉积	5238
盐浴加热盐浴分级淬火	513Ls＋m	等离子体化学气相沉积	5248

（续表）

工艺	代号	工艺	代号
淬火和回火	514	化学热处理	5300
调质	5151	渗碳	5210
稳定化处理	5161	固体渗碳	5311S
固溶处理，水韧处理	5171	液体渗碳	5311L
固溶处理和时效	5181	气体渗碳	5311G
表面热处理	5200		

参考文献

1. 彭广威．金属材料与热处理[M]．北京:机械工业出版社,2010.

2. 潘金生．材料科学基础[M]．北京:清华大学出版社,2011.

3. 杜伟,公永健．金属热成形技术基础[M]．北京:化学工业出版社,2013.

4. 刘云,许音,马仙．热加工工艺基础[M]．北京:国防工业出版社,2013.

5. 刘宗昌,冯佃臣．热处理工艺学[M]．北京:冶金工业出版社,2015.

6. 郭青蔚．常用有色金属二元合金相图集[M]．北京:化学工业出版社,2012.

7. 王英杰,董晓宾．金属工艺学[M]．北京:中国铁道出版社,2006.

8. 唐秀丽、金属材料与热处理[M]．北京:机械工业出版社,2008

9. 常万顺,李继高．金属工艺学[M]．北京:清华大学出版社,2015.

10. 邓文英,郭晓鹏．金属工艺学[M]．北京:高等教育出版社,2008.

11. 张炳岭．金属工艺学[M]．长春:吉林大学出版社,2016.

12. 常江．金属工艺学[M]．青岛:中国海洋大学出版社,2012.

13. 胡赓祥．材料科学基础[M]．上海:上海交通大学出版社,2012.

14. 北京航空材料研究所．航空材料学[M]．上海:上海科学技术出版社,1983.

15. 单丽云,王秉芳,朱守昌．金属材料及热处理[M]．徐州:中国矿业大学出版社,1996.

16. 夏立芳．金属热处理工艺学[M]．哈尔滨:哈尔滨工业大学出版社,2012.

17. 侯旭明．热处理原理与工艺[M]．北京:机械工业出版社,2015.

18. 倪红军,黄明宇,张福豹,等．工程材料[M]．北京:东南大学出版社,2016.

19. 卞洪元．金属工艺学(第3版)[M]．北京:北京理工大学出版社,2013.

20. 闫洪．锻造工艺与模具设计[M]．北京:机械工业出版社,2012.

21. 宋杰．工程材料与热加工[M]．大连:大连理工大学出版社,2008

22. 周桂源,何成刚,文广,等．横向力对列车车轮踏面表层材料塑性变形的影响[J]．中国铁道科学,2015,36(6):104-110.

23. 周清跃,刘丰收,朱梅,等．轮轨关系中的硬度匹配研究[J]．中国铁道科学,2006,27(5):35-41.

24. 张伟,郭俊,刘启跃．钢轨滚动接触疲劳研究[J]．润滑与密封,2005(6):195-199.

图书在版编目(CIP)数据

金属工艺学/罗亚,康永泽主编.—合肥:合肥工业大学出版社,2018.2
ISBN 978-7-5650-3837-2

Ⅰ.①金… Ⅱ.①罗… ②康…Ⅲ.①金属加工—工艺学—高等学校—教材 Ⅳ.①TG

中国版本图书馆 CIP 数据核字(2018)第 028084 号

金属工艺学

主 编 罗 亚 康永泽 责任编辑 马成勋

出 版	合肥工业大学出版社	版 次	2018 年 2 月第 1 版
地 址	合肥市屯溪路 193 号	印 次	2018 年 2 月第 1 次印刷
邮 编	230009	开 本	787 毫米×1092 毫米 1/16
电 话	理工编辑部:0551-62903200	印 张	15.25
	市场营销部:0551-62903198	字 数	359 千字
网 址	www.hfutpress.com.cn	印 刷	安徽联众印刷有限公司
E-mail	hfutpress@163.com	发 行	全国新华书店

ISBN 978-7-5650-3837-2 定价:34.00 元